国家级职业教育教师教学创新团队成果

国家级课程思政教学名师和教学团队成果

数据库应用项目教程

（微课版）

主　编　熊于菽

副主编　游青山　徐小辉

参　编　蒋华强　杨　欢　常　宇

科学出版社

北　京

内 容 简 介

编者深入贯彻落实党的二十大报告精神，基于“项目化教学”和“任务引领式教学”的职业教育课程改革理念组织本书内容。本书由校企“双元”联合开发，包括课程导入部分和 9 个项目。课程导入部分介绍数据库的基本概念、关系数据库、数据库的设计原则与设计步骤，以及 Access 2021；项目 1～项目 8 介绍 Access 2021 数据库技术及应用，项目 9 为 MySQL 的拓展学习。

本书秉承“岗课赛证”的设计理念，践行“工学结合”的教学模式，融入“课程思政”的育人思想，并配套有丰富的课程资源，能够为信息化教学提供有力的支撑。

本书既可作为职业院校“数据库”课程的教学用书，也可作为计算机相关行业从业者的参考用书。

图书在版编目（CIP）数据

数据库应用项目教程：微课版/熊于菽主编. —北京：科学出版社，2024.6

ISBN 978-7-03-078620-3

Ⅰ. ①数… Ⅱ. ①熊… Ⅲ. ①关系数据库系统-高等职业教育-教材
Ⅳ. ①TP311.132.3

中国国家版本馆 CIP 数据核字（2024）第 109193 号

责任编辑：张振华 / 责任校对：马英菊
责任印制：吕春珉 / 封面设计：东方人华平面设计部

科学出版社出版
北京东黄城根北街 16 号
邮政编码：100717
http://www.sciencep.com

天津市新科印刷有限公司印刷
科学出版社发行　各地新华书店经销
*
2024 年 6 月第 一 版　开本：787×1092　1/16
2024 年 6 月第一次印刷　印张：18
字数：420 000

定价：65.00 元

（如有印装质量问题，我社负责调换）

销售部电话 010-62136230　编辑部电话 010-62135120-2005

前　言

党的二十大报告指出："加快建设国家战略人才力量，努力培养造就更多大师、战略科学家、一流科技领军人才和创新团队、青年科技人才、卓越工程师、大国工匠、高技能人才。"为了深入贯彻落实二十大报告精神，编者根据二十大报告和《职业院校教材管理办法》《高等学校课程思政建设指导纲要》《"十四五"职业教育规划教材建设实施方案》等相关文件精神，结合多年的教学经验、大赛经验和企业案例编写了本书。

在本书的编写过程中，编者紧紧围绕"培养什么人、怎样培养人、为谁培养人"这一教育的根本问题，以落实立德树人为根本任务，以培养学生综合职业能力为中心，以培养卓越工程师、大国工匠、高技能人才为目标。与同类图书相比，本书体例更加合理和统一，概念阐述更加严谨和科学，内容重点更加突出，文字表达更加简明易懂，典型案例和思政元素更加丰富，配套资源更加完善。

本书的特色主要表现在以下几个方面。

1. 校企"双元"联合编写，行业特色鲜明

本书是在行业、企业专家和课程开发专家的指导下，由校企"双元"联合编写而成的。本书编者均来自教学或企业一线，具有多年的教学或实践经验，多数人带队参加过国家或省级的技能大赛，并取得了优异的成绩。在编写本书的过程中，编者紧扣课程教学目标，遵循教育教学的规律和技术技能人才培养的规律，将行业发展的新理论、新标准、新规范和技能大赛要求的知识、能力与素养融入本书，符合当前企业对人才综合素质的要求。

2. 项目引领、任务驱动，突出"工学结合"

本书采用"项目化教学"的职业教育课程改革理念，以真实生产项目、典型工作任务、案例为载体组织教学内容，能够满足项目化、案例化等不同教学方式的要求，突出"工学结合"。每个项目包含"情景导入"、"知识准备"、"实践操作"、"思考与练习"和"拓展训练"等模块，将知识、技能、素养的培育贯穿于实例中，具有很强的针对性和可操作性。

本书的编写思路突破传统，将教程和实训合二为一，重点突出知识点和详尽的操作步骤；知识准备部分不仅包含了课程标准要求的理论知识，还提供了一些高级技巧，可以满足学生更高层次的需求。

本书内容涵盖 Access 2021 数据库技术应用及 MySQL 基础操作。通过学习，学生能够迅速掌握各任务的知识、技能与素养点，快速提升数据库的应用水平及信息技术素养，达到事半功倍的学习效果。

3. 体现以人为本，强调动手能力和创新能力的培养

本书切实从职业院校学生的实际出发，摈弃了以往数据库基础类书籍中过多的理论描述，以浅显易懂的语言和丰富的图示来进行说明，不过度强调理论和概念，从实用、专业的角度出发，剖析各知识点，强调动手能力和综合素质的培养。本书以练代讲，坚持"练

中学，学中悟”。学生只要跟随操作步骤完成每个实例的制作，就可以掌握相关应用的技术精髓。

4. 融入思政元素，落实课程思政

为了落实立德树人的根本任务，充分发挥教材承载的思政教育功能，编者将文化自信、规范意识、质量意识、职业素养、工匠精神等思政元素融入教学内容，使学生在学习专业知识的同时，潜移默化地提升思想政治素养。

5. 体现“书证”融通、“岗课赛证”融通

本书编写基于技术技能人才成长规律和学生认知特点，以数据库工程师岗位需求为导向，以“数据库基础及应用”课程为中心，将全国职业院校技能大赛“数据库应用技术”赛项内容、要求融入课程教学内容、课程评价，注重对接 1+X 证书《数据库管理系统职业技能等级标准》，将岗位、课程、竞赛、职业技能等级证书进行系统融合。

6. 立体化资源配套，适应信息化教学

为了方便教师教学和学生自主学习，本书配套有免费的立体化教学资源包，包括多媒体课件、微课、视频、实训手册等（下载地址为 www.abook.cn）。此外，本书中穿插有丰富的二维码资源链接，方便学生通过扫描观看相关的微课视频。

本书由重庆工程职业技术学院熊于菽任主编，重庆工程职业技术学院游青山、徐小辉任副主编，重庆工程职业技术学院蒋华强、杨欢和中煤科工集团重庆研究院有限公司常宇参与编写。具体的编写分工如下：熊于菽编写课程导入部分、项目 1、项目 2、项目 5、项目 6、项目 8，熊于菽、常宇编写项目 3，蒋华强编写项目 4，徐小辉编写项目 7，游青山、杨欢编写项目 9。

由于编者水平有限，书中难免存在疏漏和不足之处，恳请广大读者批评指正。

目　　录

课 程 导 入

数据库基础知识

学习目标 ☞

知识目标

- 了解什么是数据库和数据库的特点。
- 了解数据模型的类型。
- 理解关系运算。
- 掌握数据库的设计原则。
- 了解 Access 2021 的特点。

技能目标

- 会绘制 E-R 图。
- 会运用设计原则设计数据库。
- 会进入、退出 Access。

素养目标

- 培养积极主动的学习态度。

数据库技术产生于 20 世纪 60 年代末 70 年代初，它的出现使计算机应用进入一个崭新的时期。数据库是计算机的重要技术之一，是计算机软件的一个独立分支，是建立管理信息系统的核心技术，是信息技术中的重要支撑，也是衡量信息化程度的主要标志之一。

数据库与人们的工作、学习和生活已密不可分。商场销货点系统（point of sale system，POS），图书馆图书管理系统，学校教务系统、学生选课系统、校园一卡通系统，银行系统，电信计费系统，有线电视的用户管理系统，机票或火车票订票系统，高考考生录取系统，医院管理系统，以及人们上网需要使用用户名和密码登录的交互软件、社区网络、购物网站等都需要使用数据库来存储、处理数据信息。将这些使用数据库的计算机应用系统称为数据库应用系统，或简称为数据库系统。

数据库技术和网络技术相互渗透、相互促进，已成为当前计算机理论和应用中发展极为迅速、应用非常广泛的两大领域。数据库知识研究的问题是如何科学地组织和存储数据，如何高效地获取和处理数据。在信息社会，信息已经成为各行业极为重要的财富资源，以数据库为核心的信息系统已经成为企事业单位生存和发展的重要条件。课程导入部分主要介绍数据库的基本概念和基本理论，并结合 Access 2021 介绍与关系数据库相关的基础知识和基本概念。

0.1 数据库的基本概念

数据库技术是一门综合学科，涉及操作系统、数据结构、算法设计、工程制图与计算机辅助设计（computer aided design，CAD）和数据管理等多方面的知识。它的不断发展使人们可以科学地组织、存储数据，并高效地获取和处理数据。随着网络技术、多媒体技术的不断发展，数据库技术在各领域得到了更广泛的应用。

0.1.1 数据库系统

数据库系统是当今计算机系统的重要组成部分。下面介绍数据库系统的基本概念。

1. 基本概念

1）数据

数据（data）是信息的符号表示。在计算机内部，所有信息均采用“0”和“1”进行编码。在数据库技术中，数据的含义更加广泛，不仅包括数字，还包括文字、图形、图像、音频和视频等多种数据，它们分别表示不同类型的信息。

数据具有一定的结构，包含类型和值两个属性，数据的类型表示数据的性质和特征；数据的值表示数据具体的量度，如整型数据“123”、字符型数据“数据库基础”等。

2）数据库

数据库（database，DB）是长期存储在计算机内的、有组织的、可共享的数据集合。数据库中的数据按一定的数据模型组织、描述和存储，具有较小的冗余度、较高的数据独立性和易扩展性，可被各种用户共享。

3）数据库管理系统

数据库管理系统（database management system，DBMS）是用户与数据库之间的接口，是负责数据库的建立、使用、维护和管理的系统软件，是数据库系统的核心。

典型的数据库管理系统有 Microsoft SQL Server、Microsoft Access、Microsoft FoxPro、Oracle 和 Sybase 等。

数据库管理系统具有以下功能。

（1）数据模式定义。数据库管理系统负责为数据库构建数据模式。

微课：初识数据库

（2）数据存取的物理构建。数据库管理系统负责为数据模式的物理存取及构建提供有效的存储方法和手段。

（3）数据操纵。数据库管理系统负责支持用户使用数据库中的数据。

（4）数据完整性、安全性的定义与检查。数据库管理系统负责检查和维护数据整体意义上的关联性和一致性，以保证数据正确，负责检查和维护数据共享时的安全性。

（5）数据库的并发控制与故障恢复。多个应用程序对数据库进行并发操作时，数据库管理系统负责控制和管理这些操作，以保证数据不被破坏。

（6）数据的服务。数据库管理系统提供对数据库中数据的多种操作，如数据复制、转存、重组、性能监测和分析等。

4）数据库管理员

数据库管理员（database administrator，DBA）是负责数据库的规划、设计、维护、监视等的专门技术人员。

5）数据库系统

数据库系统（database system，DBS）由数据库、数据库管理系统、数据库管理员、硬件平台和软件平台等构成，是以数据库管理系统为核心的完整的运行实体。其中，硬件平台包括计算机和网络，软件平台包括操作系统（如 Windows、UNIX 等）、系统开发工具（如 C++、Visual Basic 等）及接口软件（如 ODBC、JDBC 等）。

6）数据库应用系统

数据库应用系统（database application system，DBAS）是由数据库系统、应用程序系统和用户组成的，具体包括数据库、数据库管理系统、数据库管理员、硬件平台、软件平台、应用软件和应用界面。

2. 数据库系统的特点

1）数据的高共享性与低冗余性

数据的集成性使数据可为多个应用程序所共享，数据的共享又可以减少数据冗余。

数据冗余是指同一个数据有多个相同的副本并存储在不同数据文件中的现象。数据库系统可以大大减少数据冗余，提高数据的使用效率，不仅省去了不必要的存储空间，还可以避免数据的不一致性。

2）数据结构化

在数据库系统中，采用统一的数据结构将一个系统中的各种应用程序所需要的数据集中起来，统一规划、设计和管理，形成面向全局的数据体系，这种结构由数据库管理系统所支持的数据模型表现出来。数据库系统不仅可以表示事物内部各数据项之间的联系，还可以表示事物与事物之间的联系，从而反映出现实世界事物之间的联系。因此，任何数据库管理系统都支持一种抽象的数据模型。

3）具有较高的数据独立性

数据独立性是指数据与应用程序互不依赖，即数据的逻辑结构、存储结构与存取方式的改变不会影响应用程序。

数据独立性一般分为逻辑独立性和物理独立性两种。

（1）逻辑独立性。逻辑独立性是指数据库的逻辑结构改变时（如改变数据模型、增加新的数据结构、修改数据间的联系等），不影响应用程序，即应用程序不需要修改仍可继续正常运行。

（2）物理独立性。物理独立性是指数据库的物理结构改变时（包括存储结构的改变、存储设备的更换、存取方式的改变等），不影响数据库的逻辑结构，也不会引起应用程序的改动。

4）具有统一的数据管理与控制功能

数据库系统为数据库提供了统一的管理手段，主要包括数据的安全性控制、完整性控制、并发访问控制等。

（1）数据的安全性控制。数据的安全性控制遭到破坏是指信息系统中出现用户看到了不该看的数据、修改了无权修改的数据、删除了不能删除的数据等现象。数据库系统设置了一整套安全保护措施，只有合法用户才能进行指定权限的操作。数据的安全性控制可以保护数据库，防止用户对数据库进行非法操作，避免引起数据丢失、泄露和破坏。

（2）数据的完整性控制。数据的完整性控制是指数据库系统提供了一种可以保证系统中数据的正确性、有效性和相容性的机制，以防止不符合系统语义要求的数据输入系统或输出系统。此外，当计算机系统发生故障而破坏了数据或对数据的操作发生错误时，系统能提供相应的机制将数据恢复到正确状态。

（3）数据的并发访问控制。当多个用户的并发进程同时存取、修改数据库时，可能会相互干扰而得到错误的结果，并使数据库的完整性遭到破坏。因此，必须对多用户的并发操作予以控制和协调。

（4）数据的恢复。数据的恢复是指通过记录数据库运行的日志文件和定期做数据备份工作，保证当数据库中的数据由于种种原因（如系统故障、介质故障和计算机病毒等）遭到破坏导致错误，或者部分甚至全部丢失时，系统有能力将数据库恢复到最近某个时刻的一个正确状态。

0.1.2 数据模型

数据模型（data model）是数据特征的抽象，模型是对现实世界的抽象。数据模型从抽象层次上描述了系统的静态特征、动态行为和约束条件，为数据库系统的信息表示与操作提供了一个抽象的框架。数据模型描述的内容包括数据结构、数据操作和数据约束 3 个部分。

数据模型按不同的应用层次可分成 3 种类型，分别是概念数据模型（conceptual data model）、逻辑数据模型（logical data model）和物理数据模型（physical data model）。

1. 概念数据模型

1）基本概念

概念数据模型是一种面向用户、面向客观世界的模型，主要用来描述世界的概念化结构，它使数据库的设计人员在设计的初始阶段摆脱计算机系统及数据库管理系统的具体技术问题，集中精力分析数据与数据之间的联系等，与具体的数据库管理系统无关。概念数据模型必须转换成逻辑数据模型，才能在数据库管理系统中实现。

概念数据模型用于信息世界的建模，一方面应该具有较强的语义表达能力，能够方便、直接地表达应用中的各种语义知识；另一方面还应该简单、清晰，便于用户理解。

在概念数据模型中，常用的有实体-联系（entity-relations，E-R）模型、扩充的 E-R 模型、面向对象模型及谓词模型。

在概念数据模型中主要有以下几个概念。

（1）实体与实体集。实体是指客观存在并且可以相互区别的事物。实体可以是人，也可以是物；可以是实际的对象，如学生、课程、读者，也可以是比较抽象的事物，如学生选课、借阅图书等。具有共同性质的同类实体组成的集合称为实体集，如教师集、城市集等。

（2）属性。实体所固有的特征和特性称为属性。一个实体可以有若干个属性，如学生实体可以用学号、姓名、性别和出生日期等属性描述。每个实体的每个属性都有一个值，如某一学生的各属性值可以描述为30010001、张红枫、女、2003-10-11。

（3）联系。实体之间的对应关系称为实体间的联系，具体是指一个实体集中可能出现的每一个实体与另一个实体集中多少个实体之间存在联系，实体之间的联系可以分为以下3类。

① 一对一联系。如果实体集A中的每一个实体只与实体集B中的一个实体相联系，反之亦然，则实体集A和实体集B之间是一对一联系（1∶1）。

例如，学校和正校长之间的联系，一个学校只能有一个正校长，一个正校长只能在一个学校任职。

② 一对多联系。如果实体集A中的每一个实体，在实体集B中都有多个实体与之对应；实体集B中的每一个实体，在实体集A中只有一个实体与之对应，则称实体集A和实体集B之间是一对多联系（1∶M）。

例如，学校和学生之间的联系，一所学校有多个学生，而一个学生只能就读于一所学校。

③ 多对多联系。如果实体集A中的每一个实体，在实体集B中都有多个实体与之对应，反之亦然，则实体集A和实体集B之间是多对多联系（M∶N）。

例如，学生和课程之间的联系，一个学生可以选修多门课程，一门课程可以被多个学生选修。

2）表示方法

概念数据模型的表示方法很多，其中最著名的是E-R方法，它用E-R图来描述现实世界的概念数据模型。E-R图的主要组成是实体集、属性和联系。

（1）实体集。实体集用矩形表示，矩形框内标注实体集的名称。

（2）属性。实体集的属性用椭圆表示，椭圆内标注属性的名称，用无向线段将属性与其所对应的实体集连接起来。

（3）联系。实体集之间的联系用菱形表示，菱形框内标注联系的名称，用无向线段将构成联系的各实体集连接起来，并在连线上标注联系的类型，用无向线段将联系和其属性连接起来。

【例0.1】学生选课的数据包括学生和课程两个实体集。学生具有学号、姓名、性别和民族等属性，课程具有课程号、课程名、学时和学分等属性。学生和课程两个实体集通过选课相互联系。根据E-R图的表示方法建立的数据模型如图0.1所示。

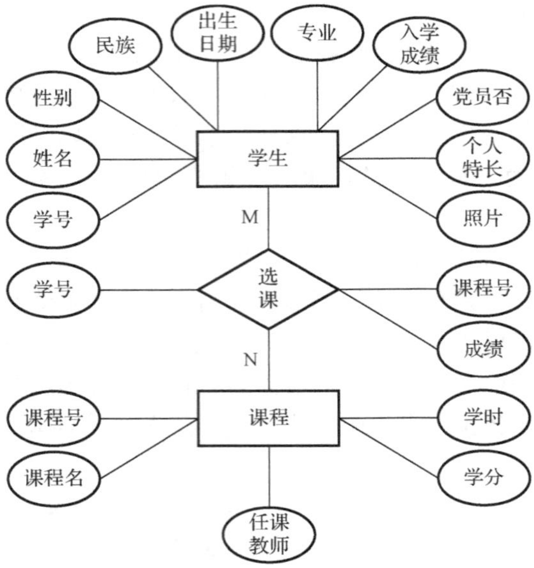

图 0.1　学生选修课程的 E-R 图

2. 逻辑数据模型

逻辑数据模型是一种面向数据库系统的模型，是具体的数据库管理系统所支持的数据模型，如网状数据模型（network data model）、层次数据模型（hierarchical data model）等。此模型既要面向用户，又要面向系统，主要用于数据库管理系统的实现。

E-R 图所表示的是客观世界数据的概念数据模型，利用数据库技术进行数据处理时，还应该将概念数据模型转换成逻辑数据模型，使数据可以在数据库中进行表示。目前被广泛使用的逻辑数据模型有层次模型、网状模型和关系模型 3 种。

1）层次模型

用树形结构来表示实体及其之间联系的模型称为层次模型。层次模型层次分明、结构简单，可以方便地表示一对多的联系，但不能直接表示实体之间多对多的复杂联系。

层次模型是数据库系统最早使用的一种模型，它的数据结构是一棵“有向树”。层次模型具有以下特征。

（1）有且仅有一个结点没有父结点，该结点称为根结点。

（2）其他结点有且仅有一个父结点。

层次模型的结构清晰，各结点之间的联系简单，只要知道每个结点的父结点，就可以得到整个模型结构。因此，绘制层次模型时可用无向边代替有向边。

如图 0.2 所示为某大学行政组织机构的层次模型，即一个大学可以设立多个学院，一个学院可以包括多个系所等，这些实体之间的关系构成了一个层次模型。

2）网状模型

利用网状结构来表示实体及其之间联系的模型称为网状模型。网状模型可以直接表示实体间的各种联系，包括多对多的复杂联系。

如果取消层次模型的两个限制，即两个或两个以上的结点都可以有多个父结点，则“有向树”就变成了“有向图”。“有向图”结构描述了网状模型。网状模型具有以下特征。

（1）可以有任意多个结点而没有父结点。

（2）一个结点允许有多个父结点。

如图 0.3 所示为一个用网状模型表示的某学校中系所、教师、学生和课程之间的联系。

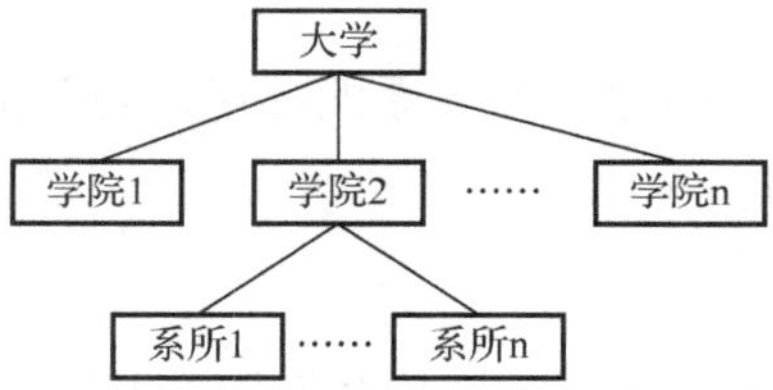

图 0.2 层次模型

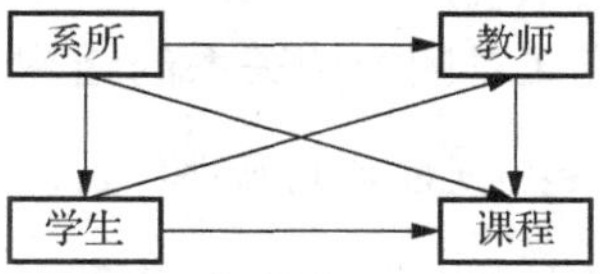

图 0.3 网状模型

3）关系模型

关系模型是采用二维表来表示数据及关系的逻辑结构。二维表由表框架及表的元组组成。表框架由 n 个命名的属性组成，表框架对应了关系的模式。如表 0.1 所示，学生信息表就是利用一个二维表将各实体数据及其之间的联系进行了组织和描述，这种数据的逻辑结构就属于关系模型，这个二维表就可以称为一个关系。

表 0.1 学生信息表

学号	姓名	性别	民族	出生日期	专业	入学成绩
30010001	张红枫	男	汉族	2004/5/18	智能控制技术	503
30010002	张小浩	男	苗族	2004/4/22	智能控制技术	515
30010003	李倩华	女	土家族	2004/7/11	智能控制技术	497

3. 物理数据模型

物理数据模型是一种面向计算机物理表示的模型，它描述了数据在存储介质上的组织结构。它不仅与具体的数据库管理系统有关，而且与操作系统和硬件有关。每一种逻辑数据模型在实现时都有其对应的物理数据模型。数据库管理系统为了保证其独立性和可移植性，大部分物理数据模型的实现工作由系统自动完成，而设计者只设计索引、聚集等特殊结构。

0.2 关系数据库

关系数据库是埃德加・弗兰克・科德（E. F. Codd）在 20 世纪 70 年代提出的数据库模型，自 20 世纪 80 年代以来，新推出的数据库管理系统绝大部分支持关系数据库模型。Microsoft Access 是一种典型的关系数据库管理系统。

0.2.1 关系数据模型

用二维表的形式表示实体和实体之间联系的数据模型称为关系数据模型。

1. 关系模式

一个关系就是一个二维表，每个关系都有一个关系名称。对关系的描述称为关系模式，一个关系模式对应一个关系的结构，其表示格式如下。

```
关系名(属性名 1,属性名 2,…,属性名 n)
```

如图 0.4 所示为 Access 中的一个学生信息表，该表保存了学生的学号、姓名、性别、民族、出生日期、入学成绩和专业等信息，其关系模式可以表示如下。

```
学生(学号,姓名,性别,民族,出生日期,入学成绩,专业,党员否,个人特长)
```

学生

学号	姓名	性别	民族	出生日期	入学成绩	专业	党员	个人特长
30010001	张红枫	男	汉族	2004/5/18	503	智能控制技术	☑	绘画、编程
30010002	张小浩	男	苗族	2004/4/22	515	智能控制技术	☐	滑板、唱歌
30010003	李倩华	女	土家族	2004/7/11	497	智能控制技术	☐	羽毛球
30010004	周俊	男	汉族	2005/1/1	512	智能控制技术	☐	唱歌、跆拳道
30010005	谭建	男	土家族	2004/5/1	483	智能控制技术	☐	篮球
30020001	李岩北	男	汉族	2004/5/11	502	工业机器人	☐	街舞、绘画
30020002	胡晓松	女	苗族	2004/6/18	479	工业机器人	☐	舞蹈
30020003	王洁萍	女	汉族	2004/6/19	519	工业机器人	☐	登山
30020004	王晓燕	女	汉族	2004/2/27	511	工业机器人	☐	朗诵
30030001	韩伟明	男	苗族	2004/3/15	481	机电一体化	☐	舞蹈
30030002	藏青海	男	藏族	2004/1/2	453	机电一体化	☐	摔跤
30030003	吴华	男	汉族	2004/1/2	538	机电一体化	☐	跆拳道

图 0.4 学生信息表

2. 术语

1）元组

在一个关系（二维表）中，每一行称为一个元组。一个关系可以包含若干个元组，但不允许有完全相同的元组。

在 Access 中，一个元组称为一条记录。

2）属性

关系中的列称为属性。每一列都有一个属性名，在同一个关系中不允许有重复的属性名。

在 Access 中，属性称为字段，一条记录可以包含多个字段。

3）域

域是指属性的取值范围。例如，学生信息表中的“学号”字段为 8 位数字字符串，“性别”字段只能是“男”或“女”。合理定义属性的域，可以提高数据表操作的效率。

4）键

键也称为关键字，由一个或多个属性组成，用于唯一标示一条记录。例如，学生信息表中的“学号”字段可以区别表中的各条记录，所以“学号”字段可以作为关键字使用。一个关系中可能存在多个关键字，用于标示记录的关键字称为主关键字（也称为主键）。

在 Access 中，关键字由一个或多个字段组成。表中的主键可以唯一标示一条记录。

微课：数据库的分类与认知

5）外键

如果关系中的一个属性不是当前关系的主键，但它是另外一个关系的主键，则称该属性为外键，也称为外部关键字。

3. 关系的基本特点

关系模型就是一个二维表，它要求关系必须具有以下特点。

（1）规范化。一个关系的每个属性必须是不可再分的，即不允许表中含表。如表 0.2 所示，成绩又分为物理、英语、计算机 3 项，这是一个复合表，不是二维表，因此不能用于表示关系。

表 0.2　复合表

学号	姓名	成绩		
		物理	英语	计算机
30010001	张红枫	90	85	91

（2）同一个关系中不允许出现重复的属性。

（3）同一个关系中不允许出现重复的元组。

（4）关系中交换元组的顺序不影响元组中数据的具体意义。

（5）关系中交换属性的顺序不影响元组中数据的具体意义。

0.2.2　关系代数

关系代数是一种抽象的查询语言，它利用关系的运算来表达查询。关系代数的操作对象是以关系为基本单位的一组集合运算，每一种运算都以一个或多个关系为运算对象，运算结果仍然是一个关系。

关系代数运算主要分为两类：一类是传统的集合运算，包括并（union）、交（intersection）、差（difference）和笛卡儿积（Cartesian product）；另一类是专门的关系运算，包括选择（selection）、投影（projection）、连接（join）和除（division）。

1. 传统的集合运算

传统的集合运算将关系看成元组的集合，其运算是从关系的“水平”方向即行的角度来进行的。传统的集合运算包括并运算（∪）、交运算（∩）、差运算（−）和笛卡儿积运算（×）。

1）并运算

已知两个关系 R 和 S 具有相同的属性集，则并运算的结果是由关系 R、S 中所有不同的元组构成的关系，记作 R∪S。并运算可以理解为将 R 和 S 两个关系的元组合并到一个关系中，然后删除完全相同的元组，剩余元组组成的关系就是关系 R 和 S 并运算的结果。

已知关系 R（R 班课程表）和关系 S（S 班课程表）分别如表 0.3 和表 0.4 所示。

表 0.3　关系 R（R 班课程表）

上课时间	上课地点	课程名称
周一（上午）	崇德楼 204	电路分析
周二（下午）	智慧楼 102	英语
周三（上午）	崇文楼 202	概率
周三（下午）	智慧楼 406	Python
周四（上午）	树人楼 308	高等数学

表 0.4　关系 S（S 班课程表）

上课时间	上课地点	课程名称
周一（上午）	软件楼 104	数据结构
周二（上午）	崇德楼 308	求职技巧
周二（下午）	智慧楼 102	英语
周三（下午）	智慧楼 406	Python
周四（上午）	树人楼 308	高等数学
周五（上午）	树人楼 201	工程制图与 CAD

R∪S 的结果如表 0.5 所示，结果为两个班级开设的全部课程。

表 0.5　关系 R∪S

上课时间	上课地点	课程名称
周一（上午）	崇德楼 204	电路分析
周二（下午）	智慧楼 102	英语
周三（上午）	崇文楼 202	概率
周三（下午）	智慧楼 406	Python
周四（上午）	树人楼 308	高等数学
周一（上午）	软件楼 104	数据结构
周二（上午）	崇德楼 308	求职技巧
周五（上午）	树人楼 201	工程制图与 CAD

2）交运算

已知两个关系 R 和 S 具有相同的属性集，则交运算的结果是由既属于关系 R 的元组，又属于关系 S 的元组构成的关系，记作 R∩S。

已知关系 R（R 班课程表）和关系 S（S 班课程表）分别如表 0.3 和表 0.4 所示，R∩S 的结果如表 0.6 所示，结果为两个班级共同上课的课程。

表 0.6　关系 R∩S

上课时间	上课地点	课程名称
周三（下午）	智慧楼 406	Python
周四（上午）	树人楼 308	高等数学
周二（下午）	智慧楼 102	英语

3）差运算

已知两个关系 R 和 S 具有相同的属性集，则差运算的结果是由属于关系 R 但不属于关系 S 的元组构成的关系，记作 R−S。

已知关系 R（R 班课程表）和关系 S（S 班课程表）分别如表 0.3 和表 0.4 所示，R−S 和 S−R 的结果如表 0.7 和表 0.8 所示。R−S 的结果为 R 班与 S 班开设的不同课程；S−R 的结果为 S 班与 R 班开设的不同课程。

表 0.7 关系 R−S

上课时间	上课地点	课程名称
周一（上午）	崇德楼 204	电路分析
周三（上午）	崇文楼 202	概率

表 0.8 关系 S−R

上课时间	上课地点	课程名称
周一（上午）	软件楼 104	数据结构
周二（上午）	崇德楼 308	求职技巧
周五（上午）	树人楼 201	工程制图与 CAD

4）笛卡儿积运算

已知关系 R 具有 m 个属性和 p 个元组，关系 S 具有 n 个属性和 q 个元组，R 与 S 的笛卡儿积运算记为 R×S，它的结果是一个具有 m+n 个属性的关系，元组个数为 p×q。

已知关系 R（学生表）和关系 S（课程表）分别如表 0.9 和表 0.10 所示。

表 0.9 关系 R（学生表）

学号	姓名
30010001	张红枫
30010002	张小浩
30010003	李倩华

表 0.10 关系 S（课程表）

课程号	课程名	任课教师
001	大学计算机基础	230001
004	大学体育	250001

R×S 的结果如表 0.11 所示，结果为学生选课情况的所有可能性。

表 0.11 关系 R×S

学号	姓名	课程号	课程名	任课教师
30010001	张红枫	001	大学计算机基础	230001
30010001	张红枫	004	大学体育	250001
30010002	张小浩	001	大学计算机基础	230001

续表

学号	姓名	课程号	课程名	任课教师
30010002	张小浩	004	大学体育	250001
30010003	李倩华	001	大学计算机基础	230001
30010003	李倩华	004	大学体育	250001

2. 专门的关系运算

针对数据库环境而专门设计的关系运算有选择运算（σ）、投影运算（π）、连接运算（∞）和除运算（÷）。

1）选择运算

选择运算是在关系 R 中选择满足条件的元组并组成新的关系，记作$\sigma_F(R)$。其中，F 为筛选条件，它是一个逻辑表达式，由逻辑运算符-（逻辑非）、∧（逻辑与）、∨（逻辑或）和比较运算符>、>=、<、<=、=、<>（不等于）组成。属性名也可以用其序号来表示。

【例 0.2】在关系 R（学生表）中筛选出女生数据。学生表数据如表 0.12 所示。

表 0.12　关系 R（学生表）

学号	姓名	性别	民族	出生日期	专业	入学成绩
30010001	张红枫	男	汉族	2004/5/18	智能控制技术	503
30010002	张小浩	男	苗族	2004/4/22	智能控制技术	515
30010003	李倩华	女	土家族	2004/7/11	智能控制技术	497
30010004	周俊	男	汉族	2005/1/1	智能控制技术	512
30010005	谭建	男	土家族	2004/5/1	智能控制技术	483
30020001	李岩北	男	汉族	2004/5/11	工业机器人	502
30020002	胡晓松	女	苗族	2004/6/18	工业机器人	479
30020003	王洁萍	女	汉族	2004/6/19	工业机器人	519
30020004	王晓燕	女	汉族	2004/2/27	工业机器人	511
30030001	韩伟明	男	苗族	2004/3/15	机电一体化	481
30030002	臧青海	男	藏族	2004/1/2	机电一体化	453
30030003	吴华	男	汉族	2004/1/2	机电一体化	538

选择运算的表达式如下。

$$\sigma_{\text{性别}=\text{"女"}}(\text{学生})$$

或

$$\sigma_{3}=\text{"女"}(\text{学生})$$

结果如表 0.13 所示。

表 0.13　$\sigma_{\text{性别}}$="女"(学生)的运算结果

学号	姓名	性别	民族	出生日期	专业	入学成绩
30010001	李倩华	女	土家族	2004/7/11	智能控制技术	497
30010002	胡晓松	女	苗族	2004/6/18	工业机器人	479

续表

学号	姓名	性别	民族	出生日期	专业	入学成绩
30020003	王洁萍	女	汉族	2004/6/19	工业机器人	519
30020004	王晓燕	女	汉族	2004/2/27	工业机器人	511

【例 0.3】在关系 R（学生表）中筛选出入学成绩大于 500 的女生数据。

选择运算的表达式如下。

$$\sigma_{性别}="女" \wedge 入学成绩>500\ (学生)$$

或

$$\sigma_{3}="女" \wedge 7>500\ (学生)$$

结果如表 0.14 所示。

表 0.14　$\sigma_{性别}$="女" ∧ 入学成绩>500(学生)的运算结果

学号	姓名	性别	民族	出生日期	专业	入学成绩
30020003	王洁萍	女	汉族	2004/6/19	工业机器人	519
30020004	王晓燕	女	汉族	2004/2/27	工业机器人	511

2）投影运算

投影运算是指在关系 R 中选择出若干属性组成新的关系，并去掉重复的元组，记作 πA(R)。其中，A 为关系 R 的属性列表，各属性之间用逗号（英文半角）分隔。属性名也可以用其序号来表示。

【例 0.4】对关系 R（学生表）进行投影运算，结果显示学生的“学号”“姓名”“性别”“民族”“专业”。

投影运算的表达式如下。

$$\pi 学号,姓名,性别,民族,专业(学生)$$

或

$$\pi 1,2,3,4,6(学生)$$

结果如表 0.15 所示。

表 0.15　π学号,姓名,性别,民族,专业(学生)的运算结果

学号	姓名	性别	民族	专业
30010001	张红枫	男	汉族	智能控制技术
30010002	张小浩	男	苗族	智能控制技术
30010003	李倩华	女	土家族	智能控制技术
30010004	周俊	男	汉族	智能控制技术
30010005	谭建	男	土家族	智能控制技术
30020001	李岩北	男	汉族	工业机器人
30020002	胡晓松	女	苗族	工业机器人
30020003	王洁萍	女	汉族	工业机器人
30020004	王晓燕	女	汉族	工业机器人
30030001	韩伟明	男	苗族	机电一体化
30030002	臧青海	男	藏族	机电一体化

【例 0.5】 对关系 R（学生表）进行投影运算，查询学生表中都有哪些专业。

投影运算的表达式如下。

$$\pi_{专业}(学生)$$

或

$$\pi_{6}(学生)$$

结果如表 0.16 所示。

表 0.16　π专业(学生)的运算结果

专业
智能控制技术
工业机器人
机电一体化

3）连接运算

连接运算是指从两个关系 R 和 S 的笛卡儿积中选取属性间满足条件的元组并组成新的关系，记作 $R\underset{F}{\infty}S$，其中 F 是选择条件。

连接与笛卡儿积的区别：笛卡儿积是关系 R 和 S 所有元组的组合，而连接是关系 R 和 S 的笛卡儿积中满足条件的元组的组合。如果是无条件连接，则连接运算的结果就是笛卡儿积的结果。

连接运算分为条件连接（condition join）、等值连接（equi join）和自然连接（natural join）。

（1）条件连接。条件连接是从关系 R 和 S 的笛卡儿积中选取属性间满足一定条件的元组。

关系 R、关系 S 及 R×S 的结果如图 0.5 所示。

R

A	B	C
a1	b1	5
a2	b2	7
a3	b3	3

S

A	D
a1	3
a2	8

R×S →

R×S

R.A	R.B	R.C	S.A	S.D
a1	b1	5	a1	3
a1	b1	5	a2	8
a2	b2	7	a1	3
a2	b2	7	a2	8
a3	b3	3	a1	3
a3	b3	3	a2	8

图 0.5　关系 R、关系 S 及 R×S 的结果

条件 C>D 连接的运算结果如图 0.6 所示。

（2）等值连接。等值连接是从关系 R 和 S 的笛卡儿积中选取指定属性值相等的元组。

关系 R、关系 S 及 R×S 的结果如图 0.5 所示。C 属性和 D 属性的等值连接结果如图 0.7 所示。

（3）自然连接。自然连接也是一种等值连接，它选取的是公共属性值相等的元组，并去掉重复的属性，记作 $R\infty S$。

关系 R 和 S 的自然连接的运算结果如图 0.8 所示。

R∞S
C>D

R.A	R.B	R.C	S.A	S.D
a1	b1	5	a1	3
a2	b2	7	a1	3

图 0.6　条件 C>D 连接的运算结果

R∞S
C=D

R.A	R.B	R.C	S.A	S.D
a3	b3	3	a1	3

图 0.7　C 属性和 D 属性的等值连接结果

R∞S

A	B	C	D
a1	b1	5	3
a2	b2	7	8

图 0.8　自然连接的运算结果

4）除运算

给定关系 R(X,Y)和 S(Y,Z)，其中 X、Y、Z 为属性组。关系 R 中的 Y 与关系 S 中的 Y 可以有不同的属性名，但必须出自相同的域集。

关系 R 与 S 的除运算将得到一个新的关系 P(X)，其中，关系 P 是关系 R 中满足下列条件的元组在 X 属性列上的投影：元组在 X 上的分量值 x 的象集 Yx 包含关系 S 在 Y 上投影的集合，记作 R÷S。

【例 0.6】关系 R（选课表）如表 0.17 所示，查询同时选修 001 和 005 课程号的学生的学号。此查询可利用除运算来完成。

表 0.17　关系 R（选课表）

学号	课程号
30010001	001
30010001	004
30010001	005
30010002	001
30010002	003
30010003	001
30010003	002
30010004	005
30010005	001
30010005	003
30010005	005

首先创建关系 S（筛选课程），如表 0.18 所示。

表 0.18　关系 S（筛选课程）

课程号
001
005

“R（选课表）÷S（筛选课程）”的求解过程如下。

（1）X 的属性为“学号”，Y 的属性为“课程号”。

（2）X（学号）的分量值 x 为{30010001, 30010002, 30010003, 30010004, 30010005}。

（3）每个分量在 Y（课程号）属性上的象集 Yx 分别如下。

30010001 对应的 Yx 为{001, 004, 005}。

30010002 对应的 Yx 为{001, 003}。

30010003 对应的 Yx 为{001, 002}。

30010004 对应的 Yx 为{005}。

30010005 对应的 Yx 为{001, 003, 005}。

（4）关系 S（筛选课程）在 Y（课程号）属性上的投影为{001, 005}。

（5）{001, 005}是 30010001 和 30010005 的象集子集。

通过以上求解步骤即可得出 R（选课表）÷S（筛选课程）的结果，如表 0.19 所示。

表 0.19　R÷S 的结果

学号
30010001
30010005

0.2.3　关系完整性

关系完整性是为保证数据库中数据的正确性和可靠性，对关系模型提出的某种约束条件或规则。

关系完整性包括实体完整性、参照完整性和域完整性。其中，实体完整性和参照完整性是关系模型必须满足的完整性约束条件，应该由关系系统自动支持，而域完整性规则是由用户自己定义的，因此也称“用户定义完整性”。

1．实体完整性

实体完整性是指数据表中记录的唯一性，要求表中的主键不能取空值（null）或重复的值。设置数据表的主键可以保证数据的实体完整性。例如，设置学生信息表中的“学号”字段为主键，若编辑“学号”字段时出现相同的学号，则数据库管理系统就会提示用户，并拒绝修改字段。

2．参照完整性

参照完整性是指通过定义的外部关键字和主键之间的引用规则来约束两个关系之间的联系。在实际操作中，当更新、删除、插入一个表中的数据时，通过参照引用相互关联的另一个表中的数据，来检查对表的数据操作是否正确，若不正确则拒绝操作。例如，修改了学生信息表中的“学号”字段，应同时修改选课表中的“学号”字段，否则会导致参照完整性错误。

参照完整性属于表间操作规则，且与表的“关系”有关，因此，在设置参照完整性之前必须先建立表之间的关系。

3．域完整性

域完整性是指限制表中字段取值的有效性规则。域完整性需要在设计表的结构时由用户定义，如设置“性别”字段的值必须是“男”或“女”。

0.3 数据库设计基础

数据库设计是指对于一个给定的应用环境，建立一个能满足用户要求、性能良好的数据库，并以数据库为基础开发一系列供用户完成各种事务处理的应用程序。数据库设计是数据库应用的核心，其根本目标是解决数据共享的问题。

0.3.1 数据库的设计原则

在创建数据库时，为了合理地组织数据，应遵从以下基本设计原则。

微课：数据库设计规范

1）“一实一表”原则

“一实一表”即一个实体（集）对应数据库中的一个独立的表，一个表仅描述一个实体或实体间的一种联系。通过将不同的信息分散在 Access 不同的表中，可以使数据的组织工作和维护工作更简单，同时也可以保证建立的应用程序具有较高的性能。

例如，将有关学生基本情况的数据，如学号、姓名和性别等数据保存在学生表中，将有关选课成绩的数据保存在选课表中，而不是将这些数据都放到一起。

2）避免在表之间出现重复字段

除保证表中有反映与其他表之间存在联系的外部关键字外，应尽量避免在表之间出现重复字段。这样做的目的是使数据冗余尽量小，防止在插入、删除和更新数据时造成数据的不一致。例如，若在课程表中有了课程名字段，则在选课表中就不应该有课程名字段，需要时可以通过两个表的连接找到所选课程对应的课程名。

3）表中的字段必须是原始数据和基本数据元素

表中不应包括通过计算可以得到的“二次数据”或多项数据的组合。通过现有字段简单计算后即可得到的字段也应尽量避免。例如，在学生表中应当包括出生日期字段，而不应包括年龄字段。当需要查询年龄时，可以通过简单计算得到准确的年龄。

4）利用外部关键字保证有关联的表之间的联系

表之间的关联依靠外部关键字来维系，使表结构合理，表中不仅存储了所需要的实体信息，而且反映了实体之间客观存在的联系，最终设计出满足应用需求的实际关系模型。

0.3.2 数据库的设计步骤

使用 Access 开发数据库应用系统的设计步骤如图 0.9 所示。

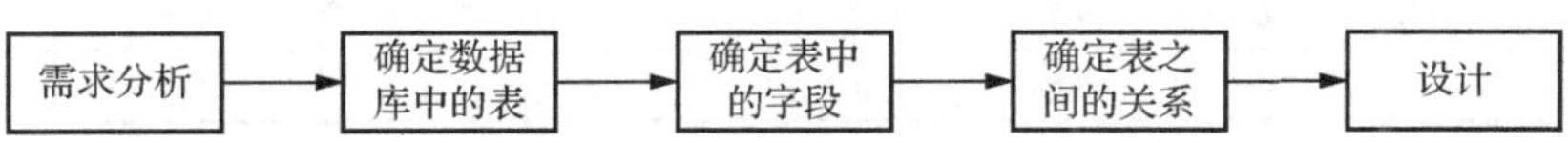

图 0.9　数据库的设计步骤

1）需求分析

在设计和建立数据库之前，首先要明确建立数据库的目的，详细了解用户的需求，采集和分析相关资料和数据，这一过程称为需求分析。

2）确定数据库中的表

将需求信息划分成多个独立的实体，将每个实体设计为数据库中的一个表。

3）确定表中的字段

确定在每个表中要保存哪些字段，字段中要保存数据的数据类型和数据的长度，确定关键字。通过对这些字段的显示或计算应能够得到所有的需求信息。

4）确定表之间的关系

对每个表进行分析，确定一个表中的数据和其他表中的数据有什么联系。必要时，可在表中加入一个字段或创建一个新表来明确联系。

5）设计

对设计进行进一步分析，查找其中的错误。创建表时，在表中加入几个示例数据记录，考查能否从表中得到想要的结果。需要时可调整设计。

【例 0.7】“教学管理”数据库的设计。

（1）需求分析。“教学管理”数据库从功能上看，主要是实现对教学信息的统一管理，用户的需求主要包括以下 3 个方面。

① 通过该数据库可查询学生、课程及教师的相关信息。

② 通过该数据库可了解学生的选课信息及教师的任课信息。

③ 通过该数据库可以对学生成绩进行汇总统计和分析。

（2）确定数据库中的表。“教学管理”数据库应包含 3 类信息：一是学生信息，如学号、姓名和性别等；二是课程信息，如课程号、课程名和学时等；三是教师信息，如教师号、教师姓名和职称等。

如果将这些信息放在一个表中，则必然会出现大量的重复数据，不符合信息分类的原则。因此，应将“教学管理”数据库中的数据分为 3 类，并分别存放在“学生”“课程”“教师”3 个表中。

（3）确定表中的字段。根据数据库的设计原则，在确定所需字段时，要注意每个字段所包含的内容应该与表的主题相关，而且应包含相关主题所需的全部信息。

“教学管理”数据库中各表的表名、主要字段及部分记录如表 0.20～表 0.22 所示。

表 0.20 “学生”表

学号	姓名	性别	民族	出生日期	专业	入学成绩	个人特长
30010001	张红枫	男	汉族	2004/5/18	智能控制技术	503	绘画、编程
30010003	李倩华	女	土家族	2004/7/11	智能控制技术	497	滑板、唱歌
30020003	王洁萍	女	汉族	2004/6/19	工业机器人	519	登山
30020004	王晓燕	女	汉族	2004/2/27	工业机器人	511	朗诵
30030002	臧青海	男	藏族	2004/1/2	机电一体化	453	摔跤

表 0.21　“课程”表

课程号	课程名	任课教师	学时	学分
001	大学计算机基础	230001	32	2
002	数据库应用与开发	230002	48	3
003	多媒体技术与应用	230001	20	1
004	大学体育	250001	30	1
005	大学英语	260002	48	3

表 0.22　“教师”表

教师号	教师姓名	性别	年龄	职称	入职时间	联系电话	工资
50010001	熊亚欧	女	49	副教授	1991/07/05	023-65166525	¥6100.00
50010009	莫华阳	男	35	副教授	2007/07/11	023-65166525	¥5600.00
50010100	郭超宇	男	32	讲师	2011/07/30	023-65166525	¥4500.00
50040002	柳丽	女	32	讲师	2010/06/25	023-65166516	¥4500.00
50080002	汪海平	男	29	助教	2013/07/15	023-65166520	¥3400.00

为了使保存在不同表中的数据产生联系，数据库中的每个表必须有一个字段能唯一标示每条记录，即主键。主键可以是一个字段，也可以是一组字段。不允许在主键字段中出现重复值或空值。

在这 3 个表中都要确定主键，其中，“学生”表的主键是学号，“课程”表的主键是课程号，“教师”表的主键是教师号。

（4）确定表之间的关系。在“教学管理”数据库中，一个学生（如学号 30010001）可以选修多门课程，而一门课程（如大学计算机基础）可以被多个学生选修，即学生与课程之间是多对多关系。在 Access 中，表之间的关系一般定义为一对多关系，所以要将多对多关系分解成两个一对多关系。

为此，需要创建一个纽带表——“选课”表，即通过“选课”表来了解学生的选课情况，这样，“选课”表应包含“学号”和“课程号”字段（均为外部关键字），以便与“学生”表和“课程”表建立联系。学生和课程之间的多对多关系由两个一对多关系代替：“学生”表和“选课”表之间是一对多关系，“课程”表与“选课”表之间是一对多关系，如图 0.10 所示。

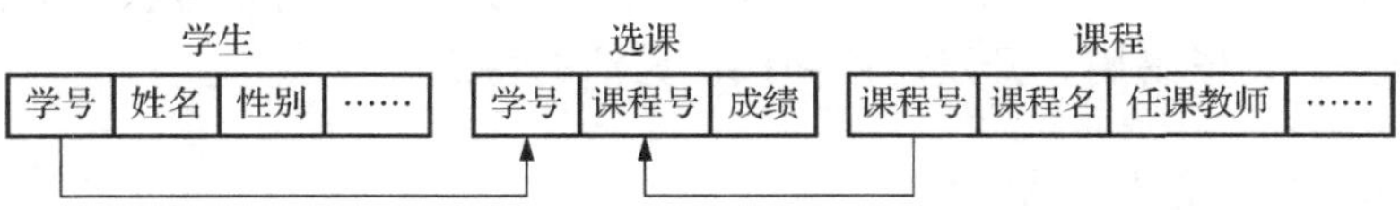

图 0.10　分解多对多关系

纽带表不一定有自己的主键，如果需要，则可以将它所联系的两个表的主键作为组合关键字并指定为主键，即“学号”和“课程号”的组合为“选课”表的主键。

“教学管理”数据库中表之间的关系如图 0.11 所示。

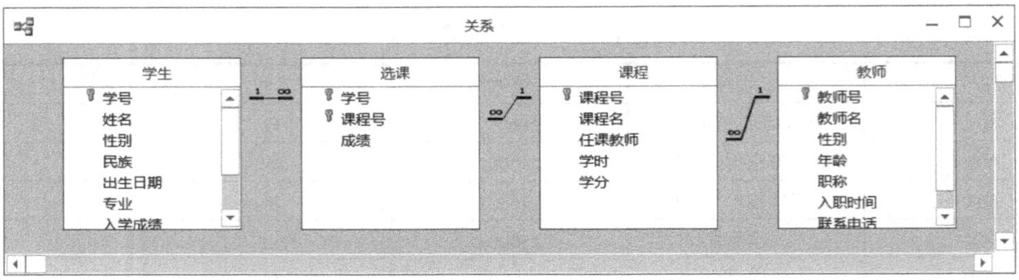

图 0.11 “教学管理”数据库中表之间的关系

（5）设计求精。数据库设计在每一个具体阶段的后期都要经过用户确认，如果不能满足要求，则要返回前面一个或几个阶段进行调整和修改。整个设计过程实际上是一个不断返回、修改、调整的迭代过程。

需要检查的内容如下。

① 是否遗忘了字段？是否有需要的信息未包含在数据库中？如果它们未包含在自己创建的表中，就需要另外创建一个表。

② 是否存在大量的空白字段？此现象通常表示这些字段属于另外一个表。

③ 表中是否含有大量不属于某实体的字段？例如，若一个表中既包括教师信息字段，又包括有关课程的字段，则必须修改设计，确保每个表包含的字段只与一个实体有关。

④ 是否为每个表选择了合适的主键？在使用这个主键查找具体记录时，它是否容易记忆和输入？要确保主键字段的值不会重复出现。

⑤ 是否有字段很多而记录很少的表，而且许多记录中的字段值为空？如果有，就要考虑重新设计该表，使它的字段减少，记录增多。

经过反复修改之后，就可以开发数据库应用系统的原型。

0.4 Access 2021 简介

Access 2021 是一个面向对象的、采用事件驱动的新型关系数据库。它提供强大的数据处理功能，可以帮助用户组织和共享数据库信息，以便根据数据库信息做出有效的决策。它具有界面友好、易学易用、开发简单和接口灵活的特点。

0.4.1 Access 2021 的启动和退出

Access 2021 的启动和退出的方法与 Microsoft 公司研发的其他软件（如 Word、Excel 和 Outlook 等）的启动和退出的方法类似。

1. *启动* Access 2021

执行以下任意一种操作都可以启动 Access 2021，其启动界面如图 0.12 所示。

图 0.12　Access 2021 的启动界面

（1）选择“开始”→“Access 2021”选项。
（2）双击数据库文档文件。
（3）双击桌面上的 Access 2021 快捷方式图标。

2. 退出 Access 2021

执行以下任意一种操作都可以退出 Access 2021。
（1）单击标题栏右侧的“关闭”按钮。
（2）选择“文件”→“关闭”选项。
（3）右击标题栏，在弹出的快捷菜单中选择“关闭”选项。
（4）按 Alt+F4 组合键。

0.4.2　Access 2021 的用户界面

Access 2021 的用户界面主要由 Backstage 视图、功能区、快速访问工具栏、导航窗格、工作区、状态栏等部分组成，它们提供了供用户创建和使用数据库的基本环境。

1. Backstage 视图

Backstage 视图是功能区“文件”菜单中显示的命令集合，如图 0.13 所示。它包含适用于整个数据库文件的选项和信息，以及早期版本中的“文件”菜单中的选项。用户可以在其中管理文件及其相关数据，如创建文件、保存文件、打开文件、关闭文件，以及进行选项设置等。

微课：Access 数据库工作界面

单击 Backstage 视图左上角的“后退”按钮，可以返回 Access 编辑窗口。

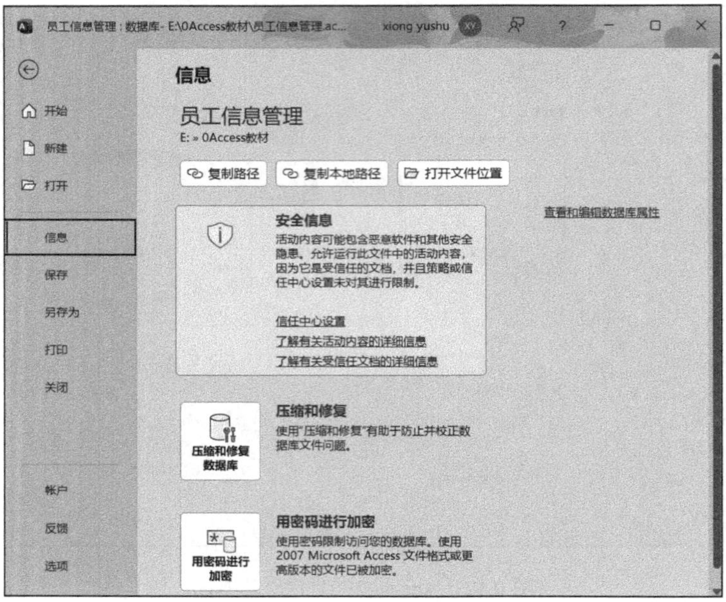

图 0.13　Backstage 视图

2. 功能区

功能区位于 Access 2021 主窗口的顶部。功能区将软件的功能按照一定的规律分布到6个选项卡中，在每个选项卡中又按照功能分为不同的组，每个组中又包含一些按钮。

1）“文件”菜单

“文件”菜单，用于创建数据库、打开数据库、保存数据库，以及配置数据库。

2）“开始”选项卡

“开始”选项卡中包含一些常用命令，一般情况下可以在该选项卡中找到使用频率较高的命令，如复制、粘贴、排序和筛选、查找等命令。

3）“创建”选项卡

“创建”选项卡中包含了用于在 Access 中创建各种对象的命令，使用该选项卡中的命令可以创建表、查询、窗体、报表和宏。

4）“外部数据”选项卡

“外部数据”选项卡中包含了用于将 Access 和其他数据源进行集成的命令，使用该选项卡中的命令可以导入和导出数据，以及和外部数据库建立连接。

5）“数据库工具”选项卡

“数据库工具”选项卡中包含了用于处理数据库内部工作的命令，使用该选项卡中的命令可以在表之间创建关系、分析数据库的性能、记录数据库，以及压缩和修复数据库。

6）“帮助”选项卡

“帮助”选项卡没有数据库功能，但是它提供了支持和培训的链接。

Access 功能区除以上标准的选项卡外，还可以有一些特殊的选项卡，只有当我们选择某种特殊的对象时才会显示。选项卡不同，其下对应的具体内容就不同，每项不同的操作内容之间都以灰色的竖线进行了间隔区分，方便用户使用时进行选择。

3．快速访问工具栏

单击快速访问工具栏中的命令图标即可执行命令。快速访问工具栏中只显示了常用的命令，默认显示的命令包括保存、撤销、恢复等，用户还可以根据自己的需要自定义快速访问工具栏。单击“自定义快速访问工具栏”下拉按钮，在弹出的下拉列表中显示了更多可用的命令，在其中选择所需的选项，即可将它添加到快速访问工具栏中。

4．导航窗格

导航窗格位于 Access 2021 主窗口的左侧，用于显示当前数据库中的各种数据库对象，如图 0.14 所示。

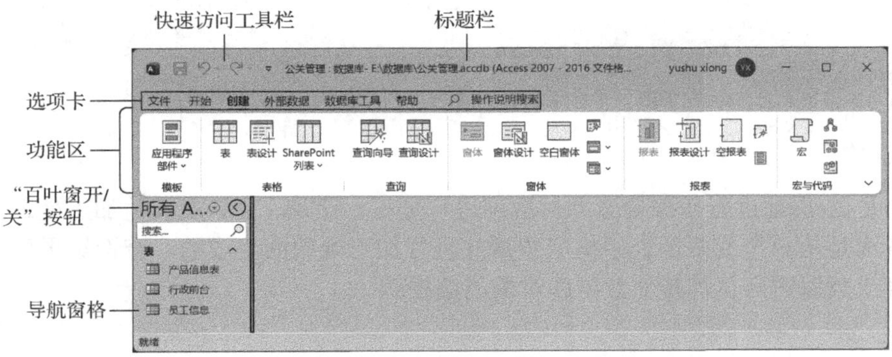

图 0.14　Access 2021 主窗口

在导航窗格中，用户可以对对象进行分组管理，分组是一种分类管理数据库对象的有效方法。单击导航窗格右上角的“百叶窗开/关”按钮，可以折叠或展开导航窗格，但不能用打开的数据库对象覆盖导航窗格。

单击导航窗格标题栏中的“所有 Access 对象”下拉按钮，在弹出的下拉列表中显示导航选项。导航选项分为两类，分别为“浏览类别”和“按组筛选”，在“浏览类别”下每一个选项对应“按组筛选”中不同的选项。通过导航窗格，用户可以快速进入需要编辑的数据库对象。在工作中，也可以在导航窗格中分类显示指定的数据库对象，便于将重点放在需要操作的对象身上。

0.4.3　Access 2021 的对象

Access 2021 中有表、查询、窗体、报表、宏和模块 6 种对象，这些对象在数据库中有不同的作用。其中，表是数据库的基础和核心对象，用来存放数据库的全部数据。查询、窗体和报表都是用来从表中获得数据信息的，以实现用户的某一特定需求。窗体可以提供良好的用户操作界面，通过窗体可以直接或间接地调用宏或模块，并执行查询、打印和计算等操作，还可以对数据库进行编辑修改。

微课：Access 的对象

1. 表

表是数据库的基础和核心对象，用于存储数据。Access 的一个数据库中可以包含多个表，用户可以在表中存储不同类型的数据。

表中的列称为字段，行称为记录，记录由一个或多个字段组成，如图 0.15 所示。一条记录就是一个完整的信息。

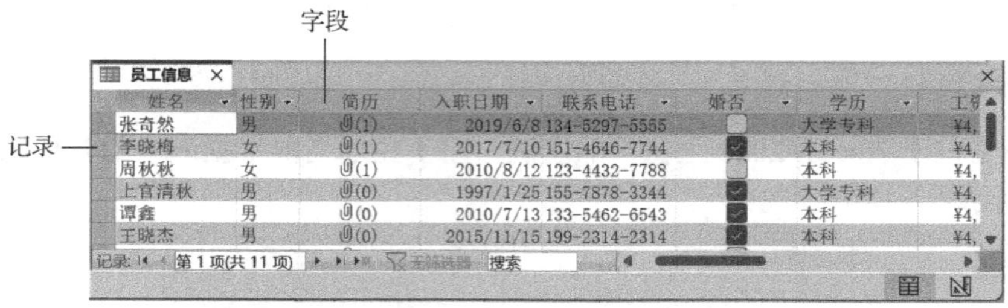

图 0.15 “公关管理”数据库中的“员工信息”表

2. 查询

查询是 Access 进行数据检索并对数据进行分析、计算、更新及其他加工处理的数据库对象。查询是从一个或多个表中提取数据并进行加工处理而生成的。查询结果可以作为窗体、报表或数据访问页等其他数据库对象的数据源。

3. 窗体

窗体提供了一种用户操作界面，本身并不存储数据，但应用窗体可以直观、方便地对数据库中的数据进行输入、修改和查看等操作。

窗体中包含多种控件，通过这些控件可以打开报表或其他窗体、执行宏或 VBA 编写的代码程序。在一个数据库应用程序开发完成后，对数据库的所有操作都可以通过窗体来实现。因此，窗体也是一个应用系统的组织者。

4. 报表

报表是将数据库中的数据通过打印机输出的特有形式。Access 使用报表对象来实现格式数据的打印，将数据库中的表或查询中的数据进行组合，形成报表，还可以在报表中添加多级汇总、统计、图片和图表等。

5. 宏

在 Access 中，宏可以自动完成一系列操作。使用宏非常方便，不需要记住语法，也不需要编程。通过执行宏可以完成许多烦琐的人工操作。

宏是一个或多个操作的集合，其中每个操作都能实现特定的功能。用户可以将一组需要系统执行的操作按顺序排列，定义成一个宏。当运行宏的时候，系统将自动执行宏中包含的操作。所以，使用宏能使系统自动执行一系列指定的操作或完成一些重复性的工作。

6. 模块

模块的主要作用是建立复杂的 VBA（visual basic for applications）程序，以完成宏等不能完成的任务。

模块中的每一个过程都是一个函数过程或子程序。通过将模块与窗体、报表等 Access 对象相联系，可以建立完整的数据库应用系统。

0.4.4　Access 2021 的特点

使用 Access 2021 可以在数秒内生成并共享数据库。操作者提供信息，Access 执行其余操作，即可轻松创建和构建数据。可使用报表和查询创建多种格式的数据，以使应用程序的外观始终保持美观。

如果 Access 从早期的版本升级到 Access 2021，则仍将拥有全部已习惯使用的功能，并且还会有以下几个新功能。

1. 添加表更为简单

使用工作时保持打开状态的“添加表”任务窗格将表添加到关系和查询。

2. 密切关注数据库对象

活动选项卡展示清楚，如图 0.16 所示，轻松拖动选项卡就可以将它们重新排列，并且只需单击一下即可关闭数据库对象。

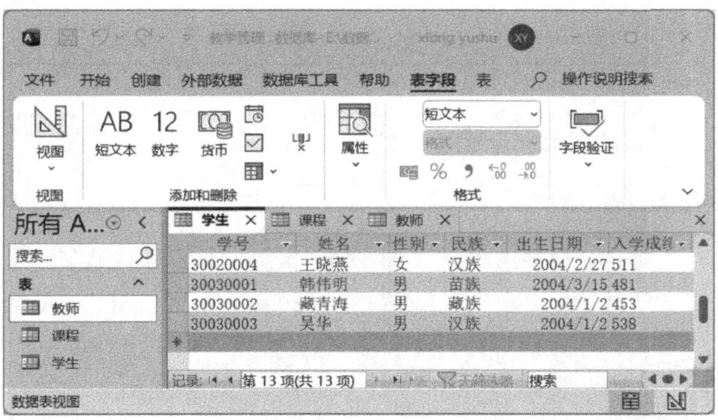

图 0.16　活动选项卡

3. 日期/时间扩展数据类型具有更好的精度

为了增强与 SQL 的语法兼容性以提高包含日期和时间的记录的准确性和详细程度，Access 2021 版在 Access 中实现了 DateTime2 数据类型。DateTime2 数据类型包含更大的日期范围（0001-01-01 到 9999-12-31），具有更高的指定时间精度（纳秒，而不是秒）。

4. 深色主题支持

深灰色和黑色主题（图 0.17）非常适合喜欢对高对比度视觉对象使用更柔和的视觉效果的用户。

图 0.17　深色主题支持

5. 对 SQL 视图的改进

在 SQL 视图中使用“查找和替换”对话框（图 0.18）搜索和替换 SQL 语句中的文本，对于长语句特别有用。

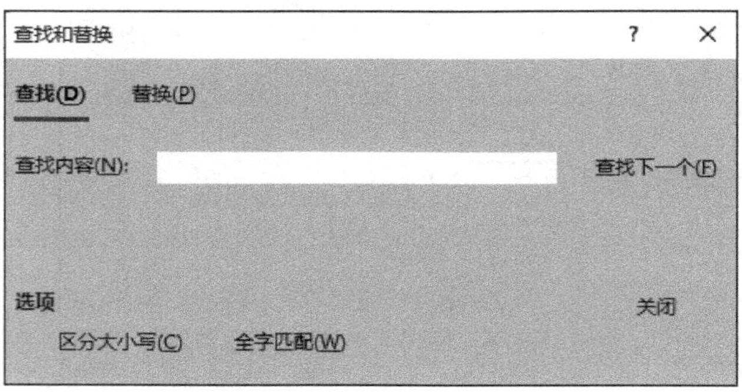

图 0.18　“查找和替换”对话框

6. 对查询设计器的改进

Access 2021 为表对象添加了新的省时选项。在查询设计视图中，右击，在弹出的快捷菜单中可以选择“打开”、“设计视图”或“重设大小以适应”选项。

7. 对“关系”窗口的改进

快速调整表大小以显示其他字段和关系，选择表和关系的子集，并使用鼠标滚轮进行水平和垂直滚动。

8. 可选取完美的颜色

Access 2021 在十六进制颜色值的“颜色”对话框中添加了一个新的输入字段，无须花费时间即可将十六进制颜色值转换为 RGB 值。

思考与练习

1. 用二维表来表示实体与实体之间联系的数据模型是什么？
2. 数据库系统的核心是什么？
3. Access 数据库的类型是什么？特点是什么？

拓展训练

训练：试着在计算机上安装 Access 2021。

项目1 数据库的创建与操作

学习目标

知识目标

- 了解 Access 数据库的作用。
- 掌握创建 Access 数据库的方法。
- 熟悉数据库的基本操作。

技能目标

- 会使用多种方式创建不同的 Access 数据库。
- 会对数据库进行基本的设置。
- 会对数据库进行打开、备份、复制、隐藏和显示、保存、关闭等基础操作。

素养目标

- 培养严谨细致的工作作风。
- 培养良好的学习习惯。

情景导入

公司的员工小李计划使用 Access 2021 完成公司公关部门管理信息的输入，现在首先需要在 Access 上创建一个公关管理数据库，并掌握打开、备份、复制、数据库的基本设置、保存、关闭等基本操作方法。

1.1 知识准备——Access 数据库入门

数据库系统中主要的组成部分是数据库，其处理的数据来自数据库，数据库保存着基础数据，是系统运行的基础。Access 数据库是一个容器文件，扩展名为.accdb，用于存储表、查询、窗体、报表、宏和模块等所有数据库对象。

本项目将创建“教学管理”和“公关管理”两个数据库，并分别在数据库中创建对应的数据表，表结构如表 1.1 和表 1.2 所示。

本项目所创建的“教学管理”和“公关管理”数据库及各表均可应用于本书中的其他项目。

微课：Access 入门简介

表 1.1　“学生”“选课”“课程”“教师”表的表结构

表	字段名	数据类型	字段大小	格式	主键
学生	学号	短文本	8		学号
	姓名	短文本	4		
	性别	短文本	1		
	民族	短文本	3		
	出生日期	日期/时间		短日期	
	专业	短文本	8		
	入学成绩	数字	整型		
	党员否	是/否		真/假	
	个人特长	短文本	30		
	照片	OLE 对象			
选课	学号	短文本	8		学号 课程号
	课程号	短文本	3		
	成绩	数字	长整型		
课程	课程号	短文本	3		课程号
	课程名	短文本	12		
	任课教师	短文本	6		
	学时	数字	整型		
	学分	数字	整型		
教师	教师号	短文本	6		教师号
	教师姓名	短文本	4		
	性别	短文本	1		
	年龄	数字	整型		
	职称	短文本	3		
	入职时间	日期/时间		yyyy/mm/dd	
	联系电话	短文本	15		
	工资	货币		货币	

表 1.2　“员工信息”“咨询业务”“客户”“行政前台”表的表结构

表	字段名	数据类型	字段大小	格式	主键
员工信息	员工编号	短文本	8		员工编号
	姓名	短文本	4		
	性别	短文本	1		
	入职日期	日期/时间		yyyy/mm/dd	
	身份证号码	短文本	18		
	学历	短文本	8		
	电话号码	数字	11		

续表

表	字段名	数据类型	字段大小	格式	主键
员工信息	婚否	是/否		真/假	员工编号
	简历	附件			
	照片	OLE 对象			
	邮箱	超链接			
	年龄	数字	2		
	工资	货币		货币	
	部门	短文本			
	年终奖	计算		货币	
咨询业务	咨询编号	短文本	2		咨询编号
	员工编号	短文本	7		
	客户编号	短文本	4		
	咨询日期	日期/时间		短日期	
	咨询事务	短文本			
	咨询方式	短文本			
客户	客户编号	短文本	3		客户编号
	姓名	短文本	4		
	性别	短文本	1		
	课程名	短文本	12		
	公司名称	短文本			
	电话	短文本	11		
	城市	短文本	8		
	邮箱	超链接			
	咨询类型	短文本	20		
行政前台	工号	短文本	7		员工编号
	姓名	短文本	4		
	性别	短文本	1		
	年龄	数字	整型		
	民族	短文本	8		
	入职时间	日期/时间		yyyy/mm/dd	
	联系电话	短文本	11		
	工资	货币		货币	
	年终奖	计算		货币	

1.2 实践操作——数据库的创建与基础操作

1.2.1 创建数据库

Access 经常使用以下两种方法创建数据库：一是使用模板通过简单操作来创建数据库，

这是最快捷的创建数据库的方法；二是先创建一个空数据库，然后为数据库添加表、查询、窗体和报表等对象。无论采用哪一种方法，创建数据库后都可以在任何时候修改或扩展数据库。

微课：如何创建 Access 数据库

1. 创建空数据库

用户如果在数据库模板中找不到满足要求的模板，则可以创建一个没有任何数据库对象的空数据库，再根据需要向数据库中添加表、查询、窗体和报表等对象，这种方法非常灵活，可以根据需要创建出各种数据库。

【例 1.1】 在 E 盘的“数据库”文件夹下建立“教学管理”数据库。

操作步骤如下。

（1）启动 Access 2021 后，在窗口中单击“空白数据库”按钮，如图 1.1 所示。在打开的“空白数据库”对话框的“文件名”文本框中输入文件名“教学管理.accdb”（扩展名.accdb 可省略），如图 1.2 所示。

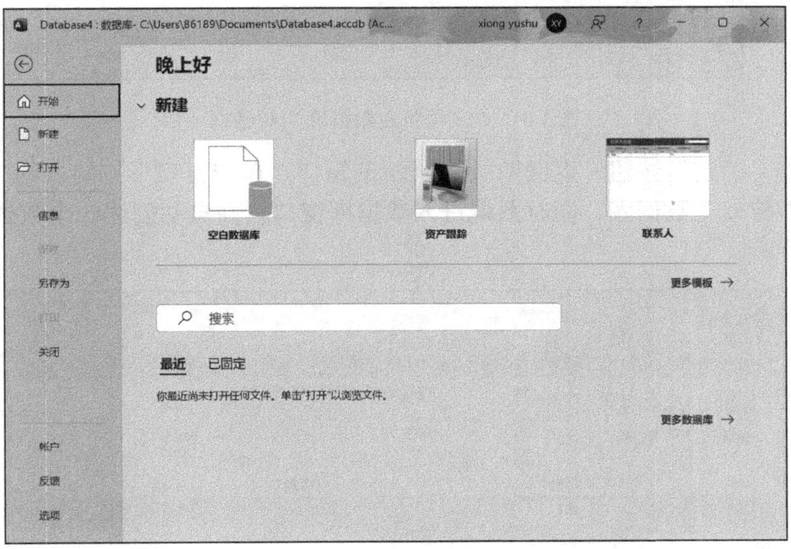

图 1.1　创建空白数据库

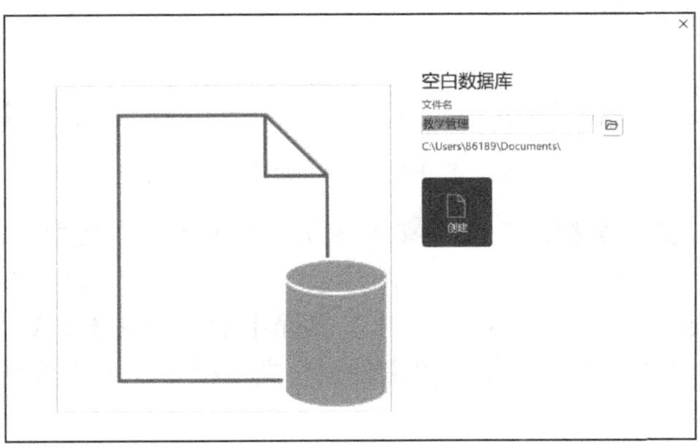

图 1.2　为数据库文件命名

（2）单击“浏览”按钮，打开“文件新建数据库”对话框，如图 1.3 所示。设置文件的保存位置为 E 盘下的“数据库”文件夹。

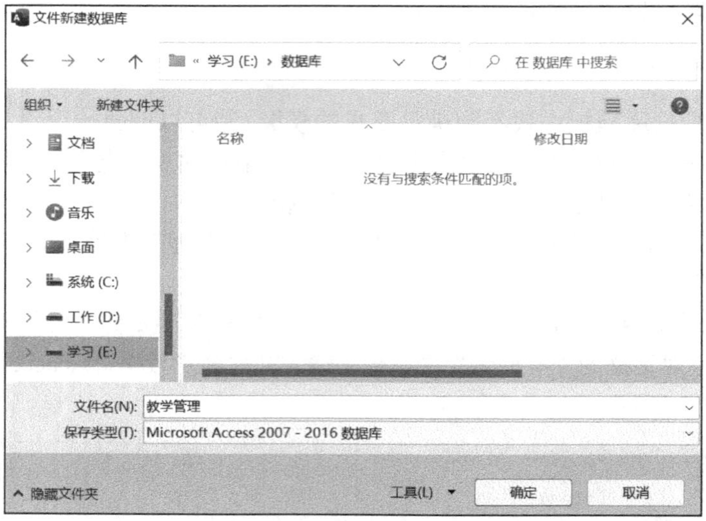

图 1.3　“文件新建数据库”对话框

（3）单击“确定”按钮，返回图 1.2 所示的窗口，单击窗口下方的“创建”按钮，即可创建“教学管理”数据库，同时系统进入数据库窗口，并自动创建一个数据表“表 1”，如图 1.4 所示。

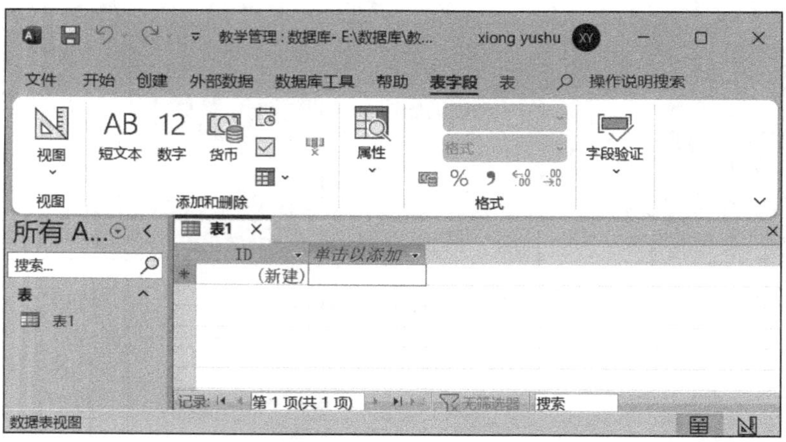

图 1.4　新建的“教学管理”数据库

【例 1.2】在 E 盘的“数据库”文件夹下建立“公关管理”数据库。

操作步骤如下。

（1）启动 Access 2021 后，单击“新建”界面中的“空白数据库”按钮，如图 1.5 所示。在打开的“空白数据库”对话框的“文件名”文本框中输入文件名“公关管理.accdb”。

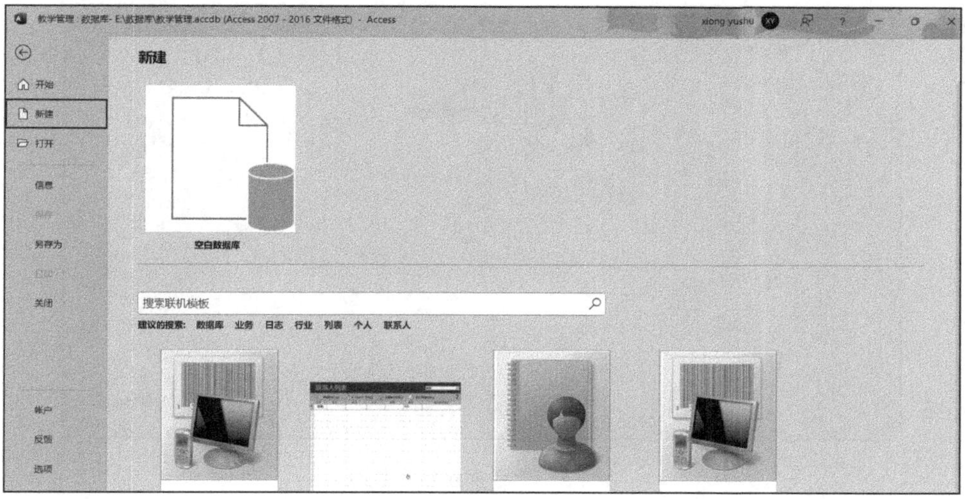

图 1.5　“新建”界面

（2）单击“浏览”按钮，打开“文件新建数据库”对话框。设置文件的保存位置为 E 盘下的“数据库”文件夹。

（3）单击“确定”按钮，返回图 1.2 所示的窗口，单击窗口下方的“创建”按钮，即可创建“公关管理”数据库，同时系统进入数据库窗口，并自动创建一个数据表“表 1”。

说　明

如果在窗口中双击“空白数据库”按钮，则 Access 会直接创建带有系统默认名称和保存位置的空白数据库。

2. 使用模板创建数据库

使用模板可以快速、方便地创建数据库，并且创建的数据库中包含已经创建好的表、查询、窗体和报表等对象，模板分为内置模板及联机模板。

1）使用内置模板创建数据库

【例 1.3】使用样本模板创建“资产跟踪”数据库，并保存到 E 盘的“数据库”文件夹中。

操作步骤如下。

（1）启动 Access 2021 后，在窗口中选择“资产跟踪”选项，如图 1.6 所示。

（2）在打开的“资产跟踪”对话框中设置文件名为“资产跟踪.accdb”，通过“浏览”按钮设置文件的保存位置为 E 盘下的“数据库”文件夹，单击“创建”按钮，完成模板数据库的创建。单击导航窗格中的“百叶窗开/关”按钮，可以看到所建的数据库及各类对象。

通过数据库模板可以创建专业的数据库系统，但这些系统有时不太符合用户的要求，因此最简单的方法是先利用模板生成一个数据库，然后进行修改，使其更贴近目标要求。

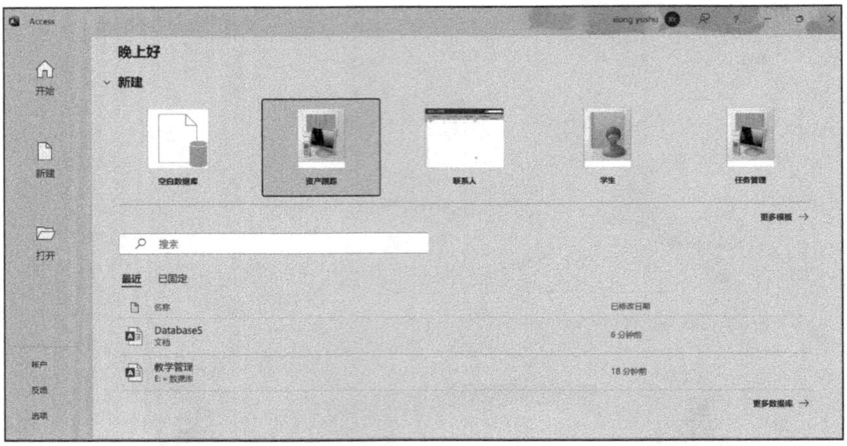

图 1.6 “资产跟踪”选项

> **说 明**
>
> 在“新建”界面展现出来的新建模板列表中，单击模板后面的 按钮，就可以把该模板固定在列表中，便于下次直接使用。

2）使用联机模板创建数据库

联机模板中收纳了更多的数据库类型，用户可以通过搜索联机模板进行创建。

【例 1.4】使用联机模板创建“营销项目”数据库，并保存到 E 盘的“数据库”文件夹中。

操作步骤如下。

（1）启动 Access 2021 后，在“建议的搜索”文本框中输入“营销项目”，单击“搜索”按钮，结果如图 1.7 所示。

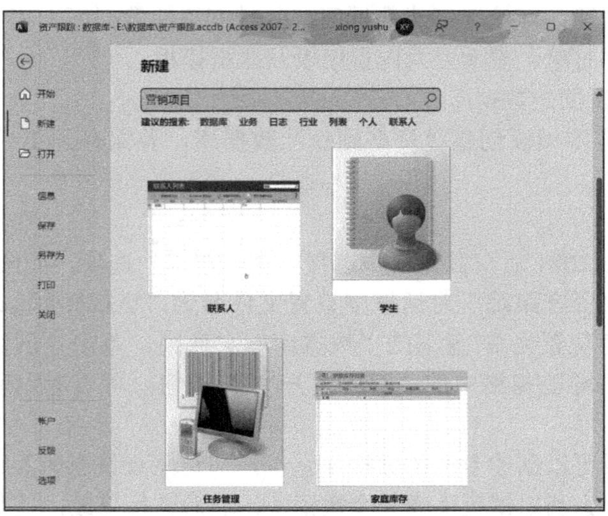

图 1.7 “建议的搜索”列表

（2）系统会搜索出相似或相近的模板并显示出来，在列表中选择“营销项目”选项即可，如图 1.8 所示。

图 1.8　选择“营销项目”选项

说　明

“建议的搜索”有“数据库”“业务”“日志”等分类可供选择。另外，无论是否搜索出结果，系统都会显示出相似模板以供选择。

1.2.2　数据库的基础操作

1. 打开数据库

对数据库及数据库中的对象进行操作前，要先打开数据库，常用以下方法打开 Access 数据库。

（1）双击数据库文件名即可快速打开数据库。

（2）选择“文件”→“打开”→“浏览”选项，在打开的“打开”对话框中选择数据库文件所在的位置，选中文件名，单击“打开”按钮，即可打开数据库。

对于“打开”对话框，单击“打开”按钮右侧的下拉按钮，在弹出的下拉列表中包含以下 4 个选项。

① 打开：以普通方式打开，可以对数据库进行操作。

② 以只读方式打开：用户只能查看，不能修改数据库中的内容。

③ 以独占方式打开：只有当前 Access 2021 用户可以编辑数据库中的内容，其他用户和应用程序不能打开和访问该数据库，只有在关闭数据库后，其他应用程序和用户才可以访问。

④ 以独占只读方式打开：只有当前 Access 2021 用户可以以只读方式打开该数据库，其他用户既不能打开数据库，也不能访问数据库。

用户可以依据情况进行选择，若不选，则默认为以普通方式打开。

（3）选择“文件”→“打开”选项，在打开的“打开”界面的“最近使用的文件”列表中单击要打开的数据库，即可打开最近使用过的数据库，如图 1.9 所示。

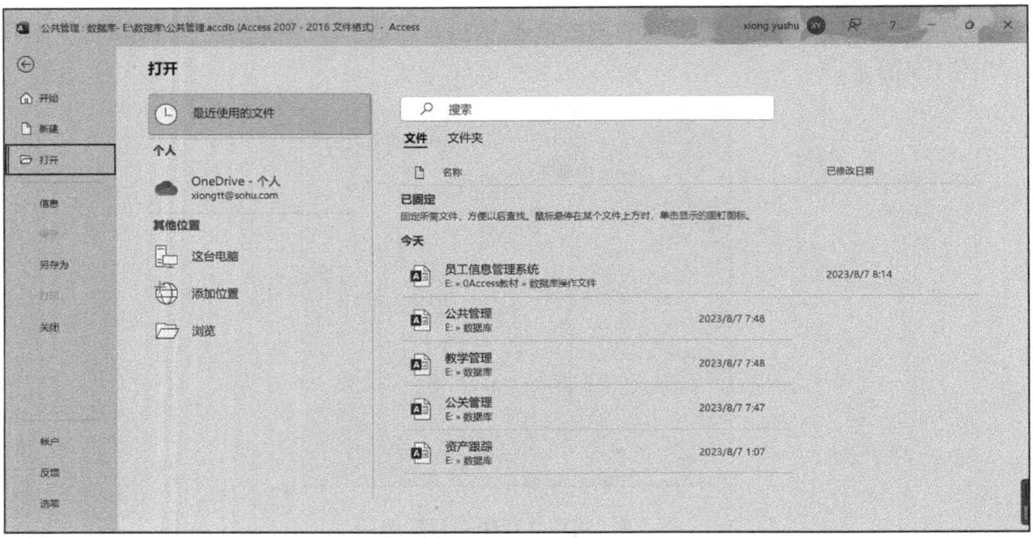

图 1.9　打开数据库

2. 备份数据库

【例 1.5】备份“公关管理”数据库到 E 盘的“数据库”文件夹下。

操作步骤如下。

（1）打开“公关管理”数据库文件，选择“文件”选项，进入 Backstage 视图。

（2）选择“另存为”选项，在打开的“另存为”界面的“文件类型”选项组中选择“数据库另存为”选项，然后在其右侧的“高级”选项组中选择“备份数据库”选项，如图 1.10 所示。

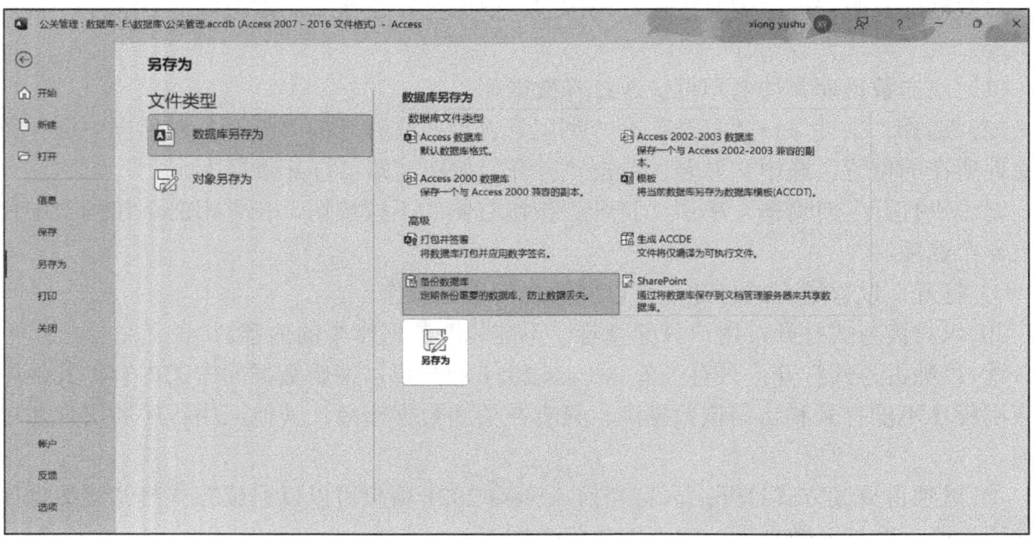

图 1.10　备份数据库

（3）单击“另存为”按钮，在打开的“另存为”对话框中系统会自动为备份数据库文件命名，在原数据库文件名后加上执行的时间作为备份数据库的名称，设置备份数据库的保存位置为“E:\数据库”，如图 1.11 所示，然后单击“保存”按钮即可。

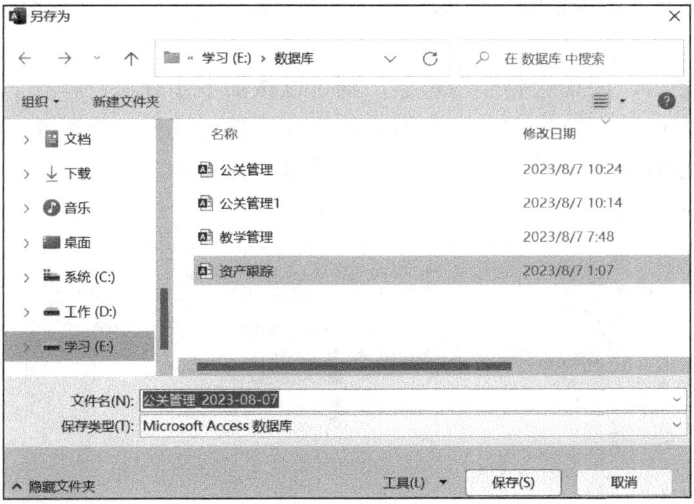

图 1.11　设置备份数据库的位置

3. 复制数据库对象

复制数据库对象是指为对象建立副本，操作步骤如下。

（1）打开“公关管理”数据库，在“员工信息”表上右击，在弹出的快捷菜单中选择“复制”选项。

（2）在要粘贴的目标数据导航窗格中右击，在弹出的快捷菜单中选择“粘贴”选项。

（3）打开“粘贴表方式”对话框，在“表名称”文本框中输入表名称，在“粘贴选项”选项组中选择粘贴方式，如图 1.12 所示，然后单击“确定”按钮即可。

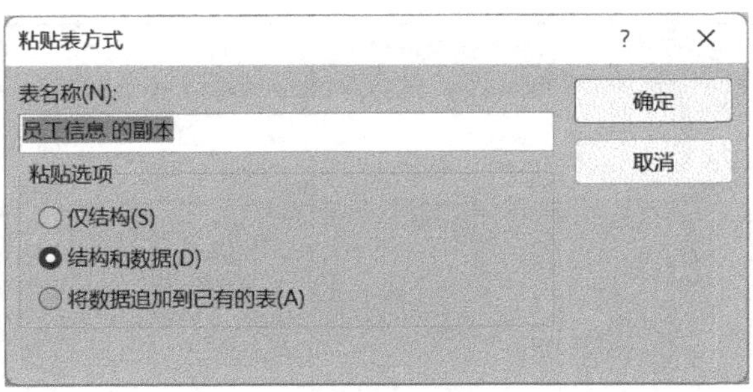

图 1.12　“粘贴表方式”对话框

（4）复制完毕后，可将复制对象粘贴至目标数据库。

4. 隐藏和显示数据库对象

1）隐藏数据库对象

当数据库的对象比较多时，可以将不需要显示的对象在导航窗格中隐藏起来，从而使数据库看起来更加简洁利落。

【例 1.6】将“公关管理”数据库中的“行政前台”表隐藏起来。

操作步骤如下：打开“公关管理”数据库，在导航窗格中右击“行政前台”表，在弹出的快捷菜单中选择“在此组中隐藏”选项即可。此时观察导航窗格，“行政前台”表已被隐藏。

2）显示数据库对象

隐藏了对象之后，如果想要显示对象，则可以按如下步骤进行操作。

（1）在导航窗口的空白处右击，在弹出的快捷菜单中选择“导航选项”选项。

（2）打开“导航选项”对话框，在“显示选项”选项组中选中“显示隐藏对象”复选框，如图 1.13 所示，然后单击“确定”按钮即可。

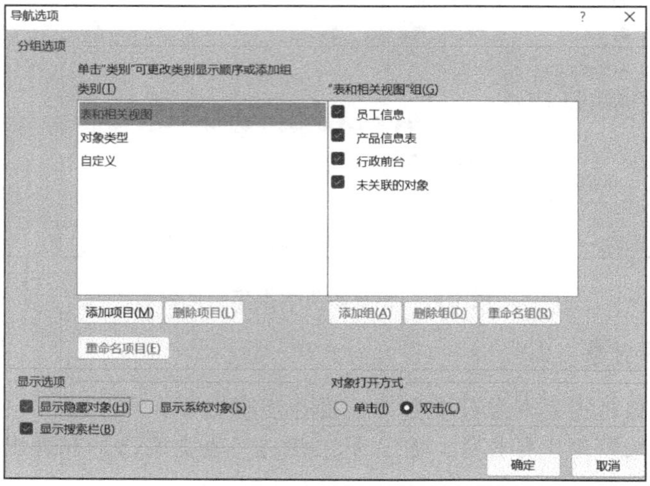

图 1.13　“导航选项”对话框

（3）返回数据库主界面，右击导航窗格中灰色的“行政前台”表，在弹出的快捷菜单中选择“取消在此组中隐藏”选项，如图 1.14 所示，该表即可正常显示。

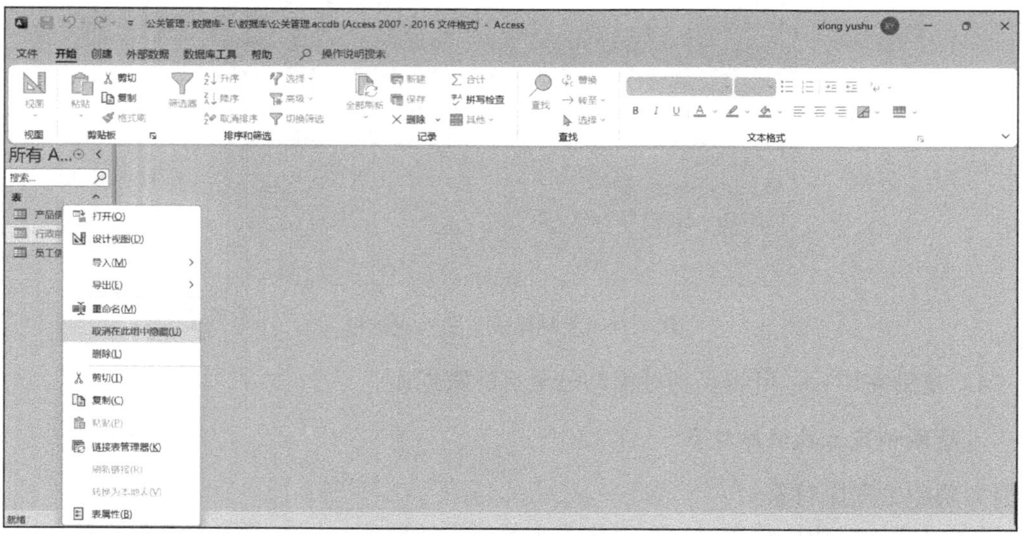

图 1.14　选择“取消在此组中隐藏”选项

5. 数据库常用设置

1）设置数据库的默认保存路径

在创建数据库时，通常默认数据库会保存在同一个路径中，如果这个路径并不是常用的保存路径，则可以将默认保存路径更改为常用路径。

【例 1.7】 将数据库文件的默认存储路径设置为“E:\数据库”。

（1）选择“文件”→“选项”选项，打开“Access 选项”对话框，在“常规”选项卡的“创建数据库”选项组中，单击“默认数据库文件夹”右侧的“浏览”按钮，如图 1.15 所示。

图 1.15　“Access 选项”对话框

（2）打开“默认的数据库路径”对话框，设置路径为“E:\数据库”，如图 1.16 所示，然后单击“确定”按钮。

（3）返回“Access 选项”对话框，然后单击“确定”按钮完成设置。

2）设置显示最近使用的数据库条目

“文件”选项卡的“打开”界面显示了最近使用的数据库，默认为 50 条，该值可根据用户的需要进行修改。

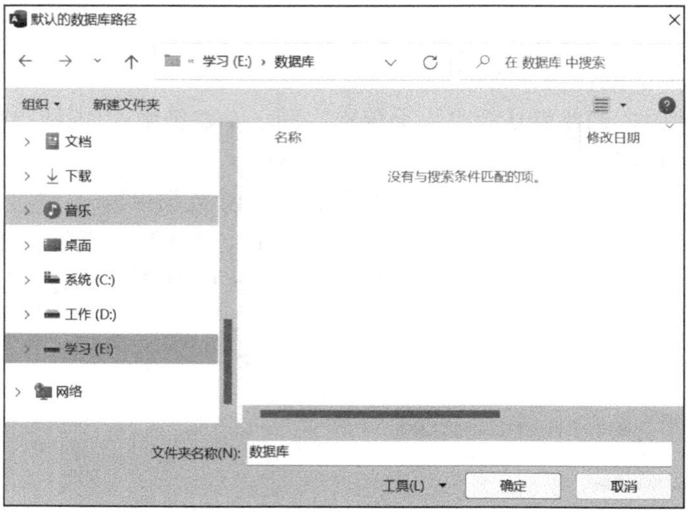

图 1.16 “默认的数据库路径”对话框

【例 1.8】 设置最近使用的数据库条目为 15。

操作步骤如下。

（1）打开“Access 选项”对话框，选择左侧的“客户端设置”选项。

（2）在“显示”选项组中的“显示此数目的最近使用的数据库”编辑框中输入“15”，也可以使用微调按钮修改数目，如图 1.17 所示，然后单击“确定”按钮即可。

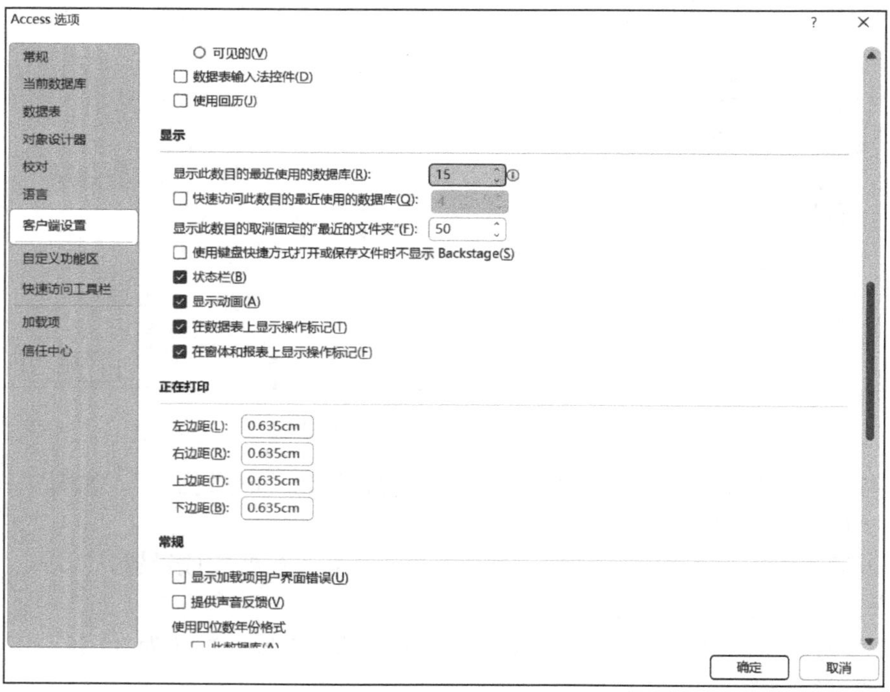

图 1.17 修改数据库条目

说　明

如果一条都不需要显示，则可在“显示此数目的最近使用的数据库”编辑框中输入“0”。

3）将常用数据库固定在列表中

对于常用数据库，将其固定在最近使用的列表中，以便能快速找到并使用。

【例 1.9】将“公关管理”数据库固定在列表中。

操作步骤如下。

（1）选择“文件”→“打开”选项。

（2）在打开的“打开”界面找到“公关管理”数据库，右击，在弹出的快捷菜单中选择“固定至列表”选项，如图 1.18 所示，“公关管理”数据库固定至列表后的结果如图 1.19 所示。

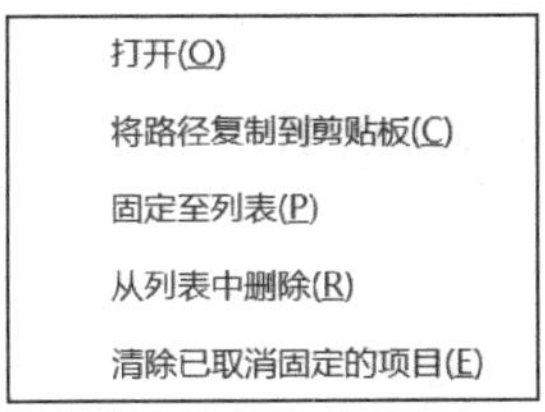

图 1.18　快捷菜单

图 1.19　“公关管理”数据库固定至列表后的结果

6. 保存数据库

对数据库进行编辑操作后，需要对数据库进行保存，便于下次调用。在操作数据库时，要养成随时保存的习惯，这样能够避免因发生突发情况而导致大量数据丢失。保存数据库的方法如下。

（1）直接保存数据库，方法如下。

① 单击快速访问工具栏中的“保存”按钮。

② 选择“文件”→“保存”选项。

③ 按 Ctrl+S 组合键。

说　明

若数据库中有尚未保存的表、查询等对象，保存时会打开“另存为”对话框，此时需要输入对象的名称，然后单击“确定”按钮再行保存。

（2）另存为数据库。另存为数据库方式会将数据库保存到其他路径下，保存的同时还可以修改文件的名称和文件的格式。操作步骤如下。

① 选择“文件”→“另存为”选项，在打开的“另存为”界面的“数据库另存为”中选择文件类型，然后单击“另存为”按钮，如图 1.20 所示。

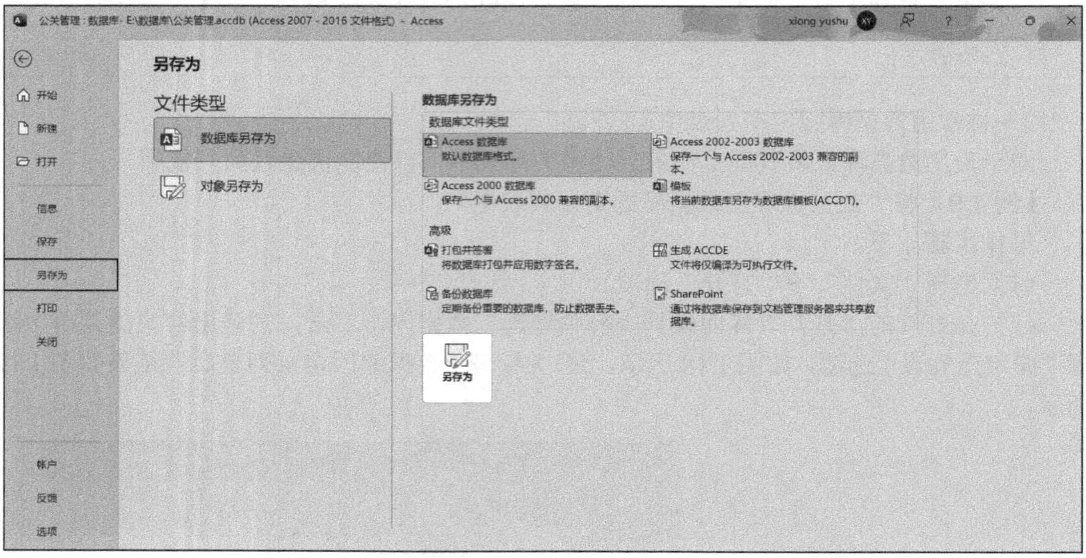

图 1.20 “另存为”界面

② 打开“Microsoft Access”对话框，单击“是”按钮，如图 1.21 所示。

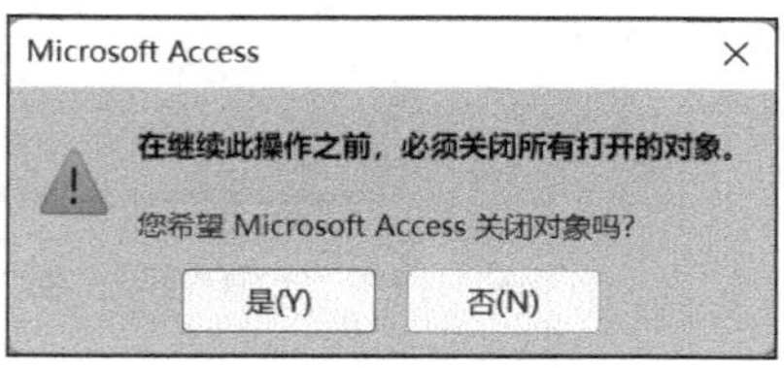

图 1.21 “Microsoft Access”对话框

③ 在打开的“另存为”对话框中，设置文件名称及存储路径，然后单击“保存”按钮即可。

7. 关闭数据库

完成数据库操作后，需要关闭数据库。选择“文件”→“关闭”选项，可以关闭数据库并返回 Access 主窗口，也可以通过退出 Access 的方法来关闭数据库。

（1）选择“文件”→“关闭”选项。

（2）单击 Access 窗口右上角的“关闭”按钮。

（3）单击快速访问工具栏中的“Access”按钮，在弹出的下拉列表中选择“关闭”选项。

（4）在 Access 标题栏上右击，在弹出的快捷菜单中选择“关闭”选项。

（5）按 Alt+F4 组合键。

（6）将鼠标指针指向 Windows 任务栏中的 Access 图标，在上方会显示数据库缩略图，单击缩略图右上角的“关闭”按钮。

（7）在 Windows 任务栏中的 Access 图标上右击，在弹出的下拉列表中选择“关闭所有窗口”选项，如图 1.22 所示。

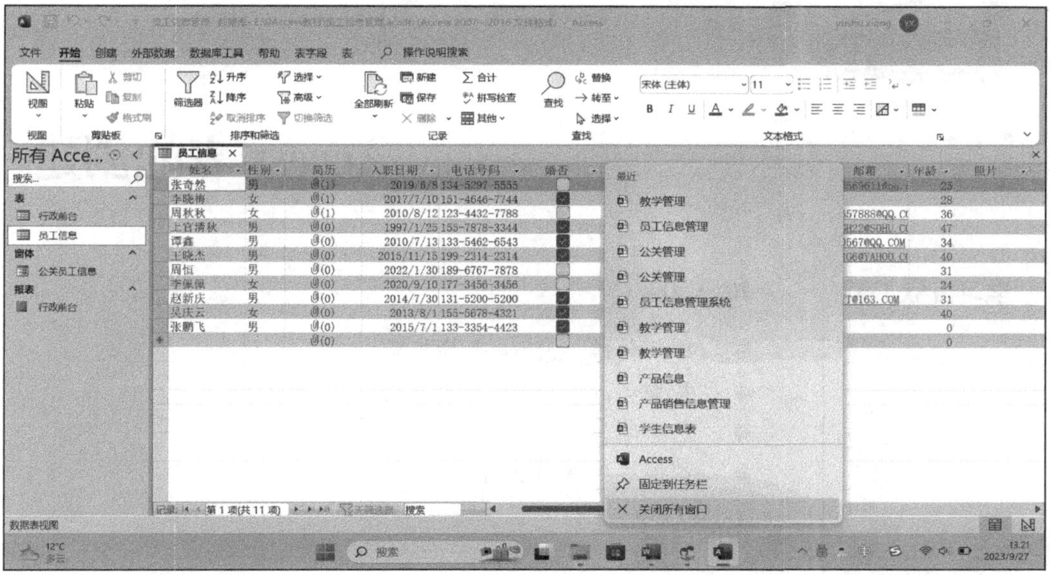

图 1.22　任务栏快捷菜单

思考与练习

1．Access 数据库包含哪些对象？各有什么特点？
2．如何将隐藏的数据库对象显示出来？
3．如何更改数据库默认的创建格式？

拓展训练

训练 1：使用不同的方式新建“教学管理”数据库和“公关管理”数据库，并将其存储路径设置为“E:\数据库”。

训练 2：设置数据库用户名为“冉晓晓”，学号为“202311010901”。

操作提示如下。

（1）选择“文件”→“选项”选项，在打开的“Access 选项”对话框中选择左侧的“常规”选项。

（2）在“对 Microsoft Office 进行个性化设置”选项组中设置“用户名”（姓名）和“缩写”（学号）选项。

（3）设置完成后单击“确定”按钮即可。

2

项目

Access 表的创建

学习目标

知识目标

- 理解创建 Access 表的规则。
- 掌握创建 Access 表的方法。
- 熟悉字段的操作方法。
- 掌握表的操作方法。

技能目标

- 会创建 Access 数据表。
- 会设置字段属性并对其进行各种深入操作。
- 会使用小技巧快速输入数据。
- 会完成数据表的格式修改及美化。

素养目标

- 培养实事求是的工作作风。
- 培养刻苦钻研的学习习惯。

情景导入

公司的员工小李计划使用 Access 2021 完成公司公关管理系统数据库的创建，现在首先需要在 Access 上创建一个公关管理数据库，并新建一个结构合理的员工数据表，命名字段名，设定其属性，完成数据的输入，并对数据表进行美化处理。

2.1 知识准备——认识数据表

表是数据库的基础和核心对象，用于存储数据。Access 中的其他数据库对象，如查询、窗体和报表等都是在表的基础上建立的。空数据库建好后，首先要建立表对象，并建立表之间的关系，然后创建其他数据库对象。

一个数据库中可以包含一个或多个表。表由行和列组成，每一列就是一个字段，对应一个列标题；所有列组成一行，每一行就是一条数据记录。表是由表结构和表内容（数据）组成的。

1. 表结构

在创建表时，必须先建立表的结构。表的结构是数据表的框架，主要包括字段名称、数据类型和字段属性等。

1）字段名称

字段名称是表中一列的标识，同一个表中的字段名称不能重复。在 Access 中，字段的命名规则如下。

（1）字段名称的长度范围是 1～64 个字符。

（2）字段名称可以包含汉字、字母、数字和空格和其他字符；但为了以后方便使用 VBA，字段名称中最好不要用空格。

（3）字段名不能以空格开头。

（4）不能使用低位 ASCII 字符，即码值为 0～31 的 ASCII 字符。

（5）不能包含英文的句点“.”、感叹号“!”、方括号“[ ]”和单引号“'”。

2）数据类型

表中的同一列数据必须具有相同的数据特征，称为字段的数据类型。在设计表时，必须定义表中每个字段应该使用的数据类型。Access 2021 为字段提供了以下 14 种数据类型。

（1）短文本（默认值）：短文本类型可以存储字符、字符和数字的组合及不需要计算的数字（如电话号码、身份证号等）。短文本类型字段最多存储 255 个字符，当字符个数超过 255 时，应选择长文本类型。

（2）长文本：长文本类型用来存储大量字符数据，如简历、备忘录等，它可以存储的文本多达千兆字节，不过窗体和报表上的控件只能显示前 64000 个字符。在长文本类型字段中可以搜索文本，但不能对长文本类型字段进行排序或索引。

（3）数字：数字类型用于存储需要进行数值计算的数据，如年龄、分数等。在 Access 中选择了数字类型后，可以将“字段大小”属性进一步设置为字节、整型、长整型、单精度型、双精度型、小数等类型。

（4）大型页码：储存类型为数字值，存储大小为 8 字节。

（5）日期/时间：日期/时间类型用于存储日期、时间或日期与时间的组合，如出生日期、参加工作时间等。日期/时间类型字段的长度为 8 字节。

（6）日期/时间已延长：储存类型为从 100 到 9999 年的日期与时间数据，存储大小为 8 字节。

（7）货币：货币类型是一种专用的数字类型，用于存储工资、所得税等。向货币类型字段输入数据时，系统会自动添加货币符号、千位分隔符和两位小数。使用货币类型可以避免计算时四舍五入。货币类型字段的长度为 8 字节。

（8）自动编号：自动编号类型是一种特殊的数据类型，当向表中添加一条新记录时，系统会自动插入一个唯一的顺序号（每次递增 1）或随机数。自动编号一旦被指定，将永久与记录连接，如果删除了含有自动编号的一条记录，则系统不会对记录重新编号。自动编号字段的长度为 4 字节。

（9）是/否：是/否类型字段用于存放“是/否、真/假、开/关”等数据，如婚否、党员否等，只能接受两种可能值中的一种。在 Access 中，使用 True 或-1 表示“是”值，使用 False 或 0 表示“否”值。是/否类型字段的长度为 1 字节。

（10）OLE 对象：OLE 对象用于存储链接或嵌入的对象，如 Microsoft Excel 电子表格、Microsoft Word 文档、图形、声音或其他二进制数据。OLE 对象字段的最大容量为 1GB。

（11）超链接：超链接类型字段以文本的形式保存超链接地址，用来链接到文件、Web 页、电子邮件地址等。其储存大小不超过 1GB 字符。

（12）附件：附件类型字段是将整个文件以附件的形式放入 Access 数据库的表中，与电子邮件的附件是类似的。附件可以是文档、电子表格、图表和图像等任何数据库支持的文件类型。

（13）计算：计算类型字段用于显示计算结果，计算时必须引用同一表中的其他字段，可以使用表达式生成器来创建计算。计算类型字段的长度为 8 字节。

（14）查阅向导：查阅向导用于显示从表或查询中检索到的一组值，或者显示创建字段时指定的一组值。在向表中输入数据时，如果希望通过下拉列表来选择字段的值，而不是输入字段的值，那么可以设置该字段的数据类型为“查阅向导”。其长度通常为 4 字节。

3）字段属性

字段属性表示字段所具有的特性，如字段大小、格式和输入掩码等。定义字段属性可以实现对输入数据的限制和验证，也可以控制数据在数据表视图中的显示格式等。

字段“属性”面板包含了“常规”和“查阅”两个选项卡，在“常规”选项卡中可以设置字段大小、格式、验证规则等属性，在“查阅”选项卡中可以设置控件的类型属性。

（1）“常规”选项卡中的选项说明如下。

① 字段大小：短文本型的默认值不超过 225 个字符，不同的数据类型，大小范围会有所区别。

② 格式：更改数据在输入后的显示方式，如大小写、日期格式等。

③ 输入掩码：用于预定义格式的数据输入，如电话号码、邮政编码、社会保险号、日期、客户 ID 的预定义格式。

④ 标题：在数据表视图中要显示的列名，如果不设置则默认显示列名为字段名。

⑤ 小数位数：指定显示数据时要使用的小数位数。

⑥ 验证规则：提供一个表达式，从而限定输入的数据，Access 只有在满足相应的条件时才能输入数据。

⑦ 验证文本：和验证规则配合，当用户输入的数据违反验证规则时，会显示提示信息。

⑧ 必需：指定是否必须向字段中输入值，如果属性取值为“是”，则表示必须填写该字段；如果为“否”，则表示可以为空。

⑨ Unicode 压缩：为了使产品在不同的各种语言下都能正常运行而编写的一种文字代码。该属性取值为“是”时，表示文本字段中可以存储和显示多种语言的文本。

⑩ 索引：决定是否将该字段定义为表中的索引字段，通过创建和使用索引，可以加快

对该字段中数据的读取访问速度。

⑪ 文本对齐：指定控件内文本的默认对齐方式。

（2）“查阅”选项卡中的选项说明如下。

① 显示控件：用于在窗体上显示该字段的控件类型。

② 行来源类型：控件的数据来源类型。

③ 行来源：控件的数据源。

④ 列数：显示的列数。

⑤ 列标题：是否用字段名、标题或数据的行首作为列标题或图表标签。

⑥ 列表行数：在组合框列表中显示行的最大数目。

⑦ 限于列表：是否只在与所列的选择之一相符时才接受文本。

⑧ 允许多值：一次查阅是否允许多个值。

⑨ 仅显示行来源值：是否仅显示与行来源匹配的数值。

2. 表结构的设计原则

（1）字段的唯一性。每个表中不能有相同的字段名，在同一个表中不允许出现相同的列名，如课程表中不能出现相同的课程名。

（2）字段间的无关联性。表中的每一个字段都代表特定的信息，也是最小的逻辑存储单元，即不能再划分字段。

（3）记录的唯一性。每个表中不能有重复的记录，不能出现相同主关键字段的行，如员工表中不能出现具有两个相同员工号字段的行。

（4）数据类型的一致性。表中同一列的数据类型必须一致，如员工表中的员工号字段，在该字段中只能输入代表员工工号的字符型数据，不允许输入其他类型的数据。

3. 表的类型

在 Access 中，不同的表可用于实现不同的目的。数据库中的表可以分为 3 种类型：对象表、事务表和连接表。了解所要创建的表的类型有助于确定创建表的方法。

1）对象表

对象表是最常见的表类型，它的每条记录都保存了与实际对象相关的信息。客户是一个实际对象，表中的记录保存有关客户的信息。对象表中的字段反映了它们所表示的对象的特征。例如，住址字段用于描述客户的送货地址，在创建对象表时，我们要考虑对象与众不同或非常重要的特征。

2）事务表

事务表是一类十分常见的表。事务表中的每条记录都保存了有关事件的信息。针对某个型号的空调下订单就是一个事件示例。要保存所有订单的详细信息，可能需要创建一个名为空调订单的表。事务表中总是包含日期/时间字段，因为通常事件发生的时间是需要记录的重要信息。另一类常见的字段类型是引用对象表的字段，如引用顾客表中下订单的客户，在创建事务表时，要考虑事件创建的信息及所涉及的人员。

3）连接表

连接表是最容易设计的表，其对于生成设计良好的数据库非常重要。例如，某一个型号的空调可能有多个买家，一个买家也可能购买了很多空调，这种关系，称为多对多关系。

当存在这种关系时，在两个表的中间会存在连接表，通常情况下连接表的名称反映关联关系。一般来讲，连接表仅包含 3 个字段，它们分别是用于标识每条记录的唯一字段、对关联关系一侧的引用及对关联关系另一侧的引用。

4. 设计表的流程

设计表的流程如图 2.1 所示。

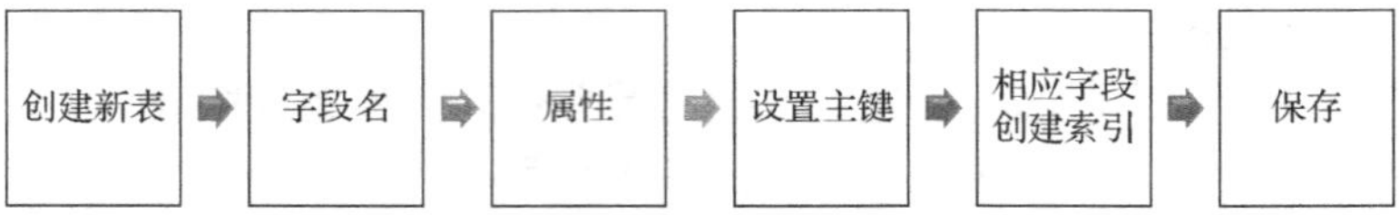

图 2.1　设计表的流程

2.2 实践操作——创建 Access 表

2.2.1 创建空白表

使用 Access 2021 创建表的常用方式有：使用空白表的方式创建新表、使用设计视图的方式创建表和使用模板方式创建表。其中，Access 内置了一些常见的模板示例，使用模板方式创建表比其他方式更方便、快捷，但也有一定的局限性。如果在模板中找不到自己需要的类型，则可以使用空白表的方式创建表，这样简单且直接。如果需要创建灵活或较为复杂的表，则可以选择使用设计视图的方式进行创建。3 种操作方式对于学习者来讲都是要求掌握的。

微课：创建 Access 表与添加字段名

1. 使用空白表的方式创建表

【例 2.1】 在“公关管理”数据库中，使用空白表方式创建员工信息表。

操作步骤如下。

（1）打开“公关管理”数据库，单击“创建”选项卡“表格”选项组中的“表”按钮，创建新表，默认名称为“表 1”，并在数据表视图中打开该表，如图 2.2 所示。

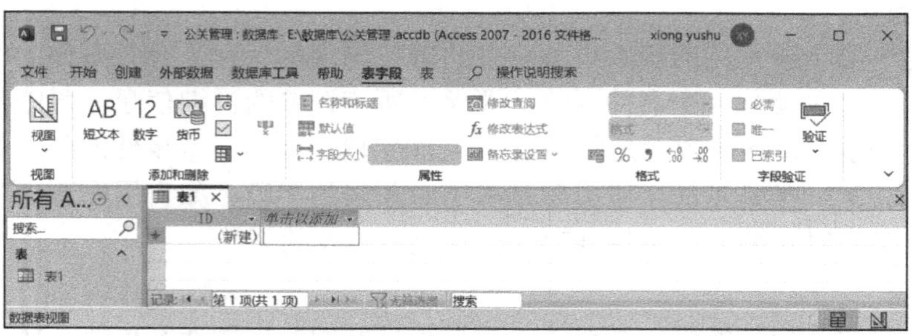

图 2.2　创建空白表

说　明

在“ID”字段列建立的字段类型默认为“自动编号”。

（2）选择“ID”字段列，单击“表字段”选项卡“属性”选项组中的“名称和标题”按钮，打开“输入字段属性”对话框，如图 2.3 所示。在“名称”文本框中输入“员工编号”，单击“确定”按钮完成该字段的定义；也可以双击“ID”字段列，然后直接输入“员工编号”字样。

微课：设置字段数据类型

（3）单击“单击以添加”列右侧的下拉按钮，在弹出的下拉列表中选择“短文本”选项，系统自动添加一个名称为“字段 1”的新字段。将“字段 1”重命名为“姓名”。

（4）参照第（3）步，添加“性别”“照片”“入职日期”“学历”“电话号码”“婚否”“工资”等字段。

（5）单击快速访问工具栏中的“保存”按钮，打开“另存为”对话框，如图 2.4 所示。在“表名称”文本框中输入“员工信息”，然后单击“确定”按钮，完成表的创建。同时，在 Access 导航窗格中的表对象列表中会显示“员工信息”表。

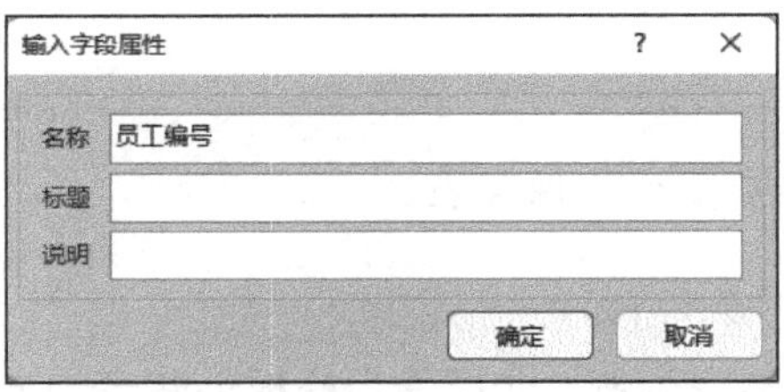

图 2.3　“输入字段属性”对话框

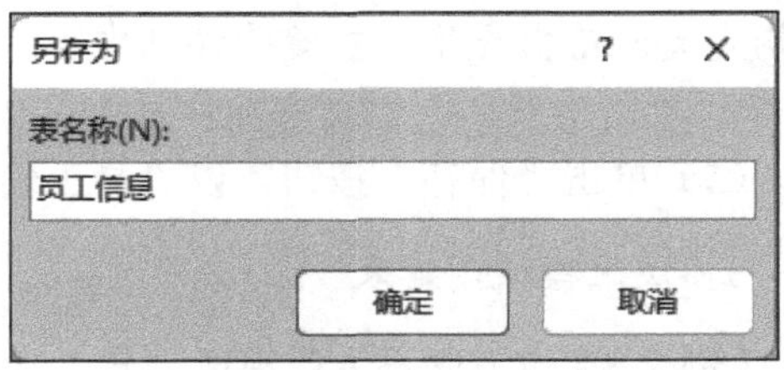

图 2.4　“另存为”对话框

2. 使用设计视图创建表

【例 2.2】使用设计视图创建员工信息表。

操作步骤如下。

（1）打开“公关管理”数据库，单击“创建”选项卡“表格”选项组中的“表设计”按钮，会创建名为“表 1”的新表，并在设计视图中打开该表，如图 2.5 所示。

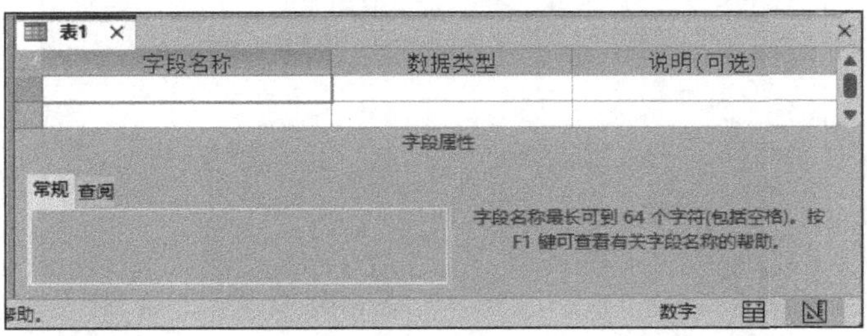

图 2.5　在设计视图中打开“表 1”

（2）在“字段名称”列中输入字段名，在“数据类型”中选择对应的数据类型；在下方的“常规”选项卡中设置字段大小。

（3）重复上述操作，按照表 1.2 中员工信息表所列的字段名称和数据类型等信息定义表中的其他字段。

（4）单击“员工编号”的字段选择器，单击“设计”选项卡“工具”选项组中的“主键”按钮，将其设置为“员工信息”表的主键，设计结果如图 2.6 所示。

字段名称	数据类型
员工编号	短文本
姓名	短文本
性别	短文本
简历	附件
入职日期	日期/时间
电话号码	短文本
婚否	是/否
学历	短文本
工资	货币
年终奖	计算
邮箱	超链接
年龄	数字
照片	OLE 对象
身份证号码	短文本

图 2.6 “员工信息”表表结构的设计结果

说 明

Access 中的每个表通常都需要设置主键，如果未设置主键，则系统会在保存表结构定义时给出提示。主键的详细内容后续介绍。

（5）单击“保存”按钮，以“员工信息”为数据表名称保存表。

3. 使用模板创建表

【例 2.3】以“联系人”模板创建“联系人”数据表为例，介绍使用模板创建表的方法。操作步骤如下。

（1）打开“公关管理”数据库，单击“创建”选项卡“模板”选项组中的“应用程序部件”下拉按钮，在弹出的下拉列表中选择“联系人”选项，打开“创建关系”对话框，选中“不存在关系”单选按钮，如图 2.7 所示。

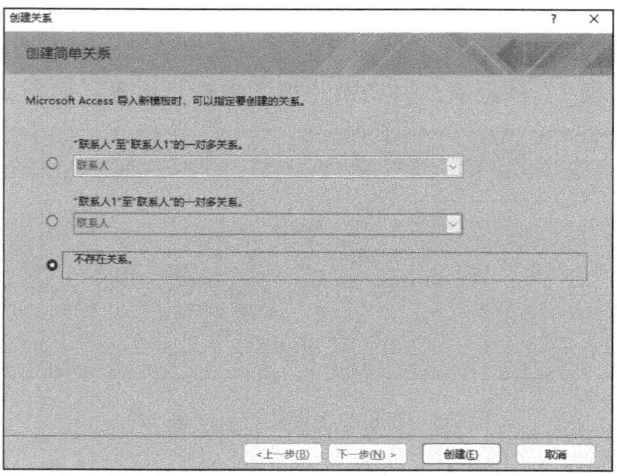

图 2.7 创建模板表

（2）单击“创建”按钮，在导航窗格中会显示有关“联系人”表的对象及窗体对象，通过设计视图可查看或修改“联系人”表结构，如图 2.8 所示。

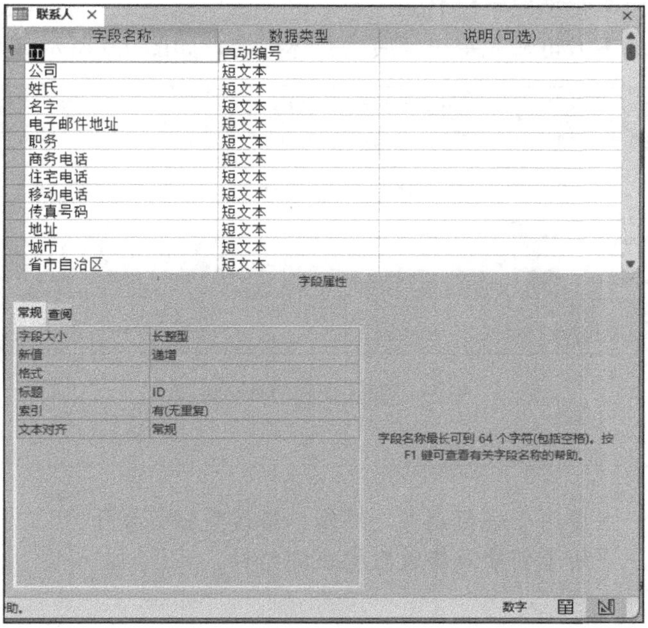

图 2.8　“联系人”表结构的设计视图

2.2.2　设置字段的属性

字段属性用于描述字段的特征，用于控制数据在字段中的存储、输入或显示方式等，不同数据类型的字段具有不同的字段属性。在设计视图中，用户可以为字段设置属性。

1. 添加字段

创建数据表后，需要完善数据表的字段，可以通过在设计视图或数据表视图中添加字段等两种方式来完成。

微课：设置字段属性

【例 2.4】 在设计视图中添加字段，操作步骤如下。

（1）以设计视图创建“员工信息”数据表后，在“字段名称”文本框中输入字段名称。

（2）按照数据表所需内容，依次输入“性别”“入职日期”“电话号码”“学历”“婚否”“身份证号码”等字段。

说　明

默认情况下，新建字段后，系统默认为“短文本”类型。单击“数据类型”下拉按钮，可在弹出的下拉列表中选择与该字段相匹配的数据类型。

【例 2.5】 在数据表视图中添加字段，操作步骤如下。

（1）以空白方式创建“员工信息”表后，在窗体右侧表编辑区域的上方单击“单击以添加”下拉按钮，在弹出的下拉列表中修改字段名的数据类型。

（2）选择字段的数据类型后，该处默认插入字段名称为“字段 1”的字段。类似地，依次插入字段名称为“字段 2”“字段 3”等的字段，并分别使用“性别”“入职日期”“电话号码”等新的字段名替换原字段名。

（3）在字段名的下方可输入每个字段的具体内容，如图 2.9 所示。

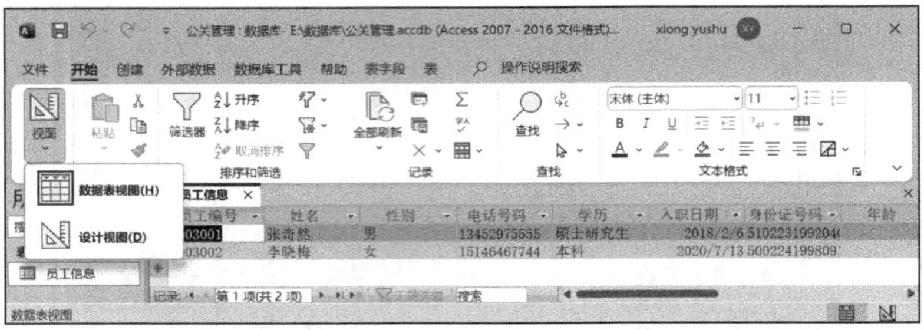

图 2.9　输入字段的具体内容

说　明

数据表视图：主要用于进行浏览、编辑、修改数据等操作。
设计视图：主要用于创建及修改数据表的结构。

2. 设置字段的大小和格式

1）字段的大小

字段的大小属性用于定义文本、数字或自动编号数据类型字段的存储空间的大小。短文本类型字段的字段大小属性的取值范围是 0～255，默认值是 255；数字类型字段的字段大小属性可以设置为字节、整型、长整型、单精度型或双精度型等；自动编号类型字段的字段大小属性可以设置为长整型或同步复制 ID。

【例 2.6】以“员工信息”表中的“姓名”字段为例，设置其大小为 3、类型为“短文本”。

操作步骤如下。

（1）打开“员工信息”表，并切换到设计视图。

（2）单击字段“姓名”，在其下方的“常规”选项卡中，设置“数据类型”为“短文本”。

（3）将默认“字段大小”255，修改为“3”，如图 2.10 所示。

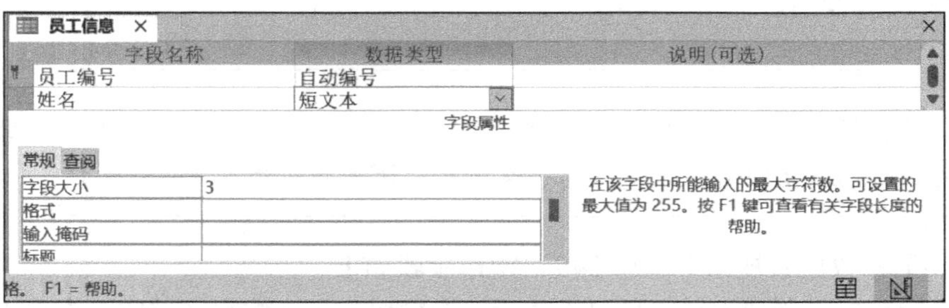

图 2.10　设置字段大小

在数据表视图中，输入“上官清风”4 个字的名字时，会无效，只显示“上官清”3 个字，如图 2.11 所示。

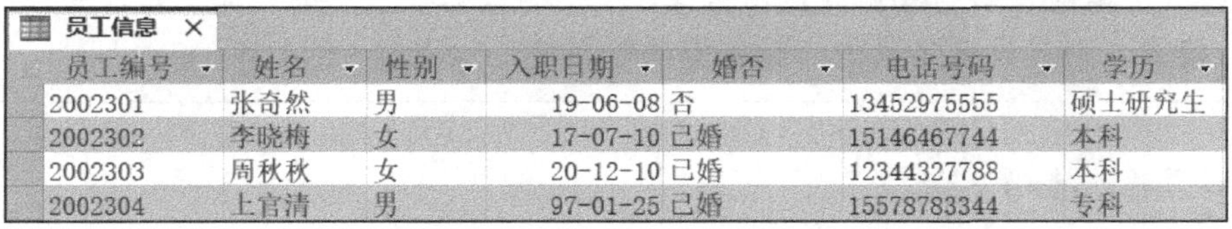

员工信息

员工编号	姓名	性别	入职日期	婚否	电话号码	学历
2002301	张奇然	男	19-06-08	否	13452975555	硕士研究生
2002302	李晓梅	女	17-07-10	已婚	15146467744	本科
2002303	周秋秋	女	20-12-10	已婚	12344327788	本科
2002304	上官清	男	97-01-25	已婚	15578783344	专科

图 2.11　字段大小设置为“3”的输入情况

如果需要显示 4 个字的名字，则可以将“字段大小”属性修改为“4”。

2）字段的格式

格式属性用来设置数据的屏幕显示方式和打印方式。不同数据类型的字段，其格式有所不同。图 2.12 给出了“日期/时间”、“数字”和“是/否”数据类型的格式选项。日期和时间的格式受 Windows 控制面板中“时钟和区域”中格式设置的影响。

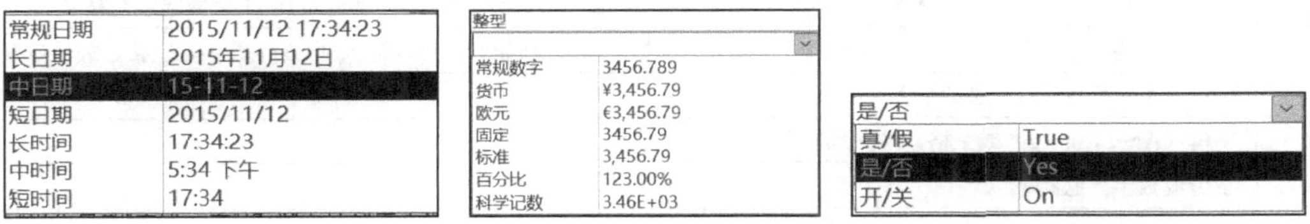

图 2.12　“日期/时间”、“数字”和“是/否”数据类型的格式选项

【例 2.7】将“员工信息”表中的“入职日期”字段的格式设置为“中日期”。

操作步骤如下。

（1）打开“公关管理”数据库，在导航窗格中右击“员工信息”表，在弹出的快捷菜单中选择“设计视图”选项，进入设计视图。

（2）单击“入职日期”字段，在其下方的“格式”下拉列表中选择“中日期”选项，如图 2.13 所示。

（3）切换到数据表视图，显示结果如图 2.14 所示。

图 2.13　设置“格式”属性

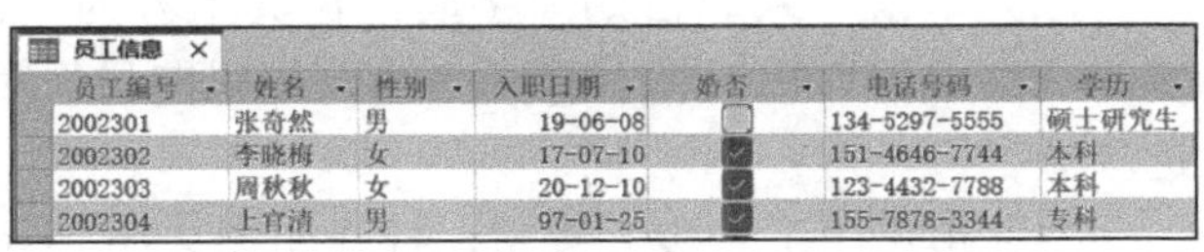

员工信息

员工编号	姓名	性别	入职日期	婚否	电话号码	学历
2002301	张奇然	男	19-06-08		134-5297-5555	硕士研究生
2002302	李晓梅	女	17-07-10		151-4646-7744	本科
2002303	周秋秋	女	20-12-10		123-4432-7788	本科
2002304	上官清	男	97-01-25		155-7878-3344	专科

图 2.14　“员工信息”表的数据表视图

说　明

“格式”属性只影响数据的显示格式，不影响数据在表中的存储。如果要控制数据的输入格式，则应设置字段的“输入掩码”属性。

3. 设置输入掩码

输入掩码是指使用掩码字符来控制文本、数字、日期/时间和货币类型数据的输入格式。输入掩码可直接使用如表 2.1 所示的掩码字符进行定义，对于短文本类型和日期/时间类型字段也可以使用“输入掩码向导”对话框来定义。

表 2.1　输入掩码属性字符的含义

字符	说明
0	数字（0～9），必须输入，不允许输入加号和减号。例如，输入掩码 000，必须输入 3 位数字
9	数字或空格，非必须输入，不允许输入加号和减号。例如，输入掩码 999，可以输入 0～3 位数字或空格
#	数字或空格，非必须输入，允许输入加号和减号。例如，输入掩码###，可以输入 0～3 位数字、空格、加号或减号
L	字母（A～Z，a～z），必须输入
?	字母（A～Z，a～z）或空格，非必须输入
A	字母或数字，必须输入
a	字母、数字或空格，非必须输入
&	任意一个字符、汉字或空格，必须输入
C	任意一个字符、汉字或空格，非必须输入
. , : - /	小数点占位符、千位分隔符、日期与时间分隔符
<	将其后的所有字符转换为小写
>	将其后的所有字符转换为大写
!	使输入掩码从右到左显示
\	使其后的字符显示为原文字符，如\A 显示为 A

【例 2.8】设置“员工信息”表中的“入职日期”字段的“输入掩码”属性为“短日期”。

输入如图 2.14 所示的“员工信息”表中的“入职日期”和“电话号码”两条记录。使用“输入掩码向导”对话框将“员工信息”表中的“入职日期”字段的“输入掩码”属性设置为“短日期”。操作步骤如下。

（1）打开“员工信息”表，并切换到设计视图。

（2）单击“入职日期”字段，在其下方的“常规”选项卡中，单击“输入掩码”右侧的“生成器”按钮，打开“输入掩码向导”对话框，如图 2.15 所示，选择“短日期”选项。

（3）单击“下一步”按钮，打开如图 2.16 所示的“输入掩码向导”对话框，将输入掩码设置为“0000/99/99”，将占位符设置为“#”，然后单击“完成”按钮，设置结果如图 2.17 所示。

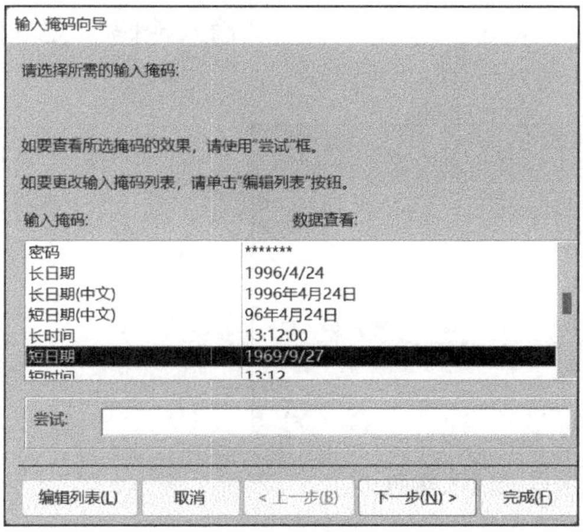

图 2.15　“输入掩码向导”对话框 1

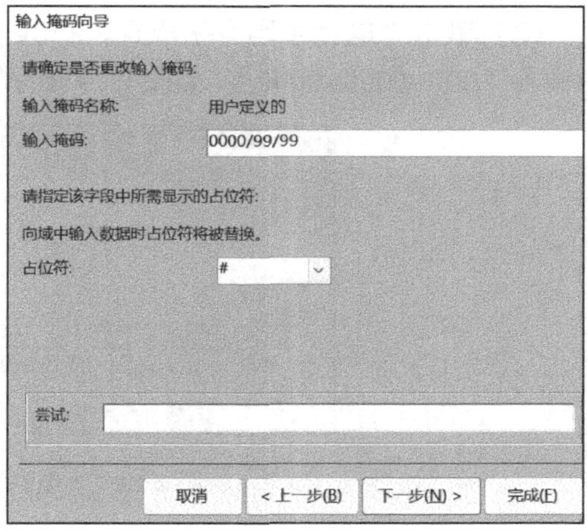

图 2.16　“输入掩码向导”对话框 2

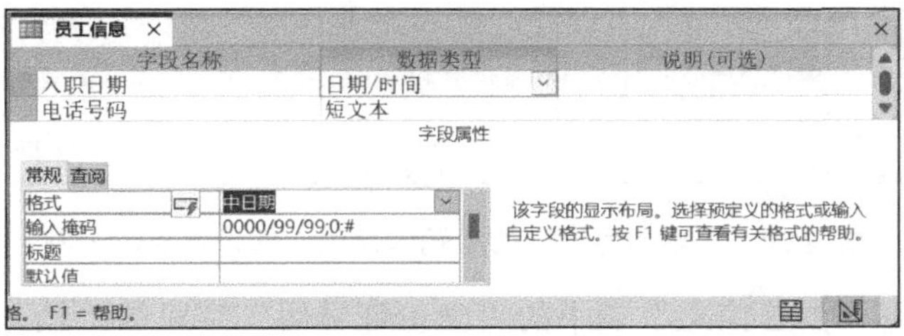

图 2.17　“输入掩码”的设置结果

说　明

占位符有 9 个符号可以选择，若不选择，则默认占位符为“空格”。

（4）切换到数据表视图，输入一条新记录，如图 2.18 所示。输入新记录的“入职日期”时，必须以“输入掩码”属性设置的“中日期”格式输入。如果输入的数据不满足掩码要求，则会弹出提示并拒绝输入数据。

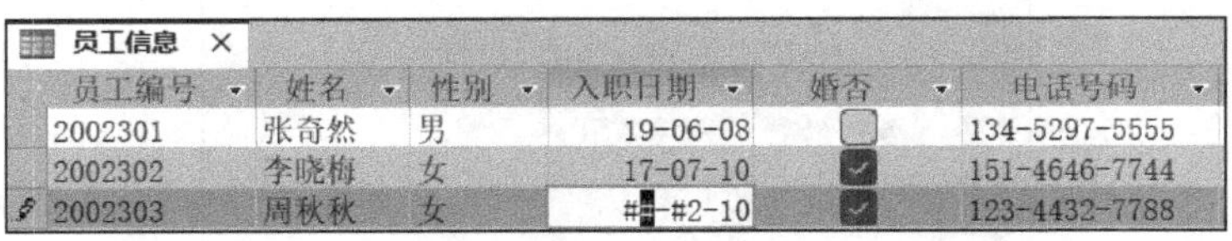

图 2.18　“入职日期”的“输入掩码”的设置显示示例

输入掩码只为短文本类型和日期/时间类型字段提供向导。

【例 2.9】 设置“员工信息”表中的“电话号码”字段的“输入掩码”为 11 位数字。

使用掩码字符为“员工信息”表中的“电话号码”字段设置输入掩码，总共 11 位数字。操作步骤如下。

（1）打开“员工信息”表，右击表名称标签，在弹出的快捷菜单中选择“设计视图”选项，切换到设计视图。

（2）单击“电话号码”字段行，在其下方的“常规”选项卡中的“输入掩码”文本框中输入“000\-0000\-0000”，如图 2.19 所示。

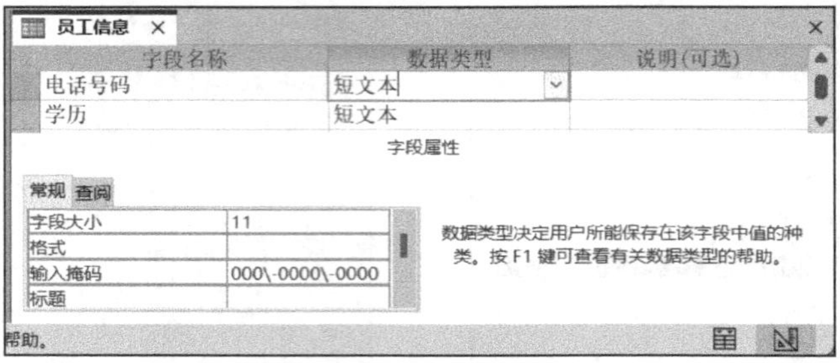

图 2.19　“电话号码”字段的输入掩码

（3）切换到数据表视图，可以看到电话号码已经变为和预设输入的格式一致，如图 2.20 所示。

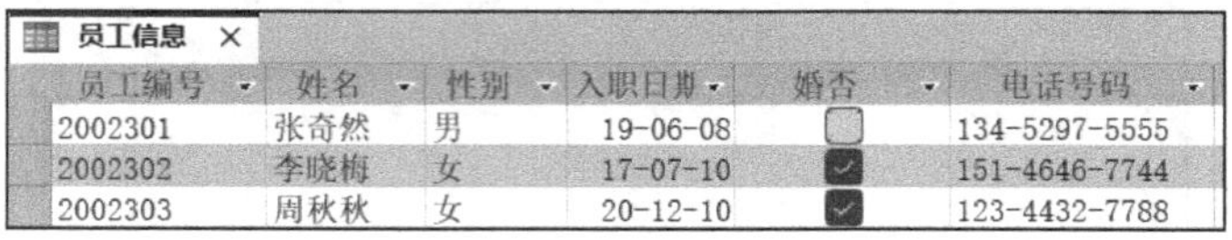

图 2.20　“电话号码”的“输入掩码”的设置显示示例

【例 2.10】设置“员工信息”表中的“身份证号码”字段的“输入掩码”属性为“身份证号码”。

使用“输入掩码向导”对话框将“员工信息”表中的“身份证号码”字段的“输入掩码”属性设置为“身份证号码”，再输入“员工信息”表中的记录。操作步骤如下。

（1）打开“员工信息”表，并切换到设计视图。

（2）单击“身份证号码”字段，在其下方的“常规”选项卡中，单击“输入掩码”右侧的“生成器”按钮，打开“输入掩码向导”对话框，如图 2.21 所示，选择“身份证号码（15 位或 18 位）”选项。

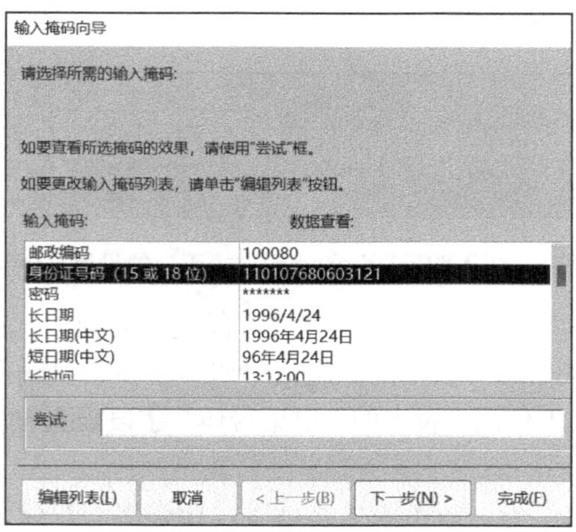

图 2.21　选择“身份证号码（15 位或 18 位）”选项

（3）单击“下一步”按钮，再单击“完成”按钮。

（4）切换到数据表视图，输入身份证号码，如图 2.22 所示。

员工编号	姓名	性别	电话号码	学历	入职日期	身份证号码
2002301	张奇然	男	134-5297-5555	硕士研究生	19-06-08	510223199206086135
2002302	李晓梅	女	151-4646-7744	本科	17-07-10	500214201707101122
2002303	周秋秋	女	123-4432-7788	本科	20-12-10	5002342010081####

图 2.22　“身份证号码”的“输入掩码”的设置显示示例

4. 设置验证规则

验证规则也称有效性规则，是指设定了字段取值范围的关系条件之后，如果输入或通过命令修改的字段的新数据不符合该条件，则报错以限制输入或修改。报错文本信息可以通过设置“验证文本”属性进行修改，如果不设置，则显示为系统默认的报错信息。

【例 2.11】将“公关管理”数据库中的“行政前台”表中的“年龄”字段的取值限定为 20～28，验证文本设置为“请输入 20～28 之间的值！”。

操作步骤如下。

（1）使用设计视图打开“行政前台”表，单击“年龄”字段行，在其下方的“常规”选项卡中的“验证规则”文本框中输入表达式“>=20 And <=28”，如图 2.23 所示。

（2）在“验证文本”文本框中输入“请输入 20～28 之间的值！”。

（3）切换到数据表视图，在“年龄”字段文本框中输入一个不在限定范围内的数据（如 30），按 Enter 键，会弹出如图 2.24 所示的提示框，关闭提示框，按 Esc 键会恢复原值。

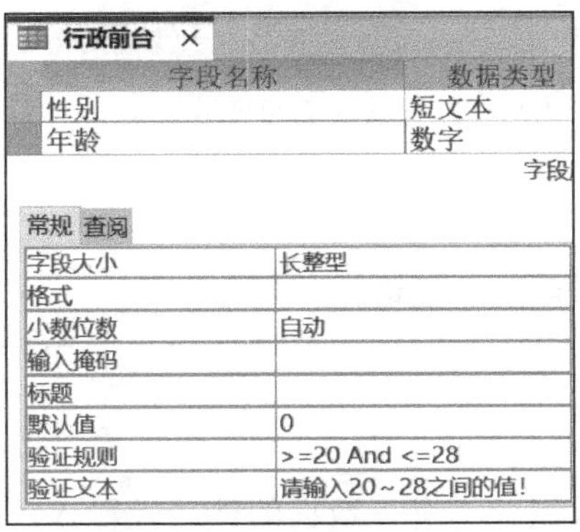

图 2.23　设置“验证规则”与“验证文本”

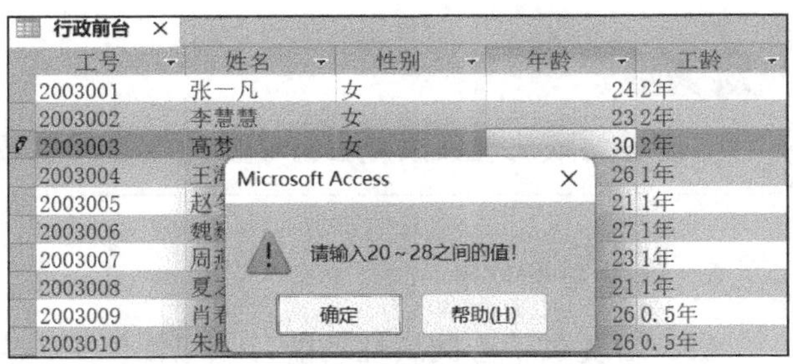

图 2.24　测试“验证规则”示例

5. 设置标题和默认值

在数据表视图中，每列显示的标题默认与该列字段名相同。若要修改列的标题文本，则可以通过设置字段的标题属性来实现，使用标题属性的属性值作为标题文本。

默认值是指当向表中添加一条新记录时，为相应字段预设的内容，该内容被自动填充，不用再手动输入。当某个字段有大量重复的数据时，可通过设置默认值以减少重复的手动输入操作。

【例 2.12】假设在“公关管理”数据库中，“行政前台”表已经创建并已输入记录。将

“行政前台”表中的“性别”字段的默认值设置为“女”；设置标题为“SEX”；将“入职时间”字段的默认值设置为系统的当前日期。

操作步骤如下。

（1）使用设计视图打开“行政前台”表，单击“性别”字段行，在其下方的“常规”选项卡中的“默认值”文本框中输入“"女"”，在“标题”文本框中输入“SEX”，如图 2.25 所示。

说 明

输入文本时，可以不输入英文双引号，系统会自动加上双引号。

（2）单击“入职时间”字段行，在其下方的“常规”选项卡中的“默认值”文本框中输入表达式“=date()”。

（3）切换到数据表视图，如图 2.26 所示，新记录行的“性别”字段和“入职时间”字段均显示了默认值。

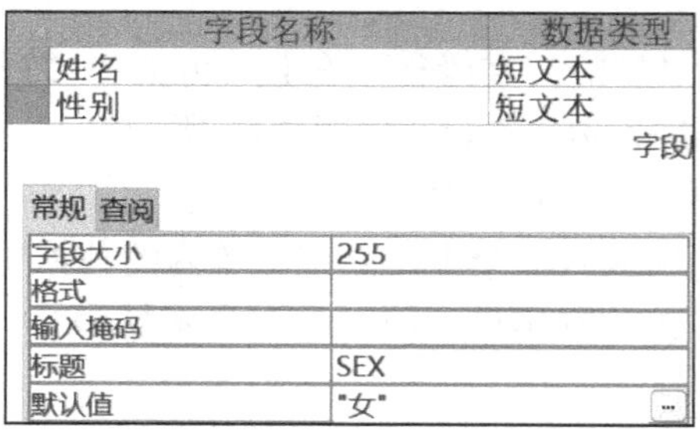

图 2.25　设置“性别”字段的标题和默认值

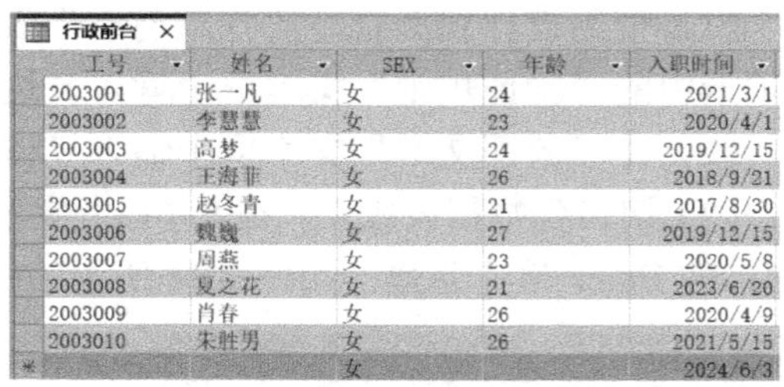

行政前台

工号	姓名	SEX	年龄	入职时间
2003001	张一凡	女	24	2021/3/1
2003002	李慧慧	女	23	2020/4/1
2003003	高梦	女	24	2019/12/15
2003004	王海菲	女	26	2018/9/21
2003005	赵冬青	女	21	2017/8/30
2003006	魏巍	女	27	2019/12/15
2003007	周燕	女	23	2020/5/8
2003008	夏之花	女	21	2023/6/20
2003009	肖春	女	26	2020/4/9
2003010	宋胜男	女	26	2021/5/15
*		女		2024/6/3

图 2.26　设置默认值的显示结果

说 明

设置的默认值必须与当前字段的数据类型匹配，否则会报错。

6. 设置查阅向导

Access 提供了查阅属性功能，该属性使用列表框或组合框进行数据的选择性输入，既方便了输入，又保证了数据的一致性，减少了错误数据的输入。例如，“员工信息”表中的“学历”字段取值为“高中及以下”“专科”“本科”“硕士研究生”“博士研究生”。可以将“学历”字段设置为“查阅向导”数据类型，建立一个列表，从列表中选择数据，以提高输入效率。创建查阅列表的方法有两种：一种是使用“查阅向导”对话框，另一种是在字段属性的“查阅”选项卡中直接设置。

【例 2.13】将“员工信息”表中的“学历”字段设置为“查阅向导”类型，在列表中显示“高中及以下”“专科”“本科”“硕士研究生”“博士研究生”5 个值。

操作步骤如下。

（1）使用设计视图打开“员工信息”表。

（2）在“学历”字段的“数据类型”下拉列表中选择“查阅向导”选项，打开“查阅向导”对话框，如图 2.27 所示，选中“自行键入所需的值”单选按钮。

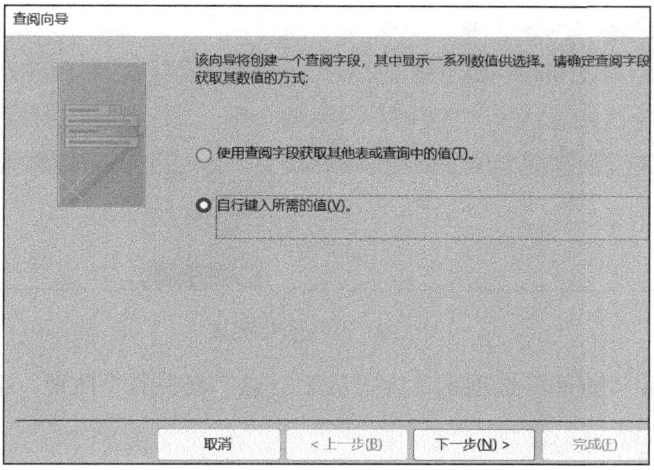

图 2.27　“查阅向导”对话框 1

（3）单击“下一步”按钮，打开如图 2.28 所示的“查阅向导”对话框，如图 2.28 所示，依次输入“高中及以下”“专科”“本科”“硕士研究生”“博士研究生”。

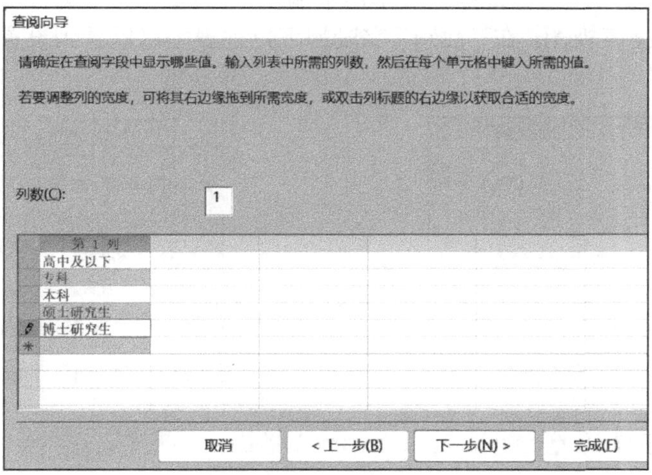

图 2.28　“查阅向导”对话框 2

（4）单击“下一步”按钮，在打开的“查阅向导”对话框中，在“请为查阅字段指定标签”文本框中输入字段标签，本例采用默认值，并选择“限于列表”选项，然后单击“完成”按钮。

（5）切换到数据表视图，可以看到“学历”字段的下拉列表中显示了“高中及以下”“专科”“本科”“硕士研究生”“博士研究生”等选项，如图 2.29 所示。添加新记录时，此字段的值既可以从下拉列表中选择，也可以输入新值。

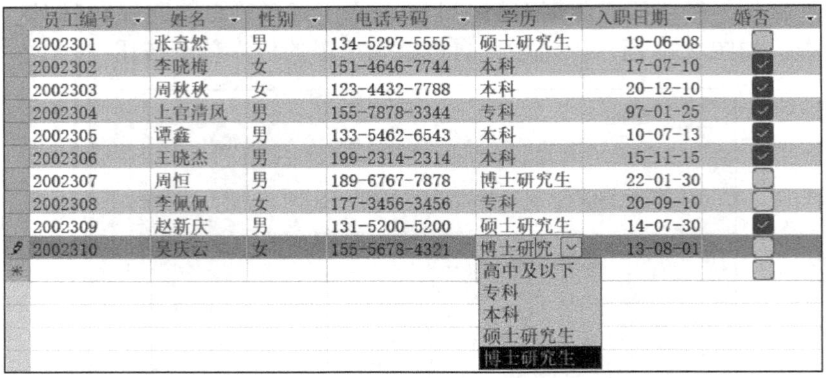

员工编号	姓名	性别	电话号码	学历	入职日期	婚否
2002301	张奇然	男	134-5297-5555	硕士研究生	19-06-08	☐
2002302	李晓梅	女	151-4646-7744	本科	17-07-10	☑
2002303	周秋秋	女	123-4432-7788	本科	20-12-10	☑
2002304	上官清风	男	155-7878-3344	专科	97-01-25	☑
2002305	谭鑫	男	133-5462-6543	本科	10-07-13	☑
2002306	王晓杰	男	199-2314-2314	本科	15-11-15	☑
2002307	周恒	男	189-6767-7878	博士研究生	22-01-30	☐
2002308	李佩佩	女	177-3456-3456	专科	20-09-10	☐
2002309	赵新庆	男	131-5200-5200	硕士研究生	14-07-30	☑
2002310	吴庆云	女	155-5678-4321	博士研究	13-08-01	☐

图 2.29　学历查询列表

【例 2.14】使用“查阅”选项卡，为“员工信息”表中的“性别”字段建立列表“男”和“女”。

操作步骤如下。

（1）使用设计视图打开“员工信息”表。

（2）单击“性别”字段行，在其下方选择“查阅”选项卡。

（3）在“显示控件”下拉列表中选择“列表框”选项，在“行来源类型”下拉列表中选择“值列表”选项，在“行来源”文本框中输入“"男";"女"”，如图 2.30 所示。

（4）切换到数据表视图，在“性别”字段的下拉列表中可以看到设置的结果，如图 2.31 所示。

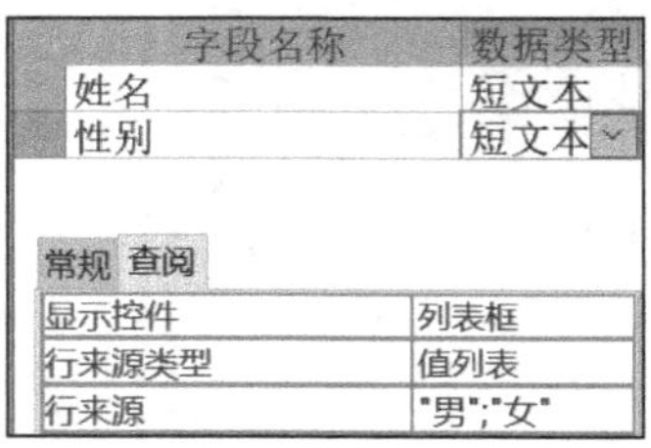

图 2.30　设置参数

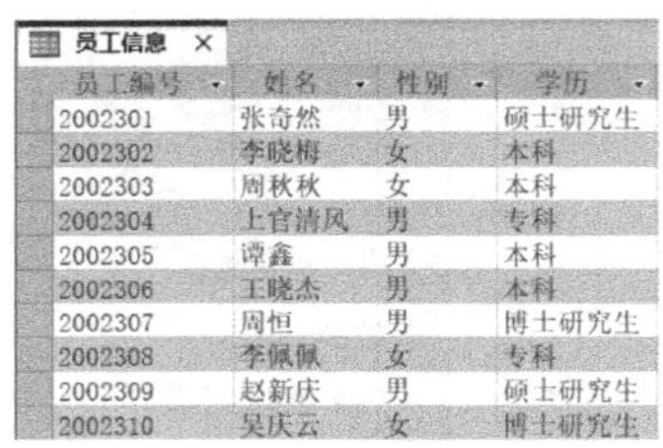

员工编号	姓名	性别	学历
2002301	张奇然	男	硕士研究生
2002302	李晓梅	女	本科
2002303	周秋秋	女	本科
2002304	上官清风	男	专科
2002305	谭鑫	男	本科
2002306	王晓杰	男	本科
2002307	周恒	男	博士研究生
2002308	李佩佩	女	专科
2002309	赵新庆	男	硕士研究生
2002310	吴庆云	女	博士研究生

图 2.31　“性别”字段的查询列表

7. 设置计算字段

Access 2021 可以使用计算数据类型在表中创建计算字段，通过“表达式”属性设置计算公式，自动生成数据。

【例 2.15】在“员工信息”表中增加一个计算字段，设置字段名称为“年终奖”，结果类型为“货币”。计算公式为“年终奖=工资*1.3”，表示年终奖是原工资的 1.3 倍。

操作步骤如下。

（1）使用设计视图打开“员工信息”表，在“工资”字段行后添加新字段“年终奖”。

（2）在“数据类型”下拉列表中选择“计算”选项，打开“表达式生成器”对话框，如图 2.32 所示。

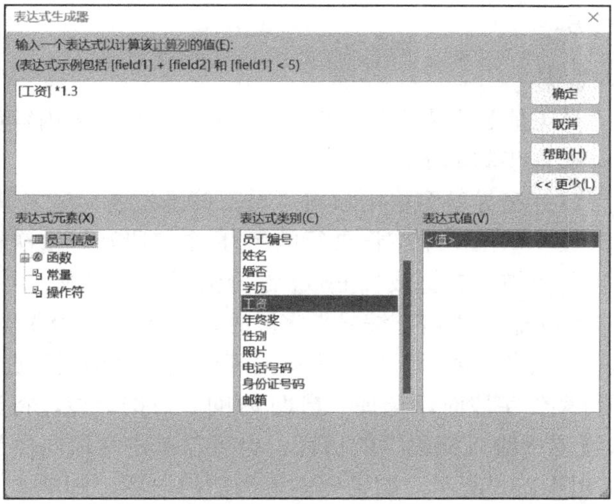

图 2.32　“表达式生成器”对话框

（3）在“表达式类别”列表框中双击“工资”选项，然后在上方的列表框中输入“*1.3”。

（4）单击“确定”按钮返回设计视图，设置“结果类型”的属性值为“货币”，如图 2.33 所示。

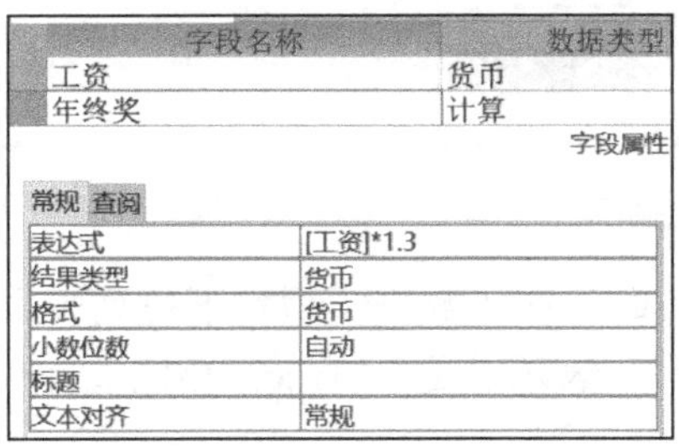

图 2.33　设置属性

（5）切换到数据表视图，“年终奖”字段的计算结果如图 2.34 所示。

员工信息

员工编号	姓名	性别	入职日期	工资	年终奖	电话号码	学历
2002301	张奇然	男	19-06-08	¥4,500.00	¥5,850.00	134-5297-5555	硕士研究生
2002302	李晓梅	女	17-07-10	¥4,600.00	¥5,980.00	151-4646-7744	本科
2002303	周秋秋	女	20-12-10	¥4,300.00	¥5,590.00	123-4432-7788	本科
2002304	上官清风	男	97-01-25	¥4,100.00	¥5,330.00	155-7878-3344	专科
2002305	谭鑫	男	10-07-13	¥4,800.00	¥6,240.00	133-5462-6543	本科
2002306	王晓杰	男	15-11-15	¥4,650.00	¥6,045.00	199-2314-2314	本科
2002307	周恒	男	22-01-30	¥8,000.00	¥10,400.00	189-6767-7878	博士研究生
2002308	李佩佩	女	20-09-10	¥5,000.00	¥6,500.00	177-3456-3456	专科
2002309	赵新庆	男	14-07-30	¥6,000.00	¥7,800.00	131-5200-5200	硕士研究生

图 2.34　“年终奖”字段的计算结果

2.2.3　输入数据及小技巧

由于各字段的数据类型和属性不同，输入时需要满足不同的要求。可以在 Access 数据表视图中直接输入数据，也可以从已经存在的外部数据中获取数据。

1. 向表中输入数据

1）使用键盘输入数据

【例 2.16】完成“员工信息”表数据的输入，“员工信息”表内容如表 1.2 所示。

微课：Access 录入数据的小技巧

操作步骤如下。

（1）在导航窗格中双击“员工信息”表，进入其数据表视图。

（2）从第一个空记录行的第 1 个字段开始依次输入数据，每输完一个字段值按 Tab 键或按 Enter 键转至下一个字段。

（3）输入“员工编号”字段时，选择“自动编号”数据类型，在“常规”选项卡中的“新值”下拉列表中选择“递增”选项，如图 2.35 所示。

（4）输入“入职日期”字段时，选择“日期/时间”数据类型，将光标定位到该字段即可直接输入。对于未设置“输入掩码”的日期，也可以单击字段右侧的“日期选择器”按钮，打开日历控件，如图 2.36 所示，如果要输入当前的日期，则单击“今日”按钮；如果要输入其他日期，则在日历中进行选择即可。

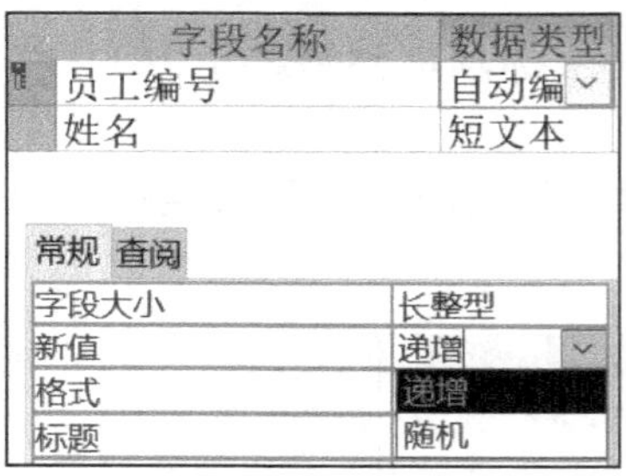

图 2.35　自动编号

图 2.36　日历控件

（5）输入“婚否”字段值时，在“数据类型”下拉列表中选择“是/否”选项，并保存修改。选中复选框，显示“√”，表示“是”（True，存储值为-1）；未显示“√”，表示“否”（False，存储值为 0）。

（6）输入“照片”字段值时，在“数据类型”下拉列表中选择“OLE 对象”选项，右击“照片”字段，在弹出的快捷菜单中选择“插入对象”选项，打开“Microsoft Access”对话框，如图 2.37 所示。

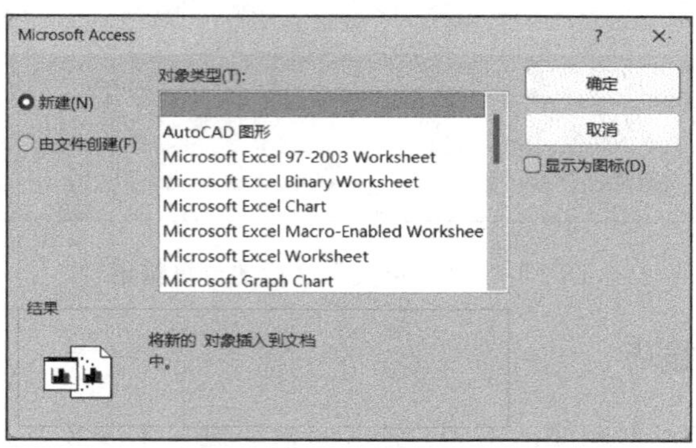

图 2.37　选择对象类型

选中“由文件创建”单选按钮，单击“浏览”按钮，在打开的“浏览”对话框中选择图片文件，单击“确定”按钮，返回如图 2.38 所示的对话框，然后单击“确定”按钮，返回数据表视图。

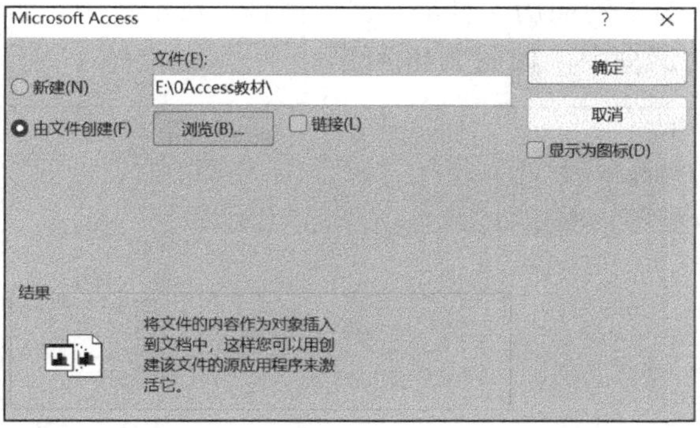

图 2.38　“Microsoft Access”对话框

说　明

采用此种方式插入数据表中的图片不能在窗体中显示。

（7）输入“邮箱”字段值时，在“数据类型”下拉列表中选择“超链接”选项，保存后切换到数据视图。输入邮箱地址，并进行保存。单击刚才输入的邮箱链接即可打开邮箱地址并使用。

（8）输入一条记录的最后一个字段后，表中会自动增加一条空记录，记录选择器上显示星号“*”，表示该记录是一条新记录。继续输入其他记录，然后保存表。

2）使用附件类型字段存储数据

使用附件类型可以将其他文件以附件的形式添加到数据表的记录中。附件类型的一个字段可以存储多个文件，而且这些文件的数据类型可以不同。

【例 2.17】 在“员工信息”表中增加“简历”字段，数据类型为“附件”，将员工的个人介绍 Word 文档作为附件添加到“员工信息”表的“简历”字段中。

操作步骤如下。

（1）使用设计视图打开“员工信息”表。

（2）添加“简历”字段，将数据类型设置为“附件”。切换到数据表视图，如图 2.39 所示，“简历”字段的单元格中显示为“📎(0)”，其中(0)表示附件的个数为 0。

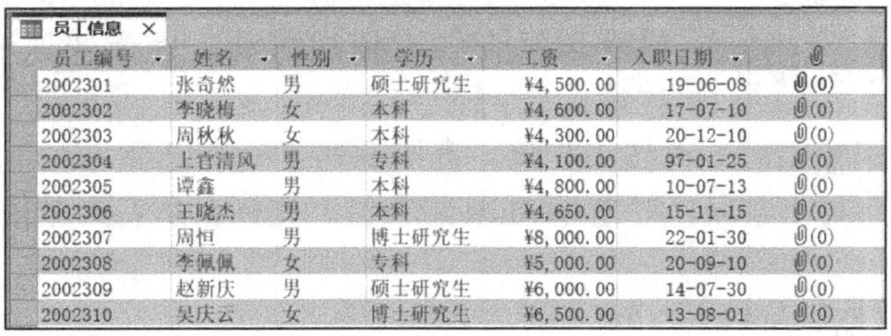

员工信息

员工编号	姓名	性别	学历	工资	入职日期	📎
2002301	张奇然	男	硕士研究生	¥4,500.00	19-06-08	📎(0)
2002302	李晓梅	女	本科	¥4,600.00	17-07-10	📎(0)
2002303	周秋秋	女	本科	¥4,300.00	20-12-10	📎(0)
2002304	上官清风	男	专科	¥4,100.00	97-01-25	📎(0)
2002305	谭鑫	男	本科	¥4,800.00	10-07-13	📎(0)
2002306	王晓杰	男	本科	¥4,650.00	15-11-15	📎(0)
2002307	周恒	男	博士研究生	¥8,000.00	22-01-30	📎(0)
2002308	李佩佩	女	专科	¥5,000.00	20-09-10	📎(0)
2002309	赵新庆	男	硕士研究生	¥6,000.00	14-07-30	📎(0)
2002310	吴庆云	女	博士研究生	¥6,500.00	13-08-01	📎(0)

图 2.39　“员工信息”表的数据表视图

（3）双击第 1 条记录的“简历”单元格中的“(0)”，打开“附件”对话框，单击“添加”按钮，在打开的“选择文件”对话框中选择“张奇然简历.docx”文件，单击“打开”按钮，返回“附件”对话框。“张奇然简历.docx”文件已经添加到“附件”对话框中。使用同样的方法，将其余员工的简历文件添加到“附件”对话框中，如将“周秋秋简历.docx”文件添加到“附件”对话框中，如图 2.40 所示。

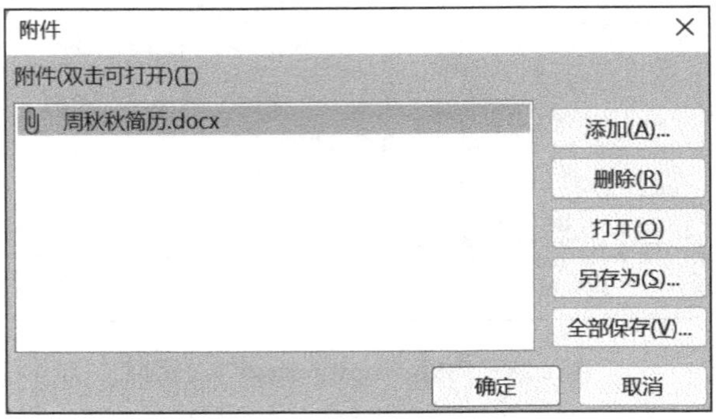

图 2.40 “附件”对话框

（4）单击“确定”按钮，返回数据表视图，可以看到第 1 条记录的“简历”单元格中显示“(1)”，表示有 1 个附件。

说 明

附件字段中的数据不在数据表视图中显示，只有在“附件”对话框中双击附件文件名才能打开。

2. 输入数据时的小技巧

1）导航窗格的展开与收起

在输入数据时，由于数据表的字段名较多，会出现一屏显示不完整的情况，不便于输入数据，这时可将百叶窗关闭。

【例 2.18】完成导航窗格的收起与展开。

操作如下：单击“百叶窗开/关”按钮，如图 2.41 所示，即可收起/展开导航窗格。收起导航窗格后，可显示最大的工作空间。再次单击该按钮，可以展开导航窗格。

图 2.41 “百叶窗开/关”按钮

2）巧用 Tab 键

（1）处理数据时，按键盘上的 Tab 键，可以使当前编辑字段从左往右依次跳动，便于快速输入下一个字段的内容。

（2）当一条数据输完后，再按 Tab 键，直接跳到下一条记录。

（3）若需要返回某个字段，按 Tab+Shift 组合键，光标会从右到左依次变换，直到返回目标字段。

3）输入当前日期

【例 2.19】在输入表格数据时，设置“行政前台”表中的入职时间是今天。

操作步骤如下。

（1）在数据表视图中打开“行政前台”表，选择“入职时间”字段所需输入的记录行。

（2）按 Ctrl+;组合键，输入当前日期。

说　明

输入当前日期时，按 Ctrl+Shift+;组合键。

4）引用上方数据

需要输入大量相同的数据时，如在“员工信息”表中，同一天入职的人员，他们的入职日期一样，遇到这种当前需要输入的内容与上方表格是一样的情况，只需要使用 Ctrl+Shift+"（双引号）组合键，即可引用上方数据。

5）快速打勾

在数据表中，遇到需要选择是/否的情况，最快速的操作方式是使用 Space 键。使用 Space 键可以在选择和不选择之间来回切换。

2.2.4　表的维护

在使用数据表时，数据表的内容会发生变化，所以根据需要会增加或删除一些内容。为了使数据表的结构更加合理，内容更加有效，需要不断地对表进行维护。

微课：调整 Access 表格式

1. 修改表结构

修改表结构主要包括添加字段、修改字段、删除字段等，这些操作既可以在设计视图中完成，也可以在数据表视图中完成。在实际应用中经常在设计视图中修改表结构。

1）添加字段

使用设计视图打开表，将光标定位到要插入字段的位置，单击“设计”选项卡“工具”选项组中的“插入行”按钮，如图 2.42 所示，即可插入新行。在新插入的行处输入字段名称，选择数据类型，设置字段属性。

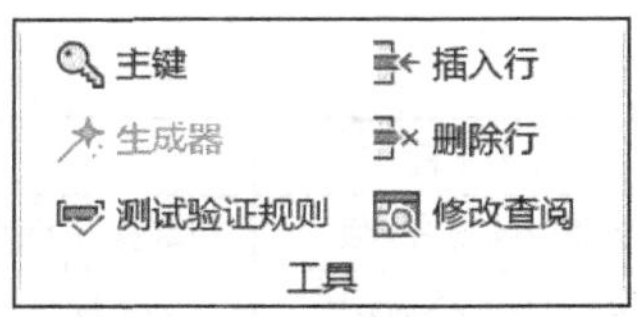

图 2.42　“工具”选项组

2）修改字段

使用设计视图打开表，可以进行修改字段名称、重新选择数据类型和修改字段属性等操作。

3）删除字段

方法 1：使用设计视图打开表，将光标定位到要删除的字段行上，单击“设计”选项卡“工具”选项组中的“删除行”按钮，在打开的对话框中单击“是”按钮即可。

方法 2：将光标定位到要删除的字段行上，右击，在弹出的快捷菜单中选择“删除行”选项即可。

2. 编辑表中的数据

1）定位记录

在 Access 中编辑修改数据表之前，要先定位记录。

方法 1：使用记录导航工具栏中的按钮可以快速定位表记录。

方法 2：单击“开始”选项卡“查找”选项组中的“转至”下拉按钮，在弹出的下拉列表中选择相应的选项即可，如图 2.43 所示。

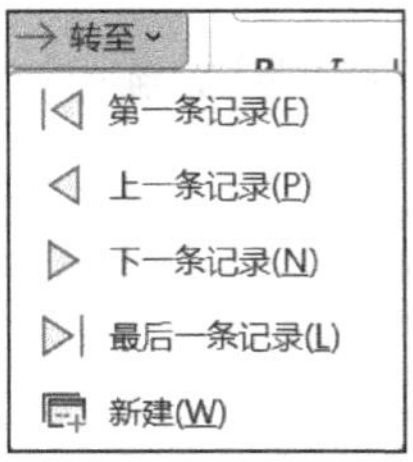

图 2.43 “转至”下拉列表

【例 2.20】将记录指针定位到“员工信息”表的第 6 条记录上。

操作步骤如下。

（1）使用数据表视图打开“员工信息”表。

（2）单击“员工信息”表下侧的“当前记录”文本框，如图 2.44 所示，输入记录号 6，然后按 Enter 键即可定位到该记录。

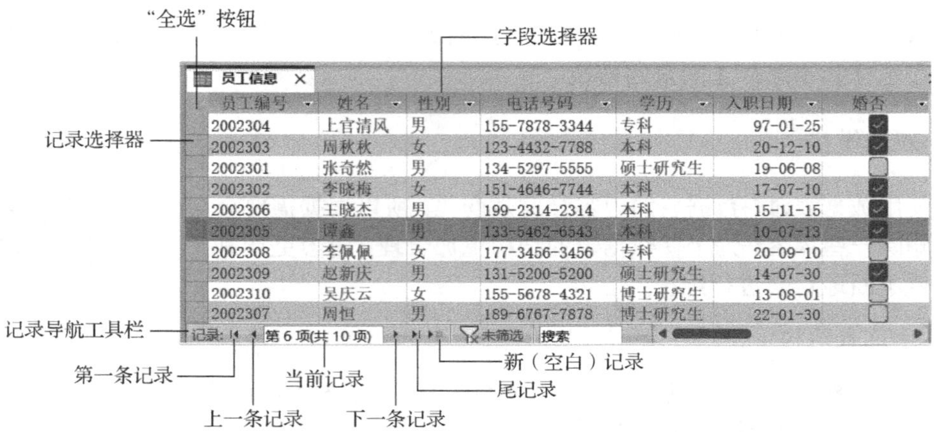

图 2.44 定位记录

2）选择记录

在数据表视图中，使用鼠标可以快速地选择记录或数据，操作方法如表 2.2 所示。

表 2.2 鼠标操作方法

数据范围	操作方法
字段中的部分数据	在数据开始处单击，按住鼠标左键并拖动鼠标指针至结尾处
字段中的全部数据	移动鼠标指针到字段边框处，当鼠标指针变为✜形状时单击
相邻多字段中的数据	移动鼠标指针到开始字段边框处，当鼠标指针变为✜形状时，按住鼠标左键并拖动鼠标指针到最后一个字段尾部
一列数据	单击该列的字段选择器
相邻多列数据	移动鼠标指针到开始列的字段名处，当鼠标指针变为↓形状时，按住鼠标左键并拖动鼠标指针到选定范围结尾列
一条记录	单击该记录的记录选择器
相邻多条记录	单击开始记录的记录选择器，按住鼠标左键并拖动鼠标指针到选取范围的最后一条记录
所有记录	单击字段名行最左侧的“全选”按钮

3）添加记录

Access 只能在数据表的最后一行（即空白行）添加新记录。添加记录的方法有以下 5 种。

（1）在数据表视图中，将光标定位到最后一行，直接输入要添加的数据。

（2）单击记录导航工具栏中的“新（空白）记录”按钮，将光标自动定位到最后一行，然后输入要添加的数据。

（3）单击“开始”选项卡“记录”选项组中的“新建”按钮，然后输入要添加的数据。

（4）单击“开始”选项卡“查找”选项组中的“转至”下拉按钮，在弹出的下拉列表中选择“新建”选项，然后输入要添加的数据。

（5）右击记录选择器，在弹出的快捷菜单中选择“新记录”选项，然后输入要添加的数据。

4）删除记录

在数据表视图中选中要删除的记录，然后单击“开始”选项卡“记录”选项组中的“删除”按钮，在弹出的删除记录提示框中，单击“是”按钮；或右击记录选择器，在弹出的快捷菜单中选择“删除记录”选项，在弹出的删除记录提示框中，单击“是”按钮。

说 明

被删除的记录是不能恢复的。

5）修改数据

在数据表视图中，将光标定位在要修改数据的字段上，直接修改即可。

6）复制数据

在输入或编辑数据时，有些数据可能相同或相似，可以使用复制、粘贴的方法完成。操作方法有如下两种。

（1）在数据表视图中打开数据表，选择数据，单击“开始”选项卡“剪贴板”选项组中的“复制”按钮，然后在适当位置粘贴即可。

（2）在数据表视图中打开数据表，右击数据，在弹出的快捷菜单中选择“复制”选项，然后在适当位置粘贴即可。

3. 表的格式及美化

在数据表视图下，表中的数据按 Access 2021 默认的格式显示。在使用时可以改变表中数据的显示格式，包括改变字段的显示顺序、调整行高和列宽、隐藏/取消隐藏列、冻结/取消冻结列、美化数据表等。

1）改变字段的显示顺序

在数据表视图中浏览表记录时，字段的显示顺序与建表结构的字段次序相同。在实际应用中，为了能更好地分析数据，希望某些字段彼此相邻，可以根据需要改变字段的显示顺序。

【例 2.21】 将“员工信息”表中的“学历”字段移到第一列。

操作步骤如下。

（1）使用数据表视图打开“员工信息”表。

（2）将鼠标指针置于列字段选择器上，当其变为箭头形式时，单击“学历”列的字段选择器，选中该字段列，该列会突出显示。

（3）拖动“学历”列字段选择器到数据表的最左侧即可，结果如图 2.45 所示。

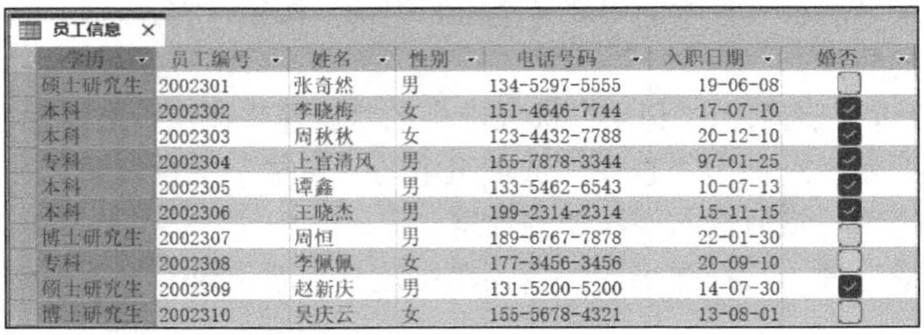
员工信息

学历	员工编号	姓名	性别	电话号码	入职日期	婚否
硕士研究生	2002301	张奇然	男	134-5297-5555	19-06-08	☐
本科	2002302	李晓梅	女	151-4646-7744	17-07-10	☑
本科	2002303	周秋秋	女	123-4432-7788	20-12-10	☑
专科	2002304	上官清风	男	155-7878-3344	97-01-25	☑
本科	2002305	谭鑫	男	133-5462-6543	10-07-13	☑
本科	2002306	王晓杰	男	199-2314-2314	15-11-15	☑
博士研究生	2002307	周恒	男	189-6767-7878	22-01-30	☐
专科	2002308	李佩佩	女	177-3456-3456	20-09-10	☐
硕士研究生	2002309	赵新庆	男	131-5200-5200	14-07-30	☑
博士研究生	2002310	吴庆云	女	155-5678-4321	13-08-01	☐

图 2.45　改变字段的显示顺序

说　明

在数据表视图中移动字段，既可以一次一列地移动，也可以选择多列进行移动，但只改变其在数据表中的显示顺序，并不会改变设计视图中字段的排列顺序。

2）调整行高和列宽

调整数据表的行高和列宽时，可以使用以下 3 种方法。

（1）使用鼠标调整。使用数据表视图打开表后，将鼠标指针放在两条记录或字段选择器之间，当鼠标指针变为双向箭头时按住鼠标左键并拖动，即可改变行高或列宽。

（2）使用命令调整。使用数据表视图打开表后，选择要调整的记录行或字段列后，单击“开始”选项卡“记录”选项组中的“其他”下拉按钮，在弹出的下拉列表中选择“行高”或“字段宽度”选项，直接输入要调整的行高值或列宽值即可。

（3）使用快捷菜单调整。使用数据表视图打开表后，右击要调整的记录行或字段列后，在弹出的快捷菜单中选择“行高”或“字段宽度”选项，直接输入要调整的行高值或列宽值即可。

说　明

调整列宽不会改变该字段允许的字符数，只是使列表中包含的数据的可见空间量发生改变。

3）隐藏/取消隐藏列

在数据表视图中，为了便于查看主要数据，可以将不需要的字段列暂时隐藏起来，需要时再显示出来。

【例 2.22】将“员工信息”表中的“电话号码”字段列隐藏。

操作步骤如下。

（1）使用数据表视图打开“员工信息”表，单击“电话号码”列中的任意单元格。

（2）单击“开始”选项卡“记录”选项组中的“其他”下拉按钮，在弹出的下拉列表中选择“隐藏字段”选项；或者右击字段选择器，在弹出的快捷菜单中选择“隐藏字段”选项，此时“电话号码”列被隐藏起来。

【例 2.23】 显示“员工信息”表中隐藏的字段列。

操作步骤如下。

（1）使用数据表视图打开“员工信息”表。

（2）单击“开始”选项卡“记录”选项组中的“其他”下拉按钮，在弹出的下拉列表中选择“取消隐藏字段”选项；或者右击字段选择器，在弹出的快捷菜单中选择“取消隐藏字段”选项，此时会打开“取消隐藏列”对话框，如图 2.46 所示。

（3）在“列”列表框中选中要显示列的复选框“电话号码”，然后单击“关闭”按钮，隐藏的“电话号码”列就会显示出来。

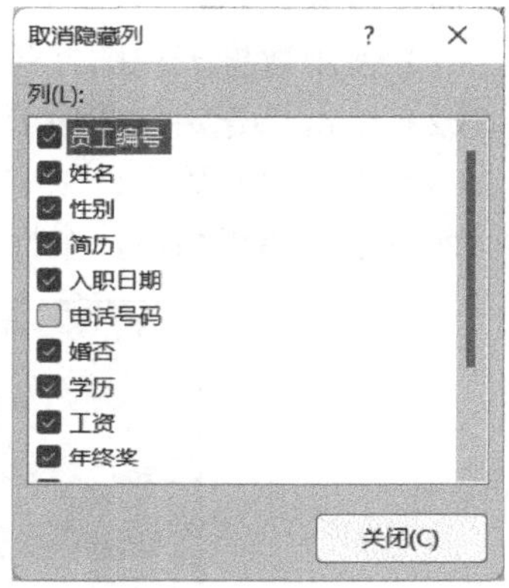

图 2.46　“取消隐藏列”对话框

4）冻结/取消冻结列

在操作数据表时，常常会遇到列数很多、很宽的数据表，屏幕无法显示全部字段列，需要使用水平滚动条来浏览屏幕中未能显示的字段列。但是使用水平滚动条会无法看到数据表最前面的字段（尤其是某些关键字段），从而影响了数据的查看。

Access 提供了冻结列的功能，当某个（或某几个）字段列被冻结后，无论怎样水平滚动窗口，这些被冻结的列总是显示在窗口的最左侧，一直可见。

【例 2.24】 冻结“行政前台”表中的“姓名”字段列。

操作步骤如下。

（1）使用数据表视图打开“行政前台”表，单击“姓名”字段列中的任意单元格。

（2）单击“开始”选项卡“记录”选项组中的“其他”下拉按钮，在弹出的下拉列表中选择“冻结字段”选项；或者右击字段选择器，在弹出的快捷菜单中选择“冻结字段”选项。

（3）移动水平滚动条，可以看到“姓名”字段列始终显示在窗口左侧，如图 2.47 所示。

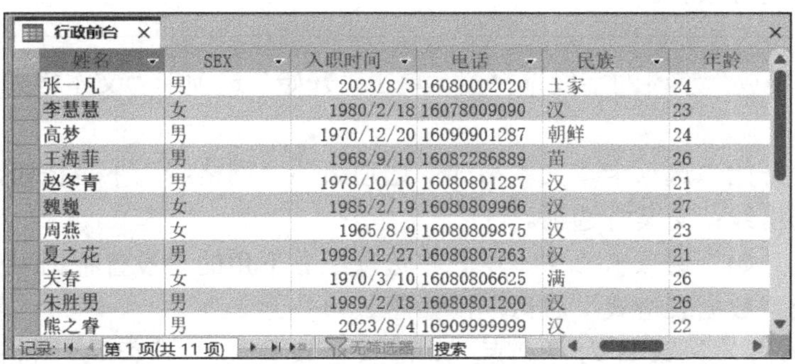
行政前台

姓名	SEX	入职时间	电话	民族	年龄
张一凡	男	2023/8/3	16080002020	土家	24
李慧慧	女	1980/2/18	16078009090	汉	23
高梦	男	1970/12/20	16090901287	朝鲜	24
王海菲	男	1968/9/10	16082286889	苗	26
赵冬青	男	1978/10/10	16080801287	汉	21
魏巍	女	1985/2/19	16080809966	汉	27
周燕	女	1965/8/9	16080809875	汉	23
夏之花	男	1998/12/27	16080807263	汉	21
关春	女	1970/3/10	16080806625	满	26
朱胜男	男	1989/2/18	16080801200	汉	26
熊之春	男	2023/8/4	16909999999	汉	22

记录: 第 1 项(共 11 项)　无筛选器　搜索

图 2.47　冻结列后的数据表

取消冻结列的方法是单击“开始”选项卡“记录”选项组中的“其他”下拉按钮，在弹出的下拉列表中选择“取消冻结所有字段”选项；或者右击任意字段名，在弹出的快捷菜单中选择“取消冻结所有字段”选项。

5）美化数据表

在数据表视图中，为了使数据表呈现独有的风格，可以设置数据表单元格的显示效果、网格线的显示方式和颜色、表格的背景颜色等。

【例 2.25】 设置“行政前台”表中的单元格效果为“凸起”，背景色为“浅黄”，可选行颜色为“绿色，个性色 6，淡性 60%”，网格线颜色为“红色”，设置“民族”字段的对齐方式为“居中”，字体效果为“倾斜”，网格线的显示样式为“网格线：交叉”，其他各项选用默认样式。

操作步骤如下。

（1）使用数据表视图打开“行政前台”表。

（2）单击“开始”选项卡“文本格式”选项组的“倾斜”按钮。

（3）单击“开始”选项卡“文本格式”选项组的“可选行颜色”下拉按钮，在弹出的下拉列表中选择“绿色，个性色 6，淡色 60%”选项，结果如图 2.48 所示。

姓名	工号	SEX	年龄	入职时间	民族
张一凡	2003001	女	24	2023/8/3	土家
李慧慧	2003002	女	23	2020/4/1	汉
高梦	2003003	女	24	2019/12/15	朝鲜
王海菲	2003004	女	26	2018/9/21	苗
赵冬青	2003005	女	21	2017/8/30	汉
魏巍	2003006	女	27	2019/12/15	汉
周燕	2003007	女	23	2020/5/8	汉
夏之花	2003008	女	21	2023/6/20	汉
关春	2003009	女	26	2020/4/9	满
朱胜男	2003010	女	26	2021/5/15	汉
熊之春	2003011	男	22	2023/8/4	汉

图 2.48　可选行为绿色，字体为倾斜的效果

说　明

使用“文本格式”选项组中的“可选行颜色”只能更改偶数行的颜色，“背景色”调色板可以更改数据表中所有行的颜色。如果先设置了“可选行颜色”，则“背景色”调色板将仅影响奇数行。

（4）选择“民族”字段的字段选择器，单击“开始”选项卡“文本格式”选项组的“居中”按钮。

（5）单击“开始”选项卡“文本格式”选项组的“网格线”下拉按钮，在弹出的下拉列表中选择“网格线：交叉”选项。

（6）单击“开始”选项卡“文本格式”选项组右下角的“设置数据表格式”对话框启动器，打开“设置数据表格式”对话框，如图 2.49 所示。

（7）将单元格效果设置为“凸起”，背景色设置为“浅黄”，网格线颜色设置为“红色”。

（8）单击“确定”按钮，结果如图 2.50 所示。

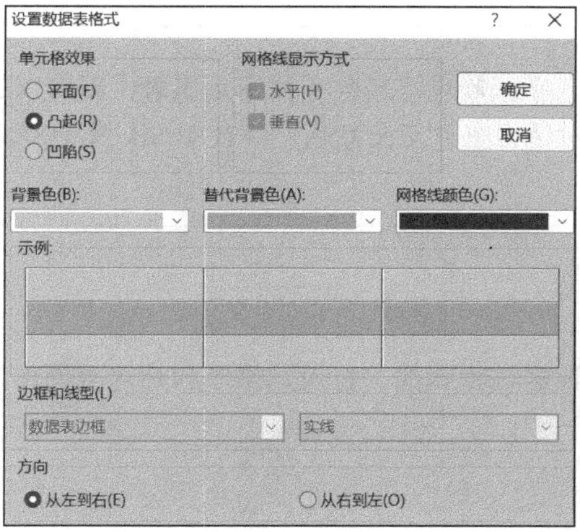

图 2.49　“设置数据表格式”对话框

姓名	工号	SEX	年龄	入职时间	民族
张一凡	2003001	女	24	2023/8/3	土家
李慧慧	2003002	女	23	2020/4/1	汉
高梦	2003003	女	24	2019/12/15	朝鲜
王海菲	2003004	女	26	2018/9/21	苗
赵冬青	2003005	女	21	2017/8/30	汉
魏巍	2003006	女	27	2019/12/15	汉
周燕	2003007	女	23	2020/5/8	汉
夏之花	2003008	女	21	2023/6/20	汉
关春	2003009	女	26	2020/4/9	满
朱胜男	2003010	女	26	2021/5/15	汉
熊之睿	2003011	男	22	2023/8/4	汉

图 2.50　设置格式后的表

说　明

单元格效果若为“平面”，则可以对“边框和线型”进行修改，有透明边框、实线、虚线、短画线、点线、稀疏点线、点画线、点点画线、双实线等 9 种线型可选。

6）改变数据字体

为了使数据表中的数据更加美观、醒目，可以改变数据的字体、字形和字号等。

【例 2.26】 设置“行政前台”表中的字体为“微软雅黑”，字号为“12”，颜色为“蓝色，个性色 5，淡色 25%”。

操作步骤如下。

（1）使用数据表视图打开“行政前台”表。

（2）单击“开始”选项卡，在“文本格式”选项组中的“字体”下拉列表中选择“微软雅黑”选项，在“字号”下拉列表中选择“12”选项，在“字体颜色”下拉列表中选择“蓝色，个性色 5，淡色 25%”选项。设置结果如图 2.51 所示。

姓名	工号	SEX	年龄	入职时间	民族
张一凡	2003001	女	24	2023/8/3	土家
李慧慧	2003002	女	23	2020/4/1	汉
高梦	2003003	女	24	2019/12/15	朝鲜
王海菲	2003004	女	26	2018/9/21	苗
赵冬青	2003005	女	21	2017/8/30	汉
魏巍	2003006	女	27	2019/12/15	汉
周燕	2003007	女	23	2020/5/8	汉
夏之花	2003008	女	21	2023/6/20	汉
关春	2003009	女	26	2020/4/9	满
朱胜男	2003010	女	26	2021/5/15	汉
熊之睿	2003011	男	22	2023/8/4	汉

图 2.51　设置数据表的字体格式

> **说　明**
>
> 无论是字体颜色、可选行颜色还是背景色等，若现有颜色不能满足需求，则可以选择“其他颜色”选项，在打开的“颜色”对话框中自定义颜色，修改 RGB 或 HSL 模式的配比选项值。

2.2.5　表的操作

表创建完成后，用户可以对表中的记录和数据进行查找、替换、排序和筛选等操作，以便更有效地查看和管理数据。

1. 查找和替换数据

在操作数据库时，当需要在数据库中查找所需要的特定信息或替换某个数据时，可以使用查找和替换功能提高效率。

可以使用以下 3 种方法查找数据。

方法 1：使用数据表视图打开文件，在记录指示器的“搜索”文本中输入需要查找的数据，光标会定位到查找的数据，如需替换，则直接输入替换数据即可。

方法 2：单击“开始”选项卡“查找”选项组中的“查找”或“替换”按钮，打开“查找和替换”对话框，如图 2.52 所示，然后在“查找内容”文本框中输入需要查找或替换的内容进行操作即可。

图 2.52　“查找和替换”对话框 1

“查找和替换”对话框中部分选项的含义如下。

① “查找范围”下拉列表：“当前字段”选项（图 2.53）表示在当前鼠标指针所在的字段中进行查找；“当前文档”选项表示在整个数据表范围内进行查找。

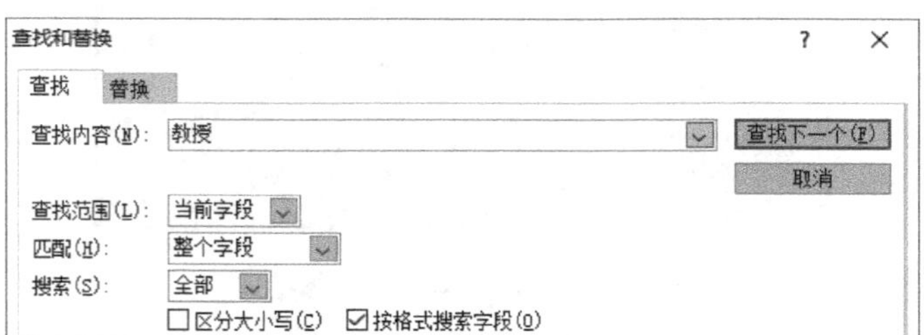

图 2.53　“查找和替换”对话框 2

②“匹配”下拉列表：“整个字段”选项表示字段内容必须与“查找内容”文本框中的文本完全一致；“字段任何部分”选项表示“查找内容”文本框中的文本可包含在字段中的任何位置；“字段开头”选项表示字段必须是以“查找内容”文本框中的文本开头的。

微课：Access 中如何深入操作字段

③“搜索”下拉列表：该列表中包含“全部”“向上”“向下”3 种搜索方式。

在数据的查找过程中，可以使用通配符对数据的部分信息进行查找，通配符的用法如表 2.3 所示。

表 2.3　通配符的用法

字符	说明	示例
*	通配任意多个字符	“wh*”可以找到 what、white 和 why，但找不到 awhile 或 watch
?	通配任意单个字符	“b?ll”可以找到 ball、bill 和 bell，但找不到 beell
[ ]	通配方括号中的任意单个字符	“b[ae]ll”可以找到 ball 和 bell，但找不到 bill 或 bull
!	通配任意不在方括号中的字符	“b[!ae]ll”可以找到 bill 和 bull，但找不到 ball 或 bell
-	通配范围中的任意单个字符。必须以递增排列顺序来指定区域（A 到 Z，而不是 Z 到 A）	“b[a-c]d”可以找到 bad、bbd 和 bcd，但找不到 bdd 或 babd
#	通配任意单个数字字符	“2#5”可以找到 205、215 和 255，但找不到 2115

方法 3：在数据表视图中打开文件，右击字段选择器，在弹出的快捷菜单中选择“查找”选项，打开“查找和替换”对话框，后续操作与方法 2 一致，这里不再赘述。

1）查找指定的内容

【例 2.27】查找“员工信息”表中“学历”是“硕士研究生”的员工信息。

操作步骤如下。

（1）使用数据表视图打开“员工信息”表，单击“学历”字段列中的任意单元格。

（2）单击“开始”选项卡“查找”选项组中的“查找”按钮，打开“查找和替换”对话框，在“查找内容”文本框中输入“硕士研究生”。

（3）单击“查找下一个”按钮，显示找到符合条件的第 1 条记录，连续单击“查找下一个”按钮，可查出其余符合条件的记录。

（4）单击“取消”按钮，结束查找。

如果把例 2.27 中的查找内容改为“?研究生”，则将找到所有学历是博士研究生或硕士研究生的员工信息。

在 Access 2021 中，还可以使用记录导航工具栏快速定位要查找的记录。

【例 2.28】查找“行政前台”表中民族是“汉”的员工信息。

操作步骤如下。

（1）使用数据表视图打开“行政前台”表。

（2）在记录导航工具栏中的“搜索”文本框中输入“汉”，此时光标直接定位到要找的第 1 条含“汉”的记录，如图 2.54 所示。按 Enter 键，可依次找到其他民族是“汉”的记录。

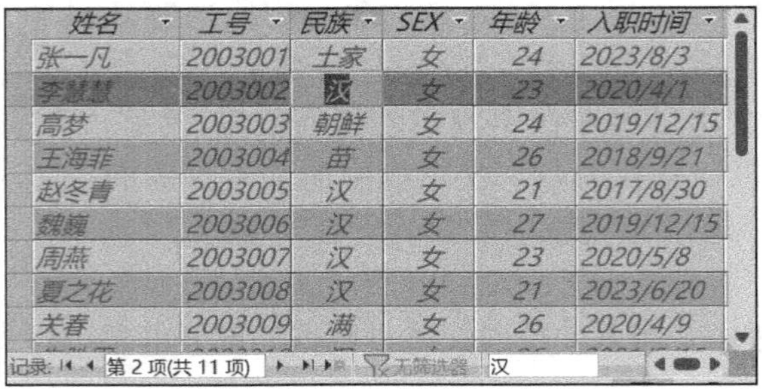

图 2.54　使用“记录”导航工具栏查找

2）查找空值

在 Access 中，如果某条记录的某个字段没有存储数据，则称该字段的值为空值（Null）。查找空值的方法同前，在如图 2.53 所示的“查找和替换”对话框中的“查找内容”文本框中输入“Null”，在“匹配”下拉列表选择“整个字段”或“字段开头”选项，单击“查找下一个”按钮，即可定位到空值记录。

说　明

空值与空字符串是两个不同的概念，空字符串是用定界符双引号括起来的长度值为零的字符串，如""，双引号之间没有任何字符。当需要查找空字符串时，可以在“查找内容”文本框中输入“""”。

3）替换数据

当表中有多处相同的数据需要修改时，可以使用替换功能快速修改数据。

【例 2.29】将“行政前台”表中的“工号”字段值中的部门编号“2003”全部替换为“20013”。

操作步骤如下。

（1）使用数据表视图打开“行政前台”表，单击“工号”字段列中的任意单元格。

（2）单击“开始”选项卡“查找”选项组中的“替换”按钮，打开“查找和替换”对话框。在“查找内容”文本框中输入“2003”，在“替换为”文本框中输入“20013”，如图 2.55 所示。

图 2.55　设置替换内容

（3）单击“全部替换”按钮，弹出“你将不能撤销该替换操作。是否继续?”提示框，单击“是”按钮，完成全部替换。

2. 排序记录

数据排序是最常用的数据处理方法，是根据当前数据表中的一个或多个字段的值，将整个数据表中的全部记录重新排列先后顺序。

1）排序规则

当排序记录时，不同字段类型的排序规则有所不同，具体规则如下。

（1）数字类型或货币类型数据：按其数值的大小排序。

（2）日期/时间类型数据：越早的日期时间越小。

（3）是/否类型数据：“是”（即 True）小于“否”（即 False）。

（4）空值数据：空值（Null）最小。

（5）短文本类型数据：从左到右逐个字符进行比较，直到出现两个不同的字符为止，根据这两个字符的大小判断两个字符串的大小。

① 英文字母：不区分大小写，按字母的顺序排序，即 A（a）<B（b）<…<Z（z）。

② 文本数字：按数字的大小顺序排序，即 0<1<…<9。

③ 汉字：按其所对应的汉语拼音顺序（即字典的顺序）排序，安（an）<王（wang）。

④ 短文本类型数据总体排列规则：文本数字<英文字母<汉字。

2）单字段排序

【例 2.30】将“员工信息”表按“工资”升序排列。

操作步骤如下。

（1）使用数据表视图打开“员工信息”表，单击“工资”字段列中的任意单元格。

（2）单击“开始”选项卡“排序和筛选”选项组中的“升序”按钮，结果如图 2.56 所示。

员工信息

学历	员工编号	姓名	性别	电话号码	入职日期	工资	婚否
专科	2002304	上官清风	男	155-7878-3344	97-01-25	¥4,100.00	☑
本科	2002303	周秋秋	女	123-4432-7788	20-12-10	¥4,300.00	☑
硕士研究生	2002301	张奇然	男	134-5297-5555	19-06-08	¥4,500.00	☐
本科	2002302	李晓梅	女	151-4646-7744	17-07-10	¥4,600.00	☑
本科	2002306	王晓杰	男	199-2314-2314	15-11-15	¥4,650.00	☑
本科	2002305	谭鑫	男	133-5462-6543	10-07-13	¥4,800.00	☑
专科	2002308	李佩佩	女	177-3456-3456	20-09-10	¥5,000.00	☐
硕士研究生	2002309	赵新庆	男	131-5200-5200	14-07-30	¥6,000.00	☑
博士研究生	2002310	吴庆云	女	155-5678-4321	13-08-01	¥6,500.00	☐
博士研究生	2002307	周恒	男	189-6767-7878	22-01-30	¥8,000.00	☐

图 2.56　工资升序排列的结果

3）多字段排序

数据表的多字段排序的方法主要有以下两种：一种是利用工具栏的排序按钮，另一种是利用窗口中的高级排序。

【例 2.31】将“员工信息”表中的记录先按“性别”升序排序，性别相同的记录再按“学历”字段升序排列。

操作步骤如下。

（1）使用数据表视图打开“员工信息”表，同时选中“性别”和“学历”两个字段列。

（2）单击“开始”选项卡“排序和筛选”选项组中的“升序”按钮，结果如图 2.57 所示。

员工编号	姓名	性别	学历	工资	电话号码	入职日期	婚否
2002306	王晓杰	男	本科	¥4, 650. 00	199-2314-2314	15-11-15	☑
2002305	谭鑫	男	本科	¥4, 800. 00	133-5462-6543	10-07-13	☑
2002307	周恒	男	博士研究生	¥8, 000. 00	189-6767-7878	22-01-30	☐
2002304	上官清风	男	专科	¥4, 100. 00	155-7878-3344	97-01-25	☑
2002309	赵新庆	男	硕士研究生	¥6, 000. 00	131-5200-5200	14-07-30	☑
2002301	张奇然	男	硕士研究生	¥4, 500. 00	134-5297-5555	19-06-08	☐
2002302	李晓梅	女	本科	¥4, 600. 00	151-4646-7744	17-07-10	☑
2002303	周秋秋	女	本科	¥4, 300. 00	123-4432-7788	20-12-10	☑
2002310	吴庆云	女	博士研究生	¥6, 500. 00	155-5678-4321	13-08-01	☐
2002308	李佩佩	女	专科	¥5, 000. 00	177-3456-3456	20-09-10	☐
*				¥0. 00			☐

图 2.57　例 2.31 的排序结果

说　明

使用“升序”或“降序”按钮对两个字段排序时，只能对相邻的字段按同一次序排序。若要对不相邻的字段排序，或者两个字段按不同的次序排序，则需要使用“高级筛选/排序”命令。

【例 2.32】在“员工信息”表中，先按“学历”升序排列，学历相同的记录再按“工资”降序排列。

图 2.58　筛选窗口

操作步骤如下。

（1）使用数据表视图打开“员工信息”表。

（2）单击“开始”选项卡“排序和筛选”选项组中的“高级”下拉按钮，在弹出的下拉列表中选择“高级筛选/排序”选项，打开筛选窗口，如图 2.58 所示。

（3）设置设计网格区中的第 1 列的“字段”为“学历”，“排序”为“升序”；第 2 列的“字段”为“工资”，“排序”为“降序”。

（4）单击“排序和筛选”选项组中的“切换筛选”按钮，或者选择“高级”下拉列表中的“应用筛选/排序”选项，结果如图 2.59 所示。

员工编号	姓名	性别	电话号码	学历	工资	入职日期
2002305	谭鑫	男	133-5462-6543	本科	¥4, 800. 00	10-07-13
2002306	王晓杰	男	199-2314-2314	本科	¥4, 650. 00	15-11-15
2002302	李晓梅	女	151-4646-7744	本科	¥4, 600. 00	17-07-10
2002303	周秋秋	女	123-4432-7788	本科	¥4, 300. 00	20-12-10
2002307	周恒	男	189-6767-7878	博士研究生	¥8, 000. 00	22-01-30
2002310	吴庆云	女	155-5678-4321	博士研究生	¥6, 500. 00	13-08-01
2002308	李佩佩	女	177-3456-3456	专科	¥5, 000. 00	20-09-10
2002304	上官清风	男	155-7878-3344	专科	¥4, 100. 00	97-01-25
2002309	赵新庆	男	131-5200-5200	硕士研究生	¥6, 000. 00	14-07-30
2002301	张奇然	男	134-5297-5555	硕士研究生	¥4, 500. 00	19-06-08

图 2.59　例 2.32 的排序结果

在指定排序次序后，单击“开始”选项卡“排序和筛选”选项组中的“取消排序”按钮，可以取消记录的排序，恢复到数据表的原始状态。

3. 筛选记录

使用数据表时，常常需要从大量数据中筛选出一部分数据进行操作和处理。Access 2021 提供了按选定内容筛选、使用筛选器筛选、按窗体筛选及高级筛选 4 种筛选方法。执行筛选后，只显示满足条件的记录，不满足条件的记录暂时被隐藏起来。

1）按选定内容筛选

按选定内容筛选是指在数据表视图中选定某个字段要筛选的值，然后选择筛选条件，在数据表中查找该值并显示。

【例 2.33】在“行政前台”表中筛选出性别为“女”的员工。

操作步骤如下。

（1）使用数据表视图打开“行政前台”表，在“性别”字段中找到“女”并选中。

（2）单击“开始”选项卡“排序和筛选”选项组中的“选择”下拉按钮，在弹出的下拉列表中选择“等于""女"""选项，或者单击“切换筛选”按钮，则筛选出“女”员工的记录，如图 2.60 所示。再次单击“切换筛选”按钮，可以取消筛选。

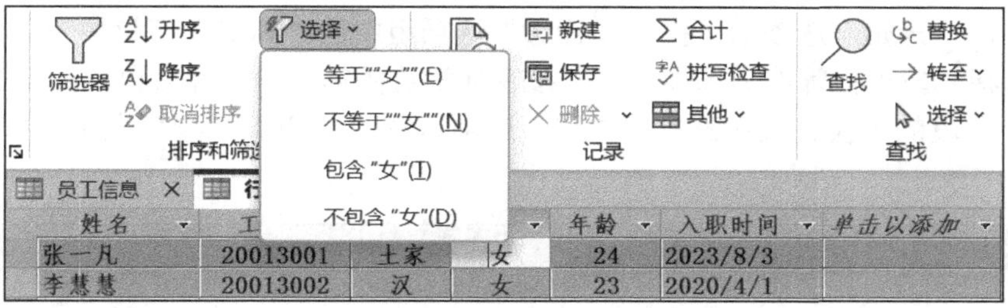

图 2.60　筛选结果

2）使用筛选器筛选

Access 的筛选器类似 Excel 的数据筛选，可以通过设置筛选条件进行筛选。

【例 2.34】在“员工信息”表中筛选出学历为“博士研究生”的员工。

操作步骤如下。

① 使用数据表视图打开“员工信息”表，单击“学历”字段列中的任意单元格。

② 单击“开始”选项卡“排序和筛选”选项组中的“筛选器”按钮，或者单击“学历”字段名右侧的下拉按钮，弹出如图 2.61 所示的下拉列表。

③ 取消选中“全选”复选框，选中“博士研究生”复选框，然后单击“确定”按钮，系统将显示筛选结果。

筛选器中所显示的数据类型取决于当前字段的数据类型和字段值，图 2.61 所示为“文本筛选器”的级联菜单，图 2.62 所示为“数字筛选器”的级联菜单。

3）按窗体筛选

按窗体筛选能实现按多个字段值进行筛选。筛选时，数据表变成一条记录，可以从每个字段的下拉列表中选取一个值作为筛选条件。

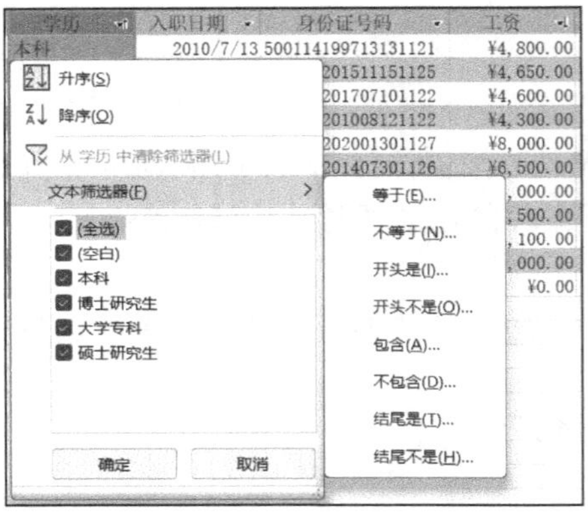

图 2.61　“文本筛选器”的级联菜单

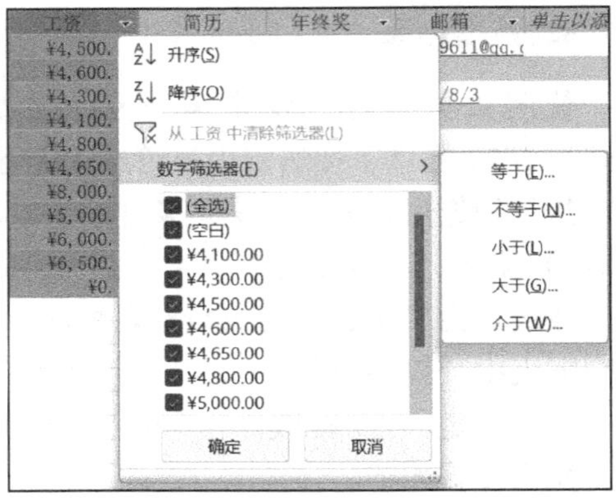

图 2.62　“数字筛选器”的级联菜单

【例 2.35】在“员工信息”表中筛选出本科的女性员工和已婚的男员工信息。

操作步骤如下。

（1）使用数据表视图打开“员工信息”表。

（2）单击“开始”选项卡“排序和筛选”选项组中的“高级”下拉按钮，在弹出的下拉列表中选择“按窗体筛选”选项，打开按窗体筛选的第 1 组条件窗口，如图 2.63 所示，在“性别”字段的下拉列表中选择“"女"”选项，在“学历”下拉列表中选择“"本科"”选项。

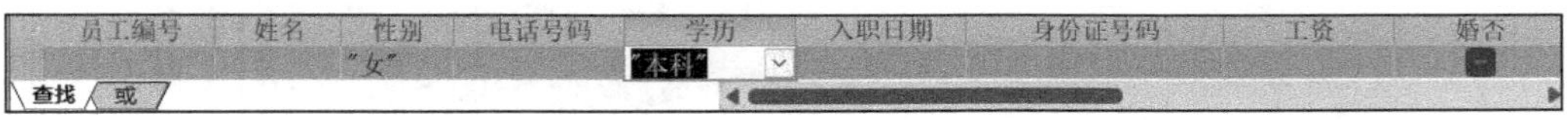

图 2.63　按窗体筛选的第 1 组条件窗口

（3）单击窗体底部的“或”标签，打开按窗体筛选的第 2 组条件窗口，如图 2.64 所示，在“性别”下拉列表中选择“"男"”选项，选中“婚否”复选框。

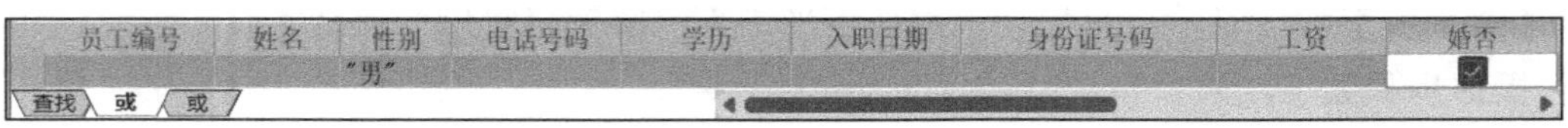

图 2.64　按窗体筛选的第 2 组条件窗口

（4）单击“开始”选项卡“排序和筛选”选项组中的“切换筛选”按钮，显示筛选结果，如图 2.65 所示。

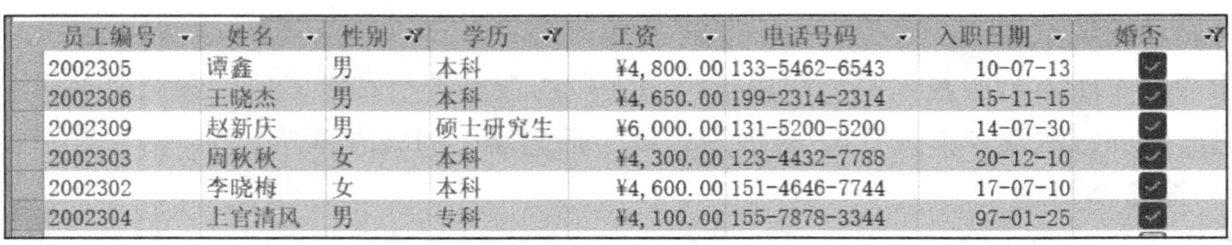

员工编号	姓名	性别	学历	工资	电话号码	入职日期	婚否
2002305	谭鑫	男	本科	¥4, 800. 00	133-5462-6543	10-07-13	✓
2002306	王晓杰	男	本科	¥4, 650. 00	199-2314-2314	15-11-15	✓
2002309	赵新庆	男	硕士研究生	¥6, 000. 00	131-5200-5200	14-07-30	✓
2002303	周秋秋	女	本科	¥4, 300. 00	123-4432-7788	20-12-10	✓
2002302	李晓梅	女	本科	¥4, 600. 00	151-4646-7744	17-07-10	✓
2002304	上官清风	男	专科	¥4, 100. 00	155-7878-3344	97-01-25	✓

图 2.65　筛选结果

4）高级筛选

高级筛选可以筛选出符合多重条件的记录，可以自己编写筛选条件，并对结果进行排序。

【例 2.36】 在“员工信息”表中筛选出 2014 年之前（含 2014 年）入职的男员工信息，并且按年龄升序排列。

操作步骤如下。

（1）使用数据表视图打开“员工信息”表。

（2）单击“开始”选项卡“排序和筛选”选项组中的“高级”下拉按钮，在弹出的下拉列表中选择“高级筛选/排序”选项，打开筛选窗口，如图 2.66 所示。

图 2.66　设置筛选条件和排序

（3）在“字段”行的前 3 列分别选择“性别”“入职日期”“年龄”字段；在“条件”行的“性别”列文本框中输入“"男"”，在“入职时间”列文本框中输入“Year([入职日期])<=2014”；在“排序”行的“年龄”列中选择“升序”选项。

（4）单击“开始”选项卡“排序和筛选”选项组中的“切换筛选”按钮，显示筛选结果，如图 2.67 所示。

员工编号	姓名	性别	学历	工资	入职日期	年龄	婚否
2002309	赵新庆	男	硕士研究生	¥6,000.00	14-07-30	31	☑
2002305	谭鑫	男	本科	¥4,800.00	10-07-13	34	☑
2002304	上官清风	男	专科	¥4,100.00	97-01-25	47	☑

图 2.67　高级筛选/排序结果

4. 清除筛选

在设置筛选条件后，如果不再需要筛选则应该将它清除，恢复到筛选前的状态，否则会影响下一次筛选。单击“开始”选项卡“排序和筛选”选项组中的“切换筛选”按钮，或者在“高级”下拉列表中选择“清除所有筛选器”选项，即可把所设置的筛选条件清除掉。

思考与练习

1. 简述 Access 数据表的结构。
2. 如何设置输入掩码？
3. 如果不设置字段的属性，则默认为什么？
4. 美化数据表的优点是什么？

拓展训练

训练 1：新建数据表。

（1）新建员工信息数据库，在员工信息数据库中，利用空白表方式创建员工信息表。

（2）利用设计视图方式创建客户信息表，并存于 E 盘的以本人名字命名的文件夹中。

训练 2：设置字段属性并输入数据。

（1）打开员工信息数据库的员工信息表，重命名字段名，添加字段，包含姓名、性别、入职日期、出生日期、婚姻状况、月工资、年终奖励等基本信息。

（2）设置字段的数据类型，对性别等进行限定。

（3）计算字段的设置：将“年终奖励”设计为“月工资”的 1.8 倍。

（4）输入 10 条以上的数据记录并保存数据。

训练 3：创建学生信息表。

（1）创建空白数据库。创建名为学生信息表的新表。

（2）设置字段的数据类型。

（3）添加字段，依次添加学号、姓名、性别、出生年月、专业编号、年级、籍贯等字段。

（4）切换到数据视图，添加记录。

（5）保存表。

训练 4：数据表美化练习，要求如下。

（1）设置字体格式，打开学生信息表，选择“姓名”字段列，设置对齐格式为“居中”，使用同样的方法设置其他字段列的对齐格式。

（2）设置字体，修改员工信息表的字体为华文隶书，字号为 14。

（3）设置字体效果为倾斜。

（4）设置网格线的显示样式为网格线：纵向。

（5）设置数据表格式为凸起。

（6）设置数据表的背景颜色为“绿色，个性色 6，淡色 40%”。

（7）设置数据表的可选行颜色为“金色，个性色 4，淡色 80%”。

（8）保存表。

3

项目

规范数据库

学习目标

知识目标

- 了解设置主键的规则。
- 掌握创建索引的方法。
- 掌握创建表间关系的方法。

技能目标

- 会设置主键和复合主键，并能对其进行修改和删除。
- 会创建索引及多字段索引。
- 会创建、编辑表间关系。
- 会删除、插入子数据表。

素养目标

- 培养认真严谨的工作作风。
- 培养精益求精的工作态度。

情景导入

某学校需要完成教学管理数据库的完善，涉及“学生”表、“选课”表、“课程”表、“教师”表等表的主键、复合主键、索引、表间关系的创建及编辑。

3.1 知识准备——使数据库更为规范

优秀数据库的一大特点是可以大幅度消除数据冗余，在 Access 数据库中实现消减数据冗余的常用方法是将复杂、不满足范式要求的数据表拆分为多个不同主键的表。Access 数据库中主要的表是依据关系模型设计的，每个表都分别反映现实世界中某个具体实体集的信息，如果要将现实中存在关系的表连接起来，则在查看和调用这些表时，需要将它们规范地建立关联。

1. 使用主键

1）主键的作用

（1）主键始终是索引。

（2）保证实体的完整性。

（3）使数据库的操作速度更快。

（4）默认情况下，数据记录显示的顺序和主键的顺序是相同的，即记录的输入顺序。

2）设置主键的规则

（1）须唯一标识一条记录。

（2）不能为空值。

（3）创建记录时，主键必须已经存在。

（4）主键一旦建立，必须保持稳定性，理想情况下不会改变。

（5）主键应当尽量简洁，包含尽可能少的属性，尽量采用简单无意义的字段作为主键。

2. 创建索引

索引相当于一本书的目录，是一个记录数据存放地址的列表。索引本身也是一个文件，一个专门用来记录数据地址的文件。查找某个数据时，先在索引中找到数据的位置。可基于单个字段或多个字段来创建索引，多字段索引能够区分第一个字段值相同的记录。

索引的主要优点如下。

（1）提高数据查询的速度。

（2）保证数据的唯一性。

（3）加快表链接的速度。

3. 创建表间关系

在数据库中，每个表都独立存放一组相关的信息，但每个表不是完全孤立的，表与表之间存在着联系，这就需要创建表与表之间的关系。建立表之间的关系，不仅能将数据库中的多个表连接成一个整体，还能保证多个表之间的数据保持同步操作，可快速从不同表中提取相关的信息。

3.2 实践操作——规范数据库

3.2.1 编辑主键

1. 设置主键

【例 3.1】将“教学管理”数据库中的“学生”表的主键设置为“学号”。

操作步骤如下。

（1）在设计视图中打开“教学管理”数据库中的“学生”表。

（2）选中“学号”字段，单击“表设计”选项卡“工具”选项组中的“主键”按钮。

（3）操作完成后，“学号”字段行首会出现 图标，如图 3.1 所示。

微课：如何设置 Access 主键

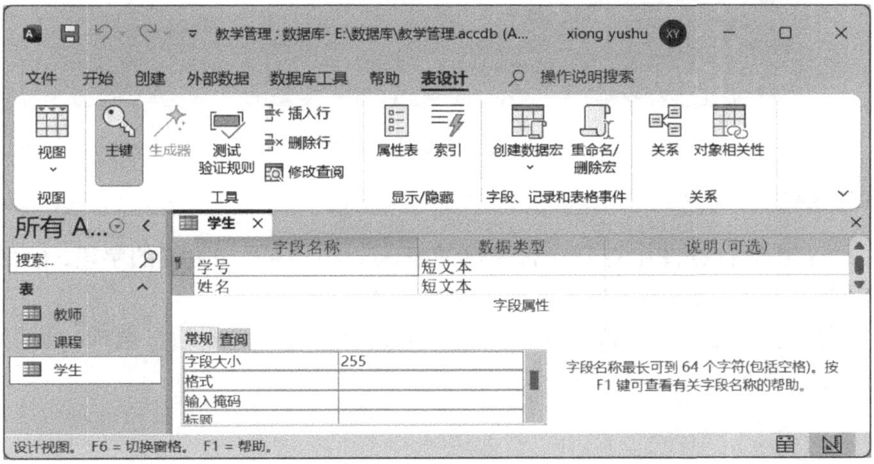

图 3.1　设置主键

说　明

在设计视图中，在要设置主键的字段上右击，在弹出的快捷菜单中选择“主键”选项，也可以将该字段设置为主键。

2. 重新设置主键

操作如下：使用设计视图打开表，选中要设为主键的字段行，单击“主键”按钮，当前字段即被设置为主键，同时表中的其他主键被取消。

3. 设置复合主键

在数据表中，有时候需要多个字段共同构成表的主键，称为复合主键。

【例 3.2】将“教学管理”数据库中的“选课”表中的“学号”和“课程号”设置为复合主键。

操作步骤如下。

（1）在设计视图中打开“教学管理”数据库中的“选课”表。

（2）按住 Ctrl 键选中“学号”和“课程号”字段，单击“表设计”选项卡“工具”选项组中的“主键”按钮。操作完成后，“学号”和“选课号”字段行首会同时出现 图标，如图 3.2 所示。

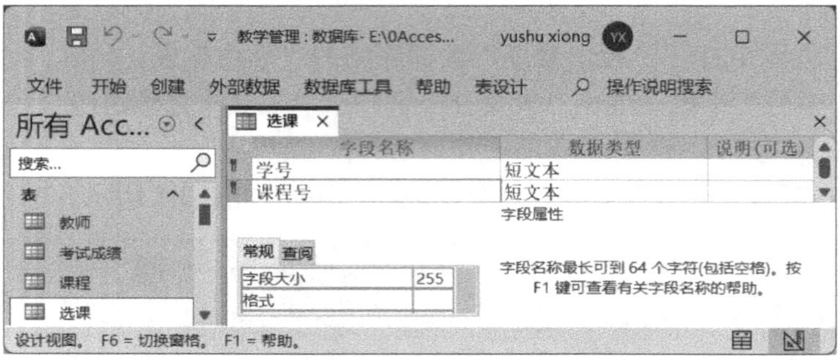

图 3.2　设置复合主键

4. 删除主键

操作如下：在设计视图中打开包含主键的表，选中已经添加主键的字段，然后单击“表设计”选项卡“工具”选项组的“主键”按钮即可。

此外，右击包含主键的字段，在弹出的快捷菜单中选择“删除”选项，也可以达到删除该字段主键的目的。

3.2.2　创建索引

对字段定义索引后，可以加快排序和查询等操作的速度，可以验证数据的唯一性。Access 中有普通索引、唯一索引和主索引 3 种类型的索引。普通索引的索引字段值可以相同，即可以有重复值。唯一索引的索引字段值不能相同，即没有重复值，对有重复值的字段不能建立唯一索引。在 Access 中，同一个表可以创建多个唯一索引，可设置其中的一个为主索引（即主键），一个表中只能有一个主索引。“索引”属性选项有以下 3 种。

① 无：默认值，表示该字段无索引。

② 有（无重复）：该字段有索引，每条记录中该字段中的值不能重复，适合作为主键。

③ 有（有重复）：该字段有索引，每条记录中该字段中的值可以重复。

1. 创建单字段索引

【例 3.3】 为“学生”表按“入学成绩”字段创建索引。

分析：由于“入学成绩”字段可能有重复值，所以创建普通索引（允许重复）。

操作步骤如下。

（1）使用设计视图打开“学生”表，选择“入学成绩”字段。

（2）从“索引”下拉列表中选择“有（有重复）”选项。

通过索引属性只能建立单字段索引，如果同时给两个以上的字段建立索引，则需要在“索引”对话框中完成。

2. 创建多字段索引

【例 3.4】 在“学生”表中，按“性别”和“姓名”两个字段的升序创建多字段索引。

操作步骤如下。

（1）使用设计视图打开“学生”表，单击“表设计”选项卡“显示/隐藏”选项组中的

“索引”按钮，打开“索引：学生”对话框，如图 3.3 所示（第一行为已经建立的主索引）。

（2）在“索引名称”的第二行中输入“多字段索引”，将“字段名称”设置为“性别”；将“字段名称”的第三行设置为“姓名”。“排序次序”均按默认的升序设置，如图 3.4 所示，然后关闭该对话框即可。

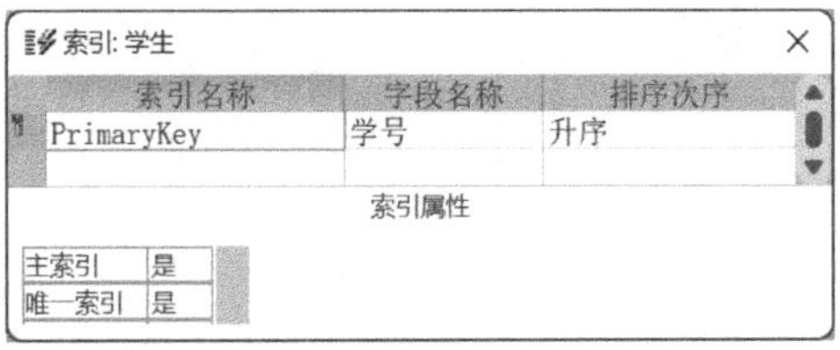

图 3.3　“索引：学生”对话框

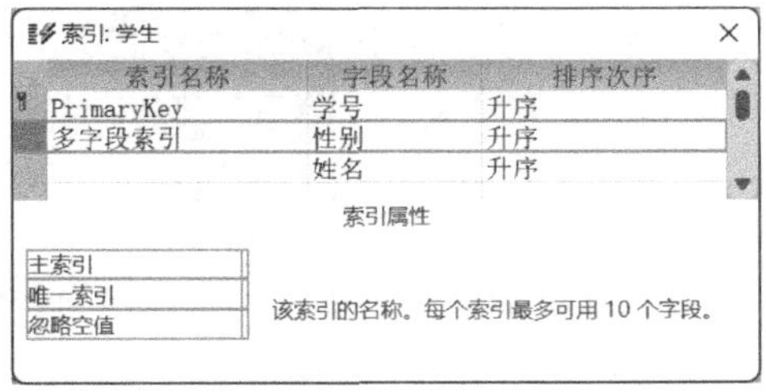

图 3.4　设置多字段索引

3. 自动创建索引

当向 Access 中导入外部数据时，可以利用自动创建索引的方式添加索引。

选择“文件”→“选项”选项，在打开的“Access 选项”对话框中，选择“对象设计器”选项卡，在“在导入/创建时自动索引”文本框中输入希望自动创建索引的字段名称，并以“;”进行分隔，如图 3.5 所示，然后单击“确定”按钮。

图 3.5　自动创建索引

4. 删除索引

当发现某个索引已经多余或对数据库的性能产生较大的影响时，则考虑删除该索引。删除索引的方法有如下两种。

（1）使用设计视图打开需要编辑的数据表，单击“表设计”选项卡“显示/隐藏”选项组中的“索引”按钮，打开相应的“索引”对话框，右击需要删除索引的任意单元格，在弹出的快捷菜单中选择“删除行”选项即可，如图 3.6 所示。

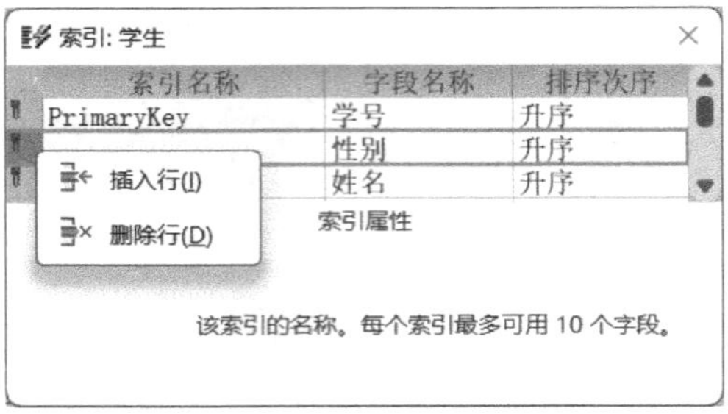

图 3.6　删除索引

（2）使用设计视图打开需要编辑的数据表，单击“表设计”选项卡“显示/隐藏”选项组中的“索引”按钮，打开相应的“索引”对话框，单击需要删除的索引名称左侧的记录选择器，选中索引所在行，然后按键盘上的 Delete 键即可。

说　明

删除索引的操作只会删除索引本身，不会删除创建索引所使用的字段。也可以在需要修改的索引所在的记录选择器上右击，在弹出的快捷菜单中选择“插入行”选项，即可在现有索引上方添加新的索引。

3.2.3　建立表之间的关系

1. 创建表间关系

Access 可以直接建立表之间一对一的关系（联系）和一对多的关系（联系），表之间的关系是通过公共字段（字段名不一定相同）建立的。建立两个表一对一的关系时，两个表的关联字段必须都是相应表的主键；建立两个表一对多的关系时，一般把“一”方的表称为主表，把“多”方的表称为子表，两个表的关联字段在主表中必须是主键，在子表中可以是一般字段。

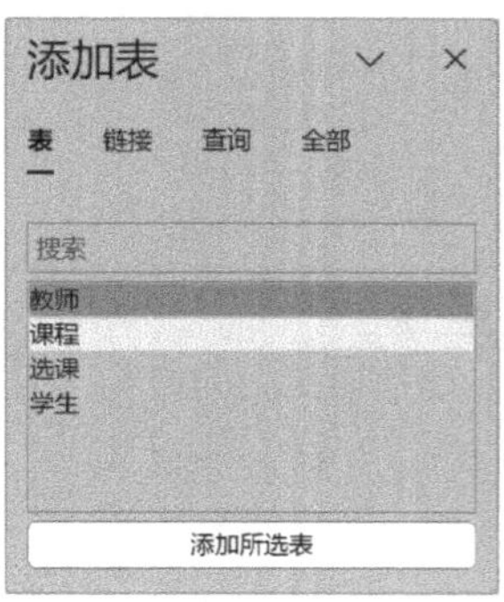

图 3.7　“添加表”对话框

【例 3.5】在“教学管理”数据库中建立“学生”“选课”“课程”“教师”表之间的关系（4 个表均已建立了主键）。

操作步骤如下。

（1）打开“教学管理”数据库，单击“数据库工具”选项卡“关系”选项组中的“关系”按钮，打开“关系”窗口。在“设计”选项卡“关系设计”选项组中单击“添加表”按钮，打开“添加表”对话框，如图 3.7 所示。

（2）分别双击“学生”“选课”“课程”“教师”表，将这 4 个表添加到“关系”窗口中，结果如图 3.8 所示，然后单击“关闭”

按钮关闭“添加表”对话框。

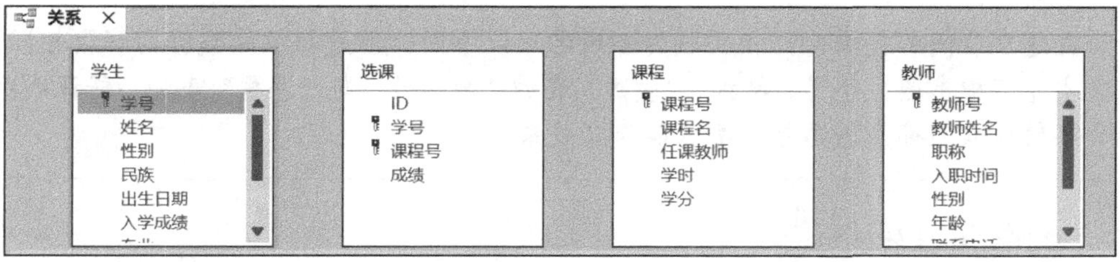

图 3.8　“关系”窗口

（3）选中“学生”表的“学号”字段，并按住鼠标左键将其拖动到“选课”表的“学号”字段上，然后释放鼠标左键，打开“编辑关系”对话框，如图 3.9 所示。

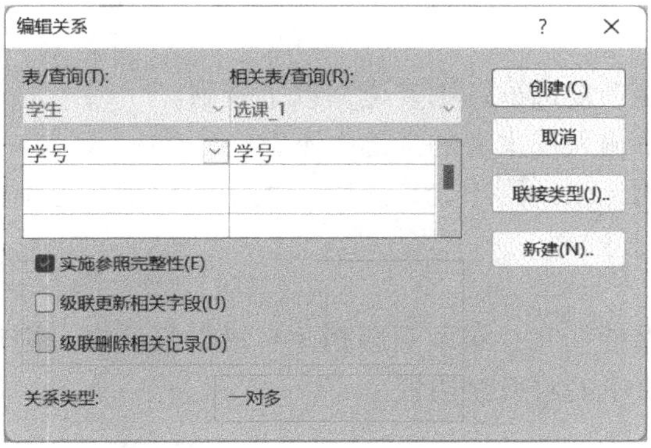

图 3.9　“编辑关系”对话框

微课：如何在 Access 中建立表间关系

（4）选中“实施参照完整性”复选框，单击“创建”按钮，返回“关系”窗口。

（5）参照第（3）步和第（4）步，创建“选课”表与“课程”表、“课程”表与“教师”表之间的关系，设置结果如图 3.10 所示。

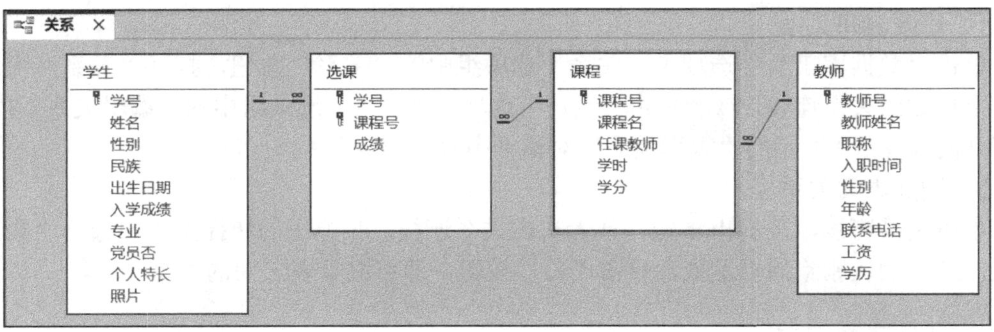

图 3.10　设置表间关系的结果

建立好两表之间的关系后，可以看到在两个表的相同字段之间出现了一条关系线，“1”端的表是主表，“∞”端的表是相关联表（也称子表），即主表与相关联表之间是一对多的关系。

说 明

在建立表间的关系时，相关联的字段名可以不同，但是存放的数据内容要相同，这样才能实施参照完整性。例如，“教师”表的“教师号”与“课程”表的“任课教师”两个字段存放的都是教师号，所以能建立关系。

2\. 参照完整性的说明

参照完整性是指在建立了关系的两个表之间插入、删除或修改一个表中的数据时，通过引用相互关联的另一个表中的数据来检查对表的数据操作是否正确，以确保相互关联的表中记录之间关系的有效性。参照完整性可以在如图 3.9 所示的“编辑关系”对话框中进行设置。

1）实施参照完整性

如果只选中“实施参照完整性”复选框，则要遵循以下规则。

（1）不能在子表的关联字段中输入在主表的主键中不存在的值。

（2）如果在子表中存在匹配的记录，则不允许删除主表中的记录，也不允许更改主表中的主键值。

2）级联更新相关字段

如果同时选中“实施参照完整性”和“级联更新相关字段”复选框，则在更改主表中记录的主键值时，会自动更改子表中的对应字段值。

3）级联删除相关记录

如果同时选中“实施参照完整性”和“级联删除相关记录”复选框，则在删除主表中的记录时，会自动删除子表中的相关记录。

3\. 编辑表间关系

定义了表间的关系后，可以对它进行修改和删除的编辑操作。

1）修改表间关系

单击“数据库工具”选项卡“关系”选项组中的“关系”按钮，打开“关系”窗口。双击要更改的关系连线，或者单击“设计”选项卡“工具”选项组中的“编辑关系”按钮，在打开的如图 3.9 所示的“编辑关系”对话框中重新编辑关系。

2）删除表间关系

单击关系连线，按 Delete 键，或者右击关系连线，在弹出的快捷菜单中选择“删除”选项，弹出确认删除的提示框，单击“是”按钮，即可删除表之间的关系。

3.2.4 使用子数据表

建立关系的两个表分别被称为主数据表（主表）和子数据表（子表）。如图 3.10 所示，“选课”表是“学生”表的子数据表，也是“课程”表的子数据表，“课程”表是“教师”表的子数据表。

1. 显示和隐藏子数据表

建立表之间的关系以后，会自动在主表的数据表视图中显示子数据表，即主表的每条记录的左侧都有一个关联标记（“展开”或“折叠”按钮），如图 3.11 所示。单击“展开”按钮，则会显示该记录的子数据表，单击“折叠”按钮，则隐藏该记录的子数据表。

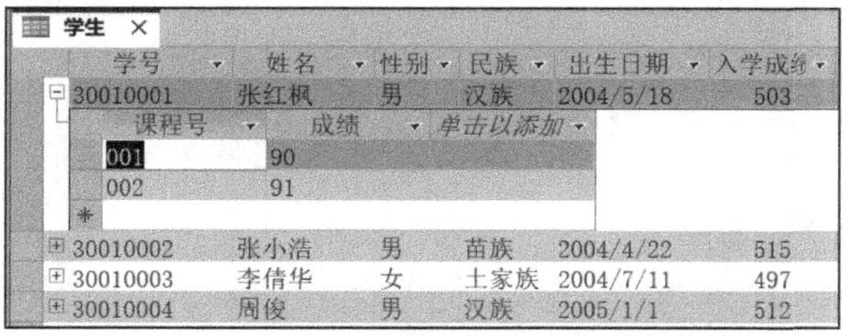

图 3.11　子数据表示例

2. 删除、插入子数据表

【例 3.6】在“学生”表中删除或插入子数据表。

1）删除子数据表

使用数据表视图打开“学生”表，单击“开始”选项卡“记录”选项组中的“其他”下拉按钮，在弹出的下拉列表中选择“子数据表”选项，然后在弹出的级联菜单中选择“删除”选项，如图 3.12 所示，则展开标记全部隐藏。

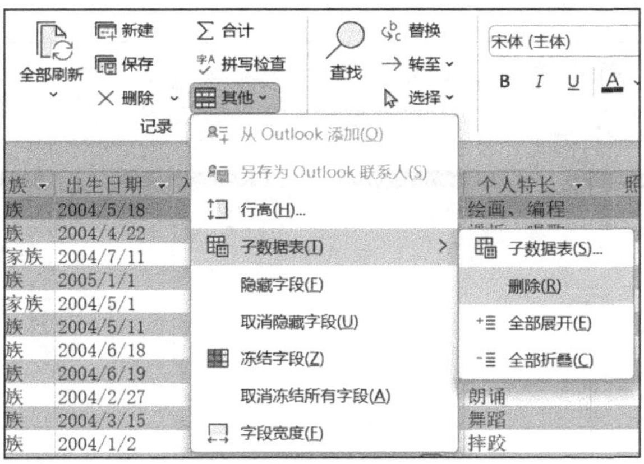

图 3.12　子数据表级联菜单

> **说　明**
>
> 删除子数据表只是隐藏展开标记，既不会删除表内容，也不会更改表之间的关系。

2）插入子数据表

若要在“学生”表中恢复显示展开标记，可在如图 3.12 所示的级联菜单中选择“子数据表”选项，打开“插入子数据表”对话框，如图 3.13 所示。选择相关表，并选择相关的链接子字段和链接主字段，然后单击“确定”按钮，“学生”表中将再次显示展开标记。

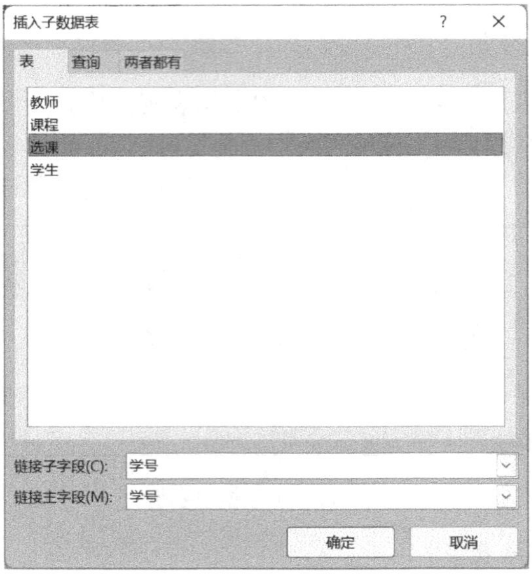

图 3.13　“插入子数据表”对话框

3. 生成关系报告

单击“关系设计”选项卡“工具”选项组中的“关系报告”按钮，即可生成关系报告，单击“保存”按钮，会将这个关系以报表的形式显示并保存，也可以直接打印，如图 3.14 所示。

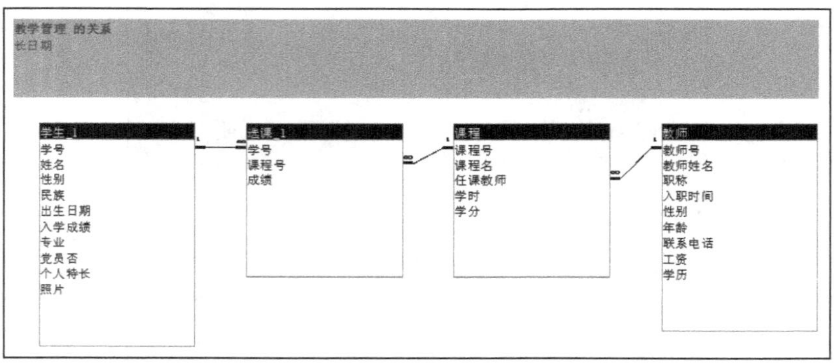

图 3.14　生成关系报表

思考与练习

1. 什么主键是好主键？电话号码、邮件地址、时间是好主键还是坏主键？
2. 删除子数据表会不会改变表间关系？
3. 在一对多的关系中，谁是主表谁是子表？
4. 表关系有哪 3 种？

拓展训练

训练 1：设置“工号”字段为“公关管理”数据库的“行政前台”表的主键，设置“性别”和“姓名”的多字段索引，升序。

训练 2：在“教学管理”数据库中，创建“学生”表、“选课”表、“课程”表、“教师”表等的表间关系。

项目 4 数据库的查询

学习目标 ☞

知识目标

- 了解数据库查询的功能、类型等基本概念。
- 理解 SQL 查询的含义。
- 掌握创建查询的方法。
- 掌握使用运算法和表达式创建查询的方法。

技能目标

- 会在 Access 中创建查询。
- 会使用表达式进行查询。

素养目标

- 培养热爱祖国的优良品质。
- 培养团结同学的优良品质。
- 培养认真细致的工匠精神。

情景导入 ☞

老师希望将学生的成绩等信息输入数据库，方便查询并分析每位学生的学习状态，制订学习计划。经过仔细分析，现在已经有学生个人信息、学生成绩信息等 Excel 表格，因此决定采用 Access 进行数据的输入、数据分析，以及相关统计报表的输出等。

4.1 知识准备——查询的功能与类型

查询是 Access 数据库中的一个重要对象，使用者按照一定条件从 Access 数据库表中检索目标数据。查询可以非常方便准确地定位特定记录，并应用自定义筛选器。

微课：设置 Access 查询条件

1. 查询的功能

查询是指根据一定的查询要求，对数据库中的数据进行查找的一种方式。查询是数据库中非常重要的一种数据管理功能，查询一般具有以下功能。

（1）选择字段：可以选择表中的某个字段，并显示找到的记录。

（2）选择记录：根据指定的条件查找所需的记录，并显示。

（3）编辑记录：通过查询增加、删除和修改某条或某类记录。

（4）实现计算：在建立查询时，通过各种统计运算方法，对查询的结果进行统计分析。

（5）建立新表：查询的结果作为数据源，生成一个新的数据表。

（6）为窗体提供数据：可以建立一个查询，将该查询结果作为数据源，并将数据展示在窗体中。

一般，查询不是数据的集合而是操作的集合，查询的运行结果是一个动态集。创建一个查询后，保存的是查询操作本身，只有在运行这个查询时，才会从数据源表的数据中运算并得到查询结果，一旦关闭查询，查询结果也就消失了。

2. 查询的类型

微课：Access 查询类型

数据库的主要目的是在数据库表中保存数据，并能够在需要的时候按照一定的条件将数据从数据表中提取出来，Access 中的数据查询主要分为 5 种，分别是选择查询、参数查询、交叉表查询、操作查询、SQL 查询。

（1）选择查询：指从一个或多个相互关联的数据表中把满足要求的数据提取出来，然后显示在新的查询数据表中。也可以对数据进行分组、总计、计数、平均等处理。

（2）参数查询：一种比较特殊的查询，在执行时会打开一个对话框提示用户输入条件信息，用户输入一个或多个条件值，实现对数据的筛选。

（3）交叉表查询：可以让数据分析更清晰明了，它将来源于表或查询中的数据进行分组，一般会计算两种类型的数据，并统计它们之间的交集。交叉表查询主要进行总和、平均值、计数等计算。

（4）操作查询：和选择查询比较相似，都需要确定查找记录的条件，但选择查询是找出符合条件的一组记录，而操作查询是指在一次查询中对结果进行编辑等操作。操作查询主要用于对表进行数据管理，可以通过操作查询进行增加、删除或修改表中的记录等操作。

（5）SQL 查询：指使用 SQL 语句来创建的查询，SQL 查询有以下 4 种。

① 联合查询：将一个或几个表中的一个或几个字段的记录合并成一个表，但是要求用来进行合并的表存在互相之间对应的字段名，对应的字段必须是相同的属性。

② 传递查询：用于直接向 ODBC 数据库服务器发送命令，使用服务器上的已有的表。

③ 数据定义查询：创建、更改或删除某一个表。

④ 子查询：包含另一个查询的 SELECT 语句，可以通过在查询中输入查询规则来定义一个新字段。

3. 表达式与函数

Access 中的表达式与 Excel 中的公式类似，一个表达式由单个或多个函数、运算符和常量等组成，通过它们实现数据的筛选、进行数据的统计分析等。

1）运算符

Access 中有很多运算符，如算术运算符、比较运算符、逻辑运算符等。

（1）算术运算符。常见的算术运算符大家早已接触过，就是我们熟知的加、减、乘、除等运算符。如表 4.1 所示为常见的一些算术运算符。

表 4.1　算术运算符

运算符	用途
+	对两个数字求和
-	对两个数字求差，或取负
*	对两个数字求乘积
/	第一个数字除以第二个数字
^	数字的指数次幂

（2）比较运算符。比较运算符可以比较两个表达式的值，返回结果为 True 或 False，或者 Null（未知值）。如表 4.2 所示为比较运算符。

表 4.2　比较运算符

运算符	用途
<	第一个值是否小于第二个值
<=	第一个值是否小于等于第二个值
>	第一个值是否大于第二个值
>=	第一个值是否大于等于第二个值
=	第一个值是否等于第二个值

（3）逻辑运算符。使用逻辑运算符可以进行值的逻辑运算，并返回 True、False 或 Null（结果）。如表 4.3 所示为逻辑运算符。

表 4.3　逻辑运算符

运算符	用途
And	当第一个值与第二个值均为真时，结果为真
Or	当第一个值与第二个值其中一个为真时，结果为真
Not	若值为真，则结果为假；若值为假，则结果为真
Eqv	当第一个值与第二个值相同时，结果为真
Xor	当第一个值与第二个值不同时，结果为真

（4）特殊运算符。一些特殊运算符如表 4.4 所示。

表 4.4　特殊运算符

运算符	用途
Is Null 或 Is Not Null	判断一个值是 Null 还是 Not Null
Like	使用通配符？和*匹配字符串值
Between And	确定某个数值或日期是否在某个范围内

2）函数

在 Access 中有多种类型的函数，用于计算、处理文本和日期、汇总等操作。某些函数需要输入参数，作为函数的输入值，如果函数需要多个输入参数，则需要使用逗号将其分隔开来。几个常用的函数如表 4.5 所示。

表 4.5　几个常用的函数

函数名称	用途
Date	在表达式中插入当前系统日期
DatePart	确定或提取日期部分，通常是从字段标识符中获取
DateDiff	确定两个日期之间的差值
Left	从字符串左侧的字符中提取字符
Mid	从字符串中间特定位置提取字符
Right	从字符串最右侧的字符中提取字符

4. SQL 语句

SQL 是数据库系统的通用语言，它使用几个简单的关键字，实现对数据表的定义，进行数据的增加、删除、修改、查找等。

SQL 是一种一体化语言，包括数据定义、数据查询、数据操纵和数据控制等功能，基本可以完成数据库活动中的全部工作。使用 SQL 语句必须遵循一定的语法规则，在 Access 中可以直接使用 SQL 语句进行数据的操作。

通过 SQL 语句可以更方便、快捷地操作数据表。数据定义命令有 CREATE、DROP、ALTER，数据查询命令为 SELECT，数据操作命令有 INSERT、UPDATE、DELETE，数据控制命令有 REVOKE、GRANT。

本节需要学生认识查询的类型，掌握查询的功能，认识 SQL 语句，并学习简单的语法规则，书写简单的 SQL 语句。

4.2 实践操作——创建与应用查询

4.2.1　创建查询

使用查询向导创建查询，用户可以在向导的指示下选择一个或多个表中的一个或多个字段。

微课：使用查询向导创建查询

【例 4.1】使用查询向导建立一个简单的查询，查询高等数学的成绩。需要添加的字段有学号、姓名、性别、高等数学。

操作步骤如下。

（1）打开我们准备的“教学管理”数据库文件，选择左侧的“考试成绩”数据表，单击“创建”选项卡“查询”选项组中的“查询向导”按钮，打开“新建查询”对话框，如图 4.1 所示。

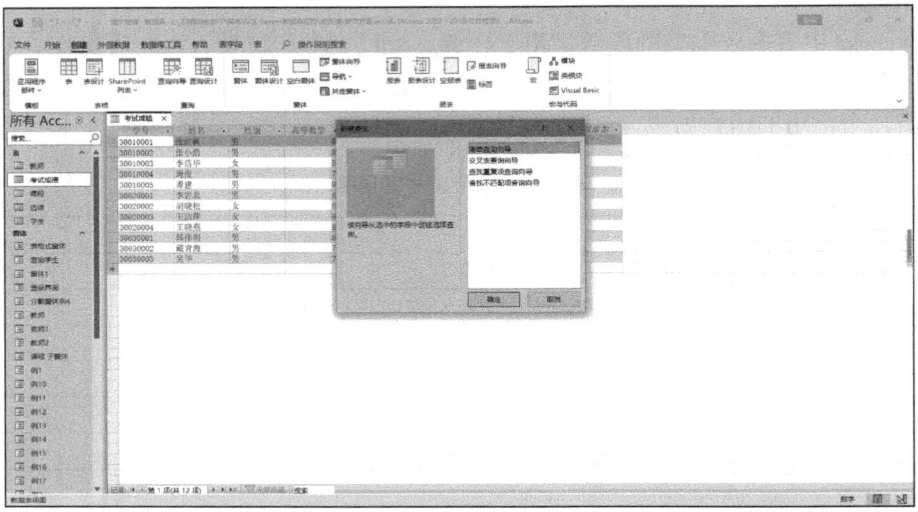

图 4.1　新建查询

（2）选择“简单查询向导”选项，单击“确定”按钮，打开“简单查询向导”对话框。在“可用字段”列表框中，分别双击“学号”“姓名”“性别”“高等数学”字段，使它们显示在右侧的“选定字段”列表框中，然后单击“完成”按钮。

操作完成后，就会显示查询结果，如图 4.2 所示。

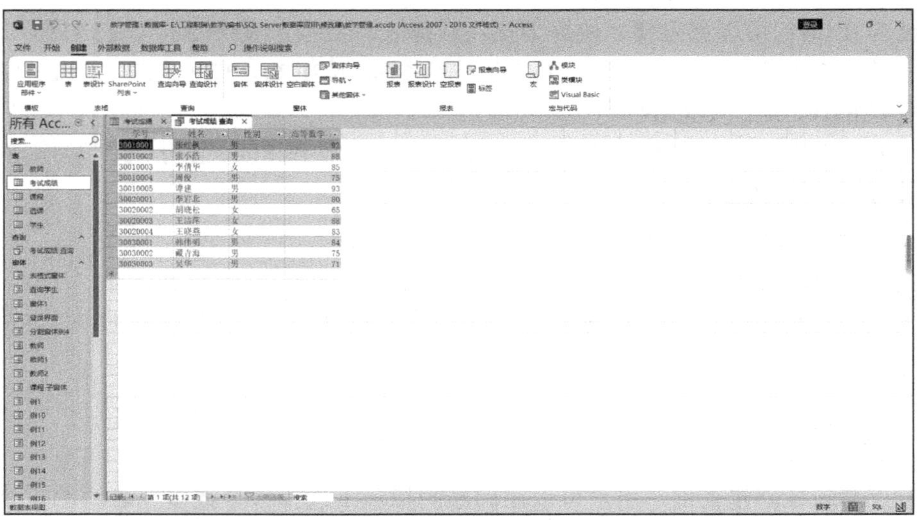

图 4.2　查询结果

说　明

在“创建”选项卡中，除了可以使用“查询向导”按钮，使用“查询设计”按钮也可以实现例 4.1 中的功能。

4.2.2　交叉表查询

交叉表查询，就是将来源于某个表中的字段进行分组，一组列在数据表的左侧，一组列在数据表的上部，然后在数据表的行和列的交叉处，显示表中某个字段的各种计算值。交叉表查询可以通过查询向导或设计视图来创建。

微课：排序查询和分组查询

【例 4.2】在“教学管理”数据库中，通过交叉表查询，统计不同性别、不同专业的学生人数。

（1）打开“教学管理”数据库，单击“创建”选项卡“查询”选项组中的“查询向导”按钮，打开“新建查询”对话框，选择“交叉表查询向导”选项，如图 4.3 所示，然后单击“确定”按钮。

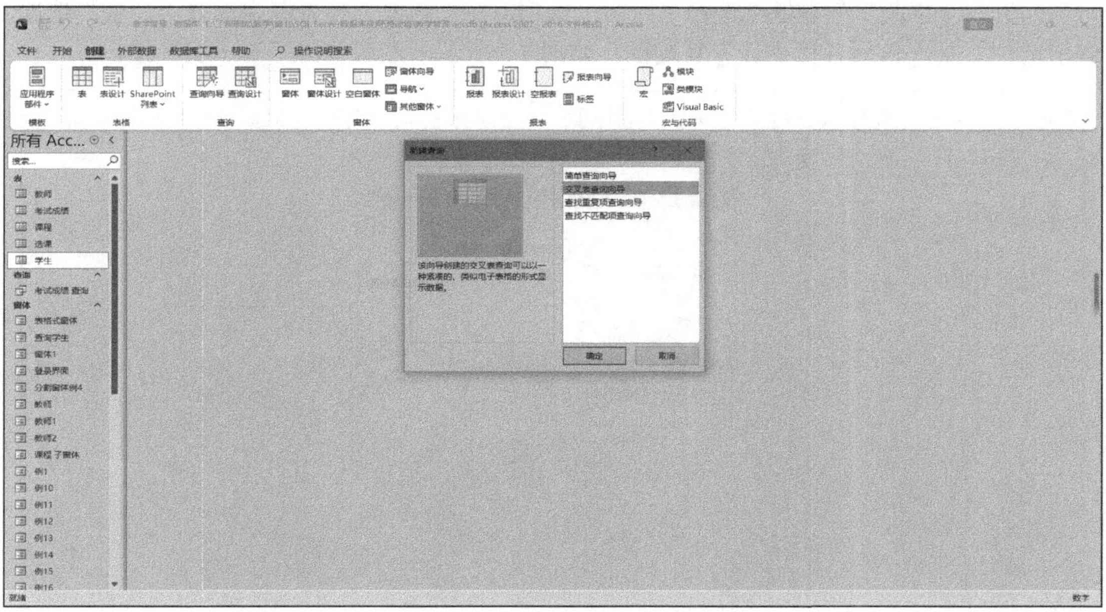

图 4.3　新建交叉表查询

（2）在打开的“交叉表查询向导”对话框中双击“性别”字段，然后单击“下一步”按钮，如图 4.4 所示。

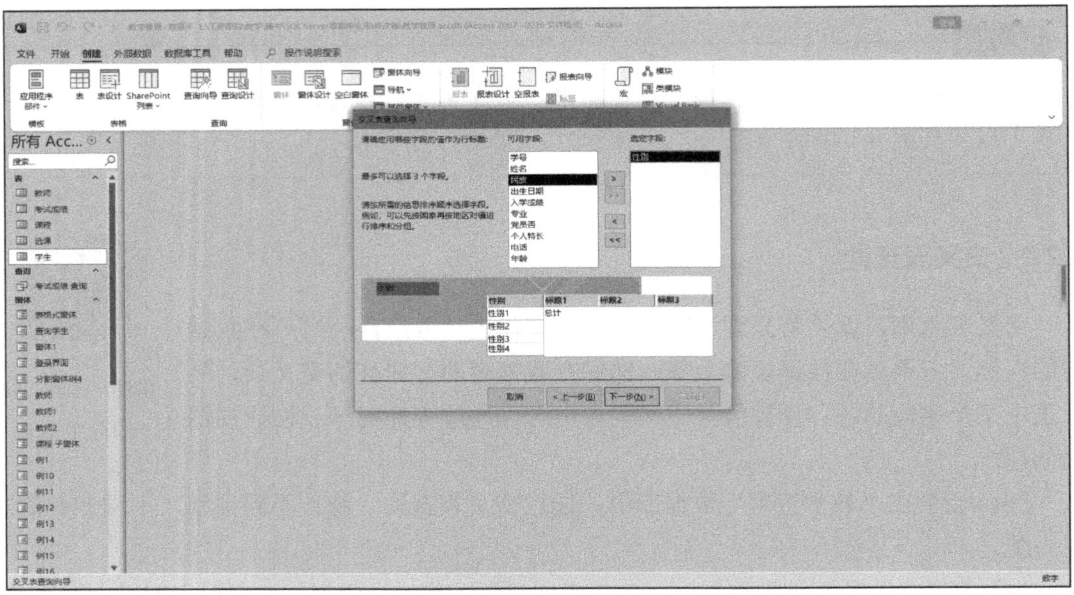

图 4.4 “交叉表查询向导”对话框 1

（3）在“交叉表查询向导”对话框中双击“专业”字段，然后单击“下一步”按钮。

（4）在“字段”列表框中选择“姓名”选项，在“函数”列表框中选择“计数”选项，取消选中“是，包括各行小计”复选框，如图 4.5 所示，然后单击“下一步”按钮。

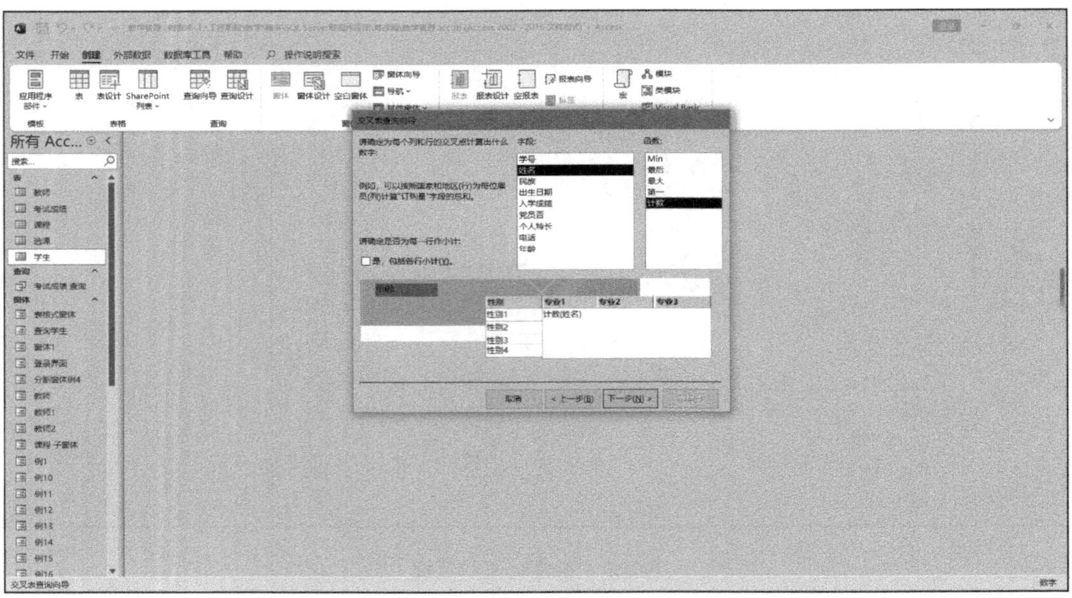

图 4.5 “交叉表查询向导”对话框 2

（5）单击“完成”按钮，显示交叉表查询结果，如图 4.6 所示。

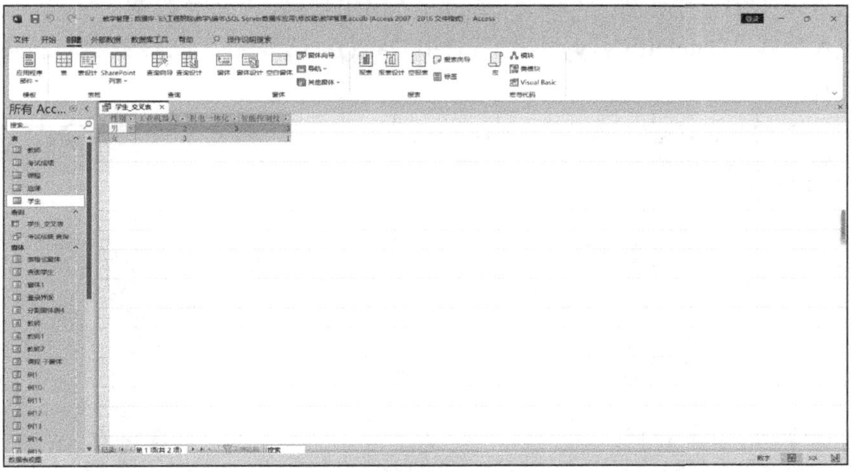

图 4.6　交叉表查询结果

4.2.3　在查询中使用运算符和表达式

微课：查询中使用表达式和字段

Access 中的表达式与 Excel 中的公式类似，一个表达式由单个或多个函数、运算符和常量等组成，通过它们实现数据的筛选、进行数据的统计分析等。

在 Access 中有多种类型的函数，用于计算、处理文本和日期、汇总等操作。某些函数需要输入参数，作为函数的输入值，如果函数需要多个输入参数，则需要使用逗号将其分隔开来。

【例 4.3】在“教学管理”数据库中，查询到当前时间为止，年龄大于 18 岁且高等数学分数在 90 分以上的学生。

（1）打开“教学管理”数据库，在“创建”选项卡的“查询”选项组中单击“查询设计”按钮，打开“查询 1”界面，如图 4.7 所示。

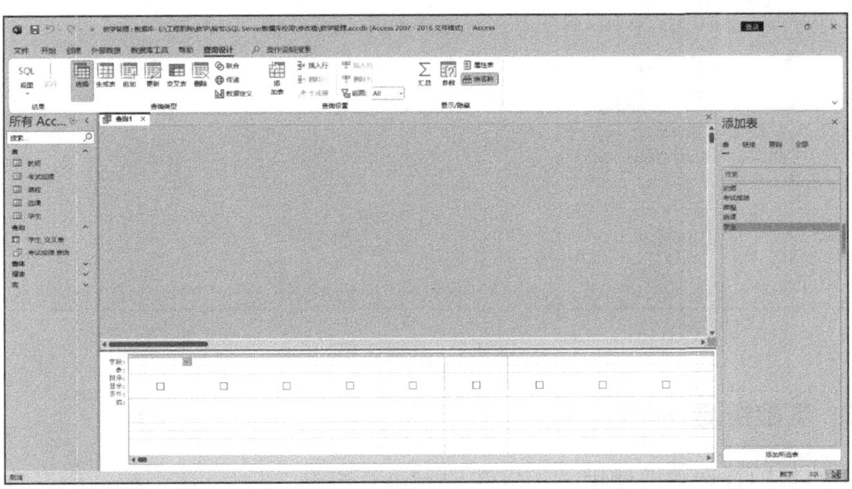

图 4.7　新建查询 1

（2）在查询1中分别添加“学号”“姓名”“出生日期”“高等数学”字段，并在“出生日期”下输入公式“DateDiff('yyyy',[出生日期],Date())>18”，在“高等数学”下输入“>90”，如图4.8所示。

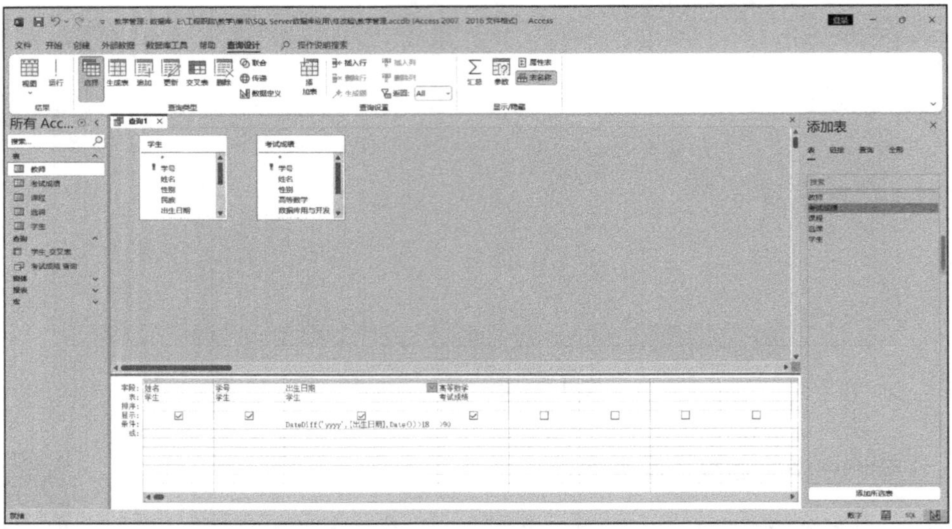

图4.8　查询表达式和运算符

（3）单击“查询设计”选项卡“结果”选项组中的“运行”按钮，即可看到筛选结果，如图4.9所示。

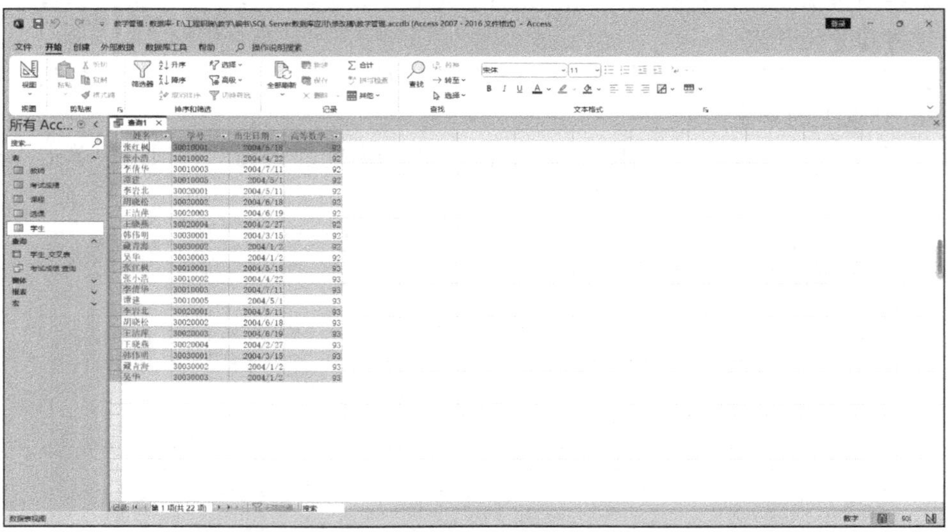

图4.9　查询结果

4.2.4　SQL基础查询

SQL中的基础查询主要使用SELECT语句进行查询，用户从单个或多个表中选取数据，对某个字段或多个字段进行排序或汇总等。本节需要认识SQL语句，根据规则书写简单的

SQL 语句，并使用 SQL 语句进行基础的查询。

【例 4.4】 使用 SQL 语句实现在“教学管理”数据库中进行“高等数学”成绩为 90 分以上学生的筛选。

（1）打开“教学管理”数据库，在“创建”选项卡的“查询”选项组中单击“查询设计”按钮。

（2）在打开的“查询 2”界面中，单击“查询设计”选项卡“结果”选项组中的“视图”按钮，并输入以下代码，如图 4.10 所示。

```
SELECT 学号，姓名，性别，高等数学
FROM 考试成绩
WHERE 高等数学>=90;
```

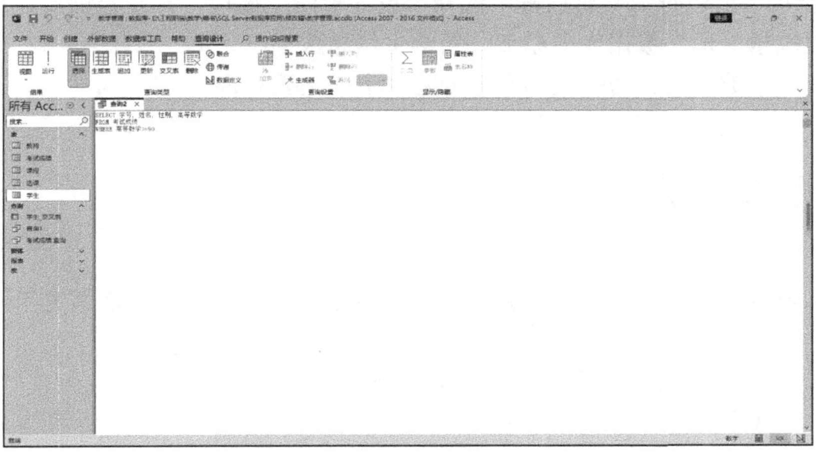

图 4.10　SQL 查询代码

（3）单击“查询设计”选项卡“结果”选项组中的“运行”按钮，即可显示“高等数学”成绩为 90 分以上的学生，如图 4.11 所示。

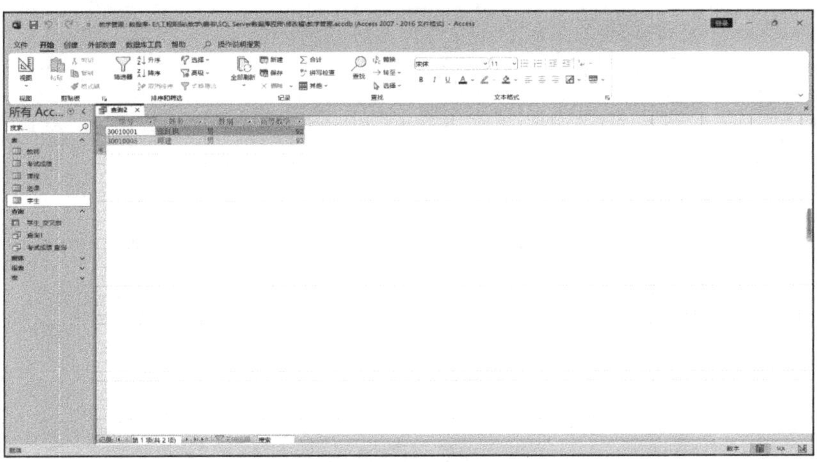

图 4.11　SQL 查询结果

思考与练习

1．Access 中的数据查询主要分为 5 种，分别是________、________、________、________、________。

2．下列有关查询的描述中，正确的是（　　）。

A．使用查询设计视图创建的查询与 SQL 语句无关

B．建立查询后，查询的内容和基本表的内容都不能更新

C．建立查询后，查询的内容和基本表的内容都可以更新

D．只能从“新建查询”对话框中选择“设计视图”选项，打开查询设计视图

3．在“教学管理”数据库中添加一条学生信息数据。

4．任选一个数据表，通过查询向导创建一个交叉表查询。

拓展训练

训练 1：在学生信息数据表中，通过查询向导创建一个查询，查询学生年龄为 18 岁的学生信息。

训练 2：使用 SQL 语句创建一个新表，并输入一条数据。

5 项目 窗体的创建与设计

学习目标

知识目标

- 了解使用窗体的优势。
- 理解窗体的结构和组成。
- 掌握创建和设计窗体的方法。
- 熟悉窗体中常用控件的使用方法。

技能目标

- 会根据需要用不同的方法创建窗体。
- 会使用窗体。
- 会对窗体进行设计。
- 会美化窗体。

素养目标

- 培养学生积极乐观的生活态度。
- 培养学生高尚的审美情操。

情景导入

某学校需要完成教学管理数据库的完善，为便于操作，需要完成教学管理数据库窗体的创建、设计及美化工作。

5.1 知识准备——窗体

窗体是 Access 数据库的重要对象之一，它提供给用户一个友好的操作界面，用户通过窗体可以输入数据，编辑数据，查询、排序、筛选和显示数据。因此，窗体是人机交互时最常用的窗口，利用窗体可以将整个应用程序组织起来，并控制系统流程，形成一个完整的数据库应用系统。

窗体提供用户界面，它本身并不存储数据，但应用窗体可以更加直观、方便地对数据库中的数据进行输入、修改和查看。窗体中包含多种控件，通过这些控件可以打开报表或其他窗体，执行宏或 VBA 编写的程序代码。在一个数据库应用程序开发完成后，对数据库进行的所有操作都可以通过窗体界面来实现。因此，窗体也是一个应用系统的组织者。

本项目主要介绍窗体的使用、窗体的组成和结构，以及窗体的创建、设计和美化等。

5.1.1 窗体的类型

Access 窗体有多种分类方法，根据数据显示方式的不同，可以将窗体分为纵栏式窗体、表格式窗体、数据表窗体、主/子窗体、分割式窗体。

微课：Access 的窗体

1. 纵栏式窗体

纵栏式窗体是最为常见的窗体类型。纵栏式窗体的界面中每次只显示数据表或查询中的一条记录，每行一个字段，记录中的各字段纵向排列，每列的左侧显示字段名，右侧显示字段内容，如图 5.1 所示。窗体的最下方包含导航按钮，通过导航按钮可以遍历窗体中的所有记录。这种窗体主要用于添加和输入数据。

图 5.1 纵栏式窗体

2. 表格式窗体

表格式窗体的界面中显示数据表或查询中的全部或多条记录，显示数据时，通常一条记录占用一整行，各字段从左到右横向排列，如图 5.2 所示，这种窗体主要用于查看和维护记录。

3. 数据表窗体

数据表窗体的外观与数据表或查询结果的显示形式相同，就是将“数据表”套用到窗体上，显示 Access 最原始的数据风格，如图 5.3 所示。在该模式下，可以忽略窗体中的部分控件，浏览窗体中涉及的数据记录。这种窗体经常用作一个窗体的子窗体，如图 5.4 所示。

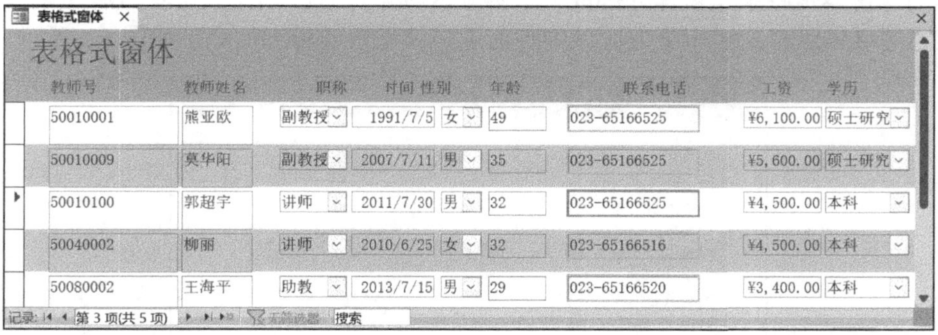

图 5.2　表格式窗体

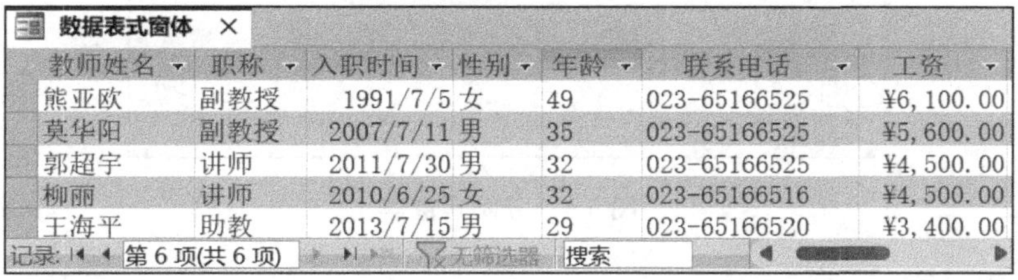

图 5.3　数据表窗体

4. 主/子窗体

一个窗体中包含另一个窗体，这种窗体称为主/子窗体，窗体中的窗体称为子窗体，包含子窗体的窗体称为主窗体。这种窗体形式通常用于显示具有一对多关系的多个数据表或查询中的数据，通常情况下，“一”方数据在主窗体，“多”方数据在子窗体。如图 5.4 所示，主窗体中是教师的基本信息，子窗体中是该教师所讲授的所有课程。

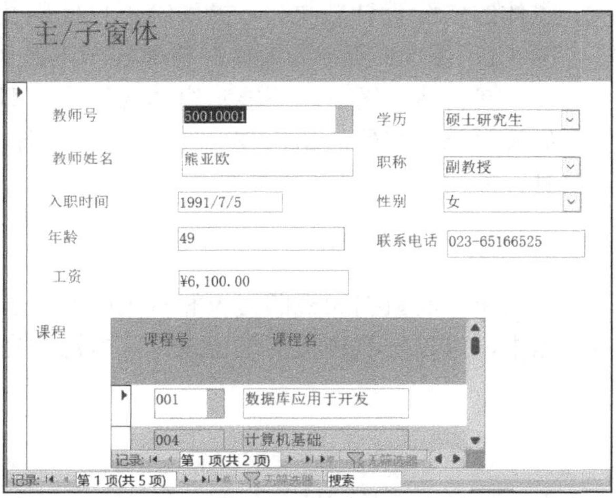

图 5.4　主/子窗体

5. 分割式窗体

分割式窗体是将整个窗体分割成上下两个区域，下方区域以数据表的形式显示全部记录，上方区域以纵栏式显示下方区域中当前选中的记录的详细信息，如图 5.5 所示。

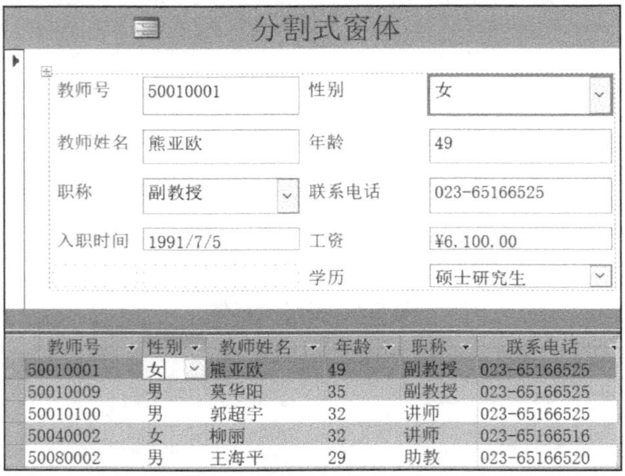

图 5.5　分割式窗体

5.1.2　窗体的视图

Access 2021 窗体具有 4 种视图方式，如图 5.6 所示，不同的视图方式，显示效果不同，工作方式也不同，较常用的是窗体视图、布局视图和设计视图。窗体在不同的视图中完成不同的任务。

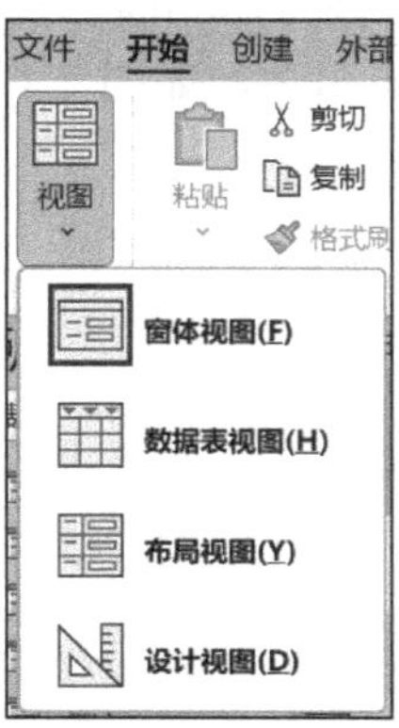

图 5.6　视图方式

1. 窗体视图

窗体视图是窗体的打开状态（或称为运行状态），用来呈现窗体的实际设计效果，是提供给用户使用数据库的操作界面。如图 5.1～图 5.5 所示为窗体在窗体视图下的显示效果。

在窗体视图下，不能对窗体的结构（即布局）做任何修改，如果要修改窗体的结构或控件的属性，则需要切换到设计视图下进行操作。

2. 数据表视图

窗体的数据表视图与表和查询的数据表视图相似，在这种视图中，可以一次浏览多条记录，其方法与在表和查询的数据表视图中浏览记录的方法相同。

3. 布局视图

布局视图是用于修改窗体的最直观的视图，如图 5.7 所示。在该视图下可以对窗体进行更改。在布局视图中，窗体实际正在运行，因此用户可以在浏览数据的同时更改设计。

这些布局实际上是一系列控件组，可以将它们作为一个整体来调整，这样就可以十分方便地重排字段、列、行或整个布局，还可以在布局视图中删除字段或设置属性。

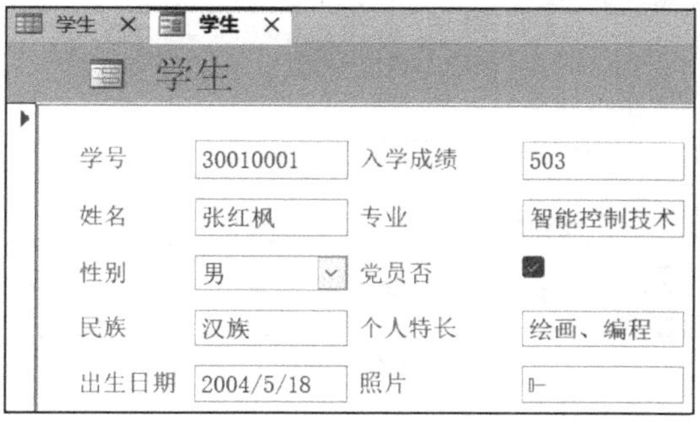

图 5.7　布局视图

与窗体视图不同的是，用户在更改设计的同时可以立即看到更改后的效果而无须切换视图。

4. 设计视图

设计视图是 Access 数据库对象（包括表、查询、窗体和宏）都具有的一种视图。在设计视图中不仅可以创建窗体，更重要的是可以编辑、修改窗体，如图 5.8 所示。

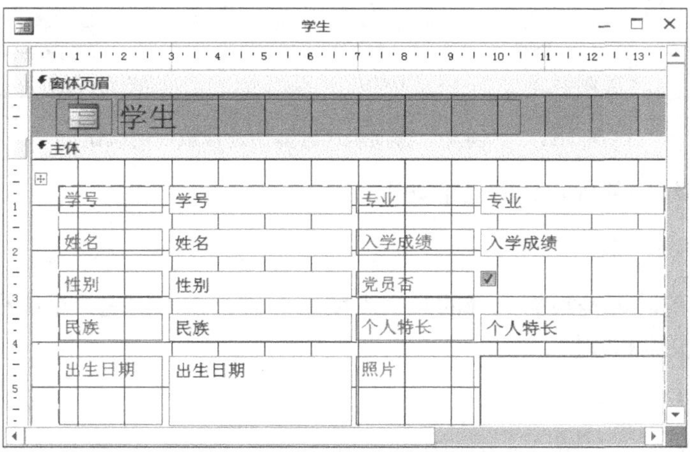

图 5.8　设计视图

5. 视图间的切换

在窗体视图中，单击“开始”选项卡“视图”选项组中的“视图”下拉按钮，在弹出的下拉列表中可以切换视图；在布局视图或设计视图中，单击“设计”选项卡“视图”选项组中的“视图”下拉按钮，在弹出的下拉列表中也可以切换视图，如图 5.9 所示。

右击窗体的标题栏，在弹出的快捷菜单中根据当前窗体的具体情况，也会列出几种视图供切换选择，如图 5.10 所示。

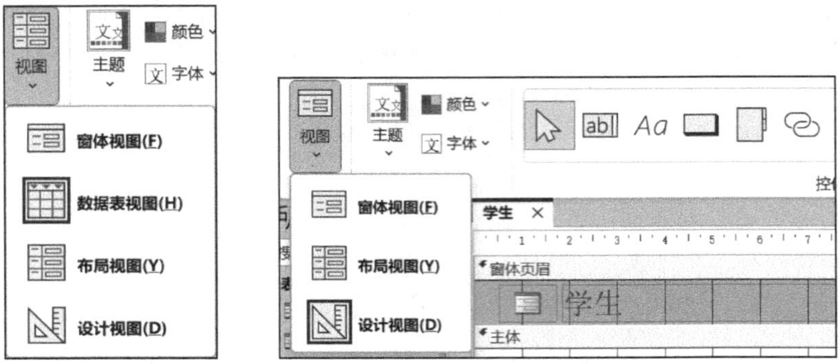

（a）窗体视图　　　　（b）布局视图

图 5.9　不同视图下的“视图”下拉列表

图 5.10　右键快捷菜单

5.1.3　“窗体”选项组中的按钮

Access 2021 提供了强大而简便的创建窗体的方法。可以使用“创建”选项卡“窗体”选项组中的各按钮完成各种窗体的创建，如图 5.11 所示。

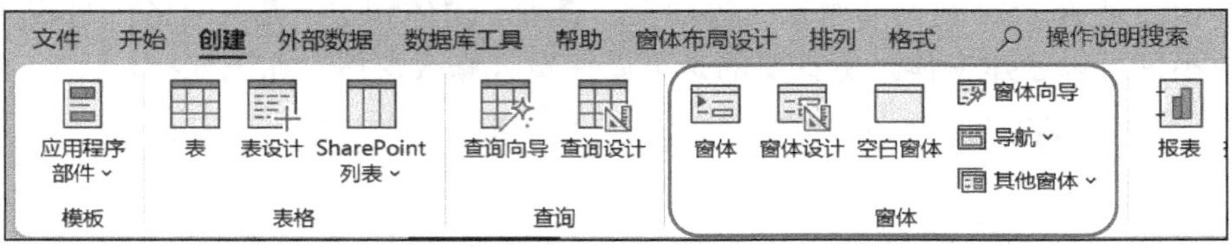

图 5.11　“创建”选项卡“窗体”选项组中的按钮

“窗体”选项组中的各按钮的功能如下。

1. “窗体”按钮

“窗体”按钮的功能是根据选择的某个表或查询对象自动创建一个纵栏式窗体。这种创建方法的特点是快捷和方便。

2. “窗体设计”按钮

使用“窗体设计”按钮创建的窗体的视图形式为设计视图。在窗体的设计视图中，用户可以根据自己的需要自定义设计窗体。

3. “空白窗体”按钮

“空白窗体”按钮的功能是创建一个空白窗体，以布局视图的方式设计和修改窗体。如果要在窗体上显示少量字段，则使用这种方法最为适宜。

4. “窗体向导”按钮

“窗体向导”按钮是一种辅助用户创建窗体的工具，这种创建方法的特点如下。

（1）根据向导提示的步骤进行操作，操作简便。

（2）能够创建各种类型的窗体，如纵栏式、表格式和数据表式等。

（3）能够创建多数据表窗体，将多个数据表中的数据反映在一个窗体中。

5. “导航”按钮

“导航”按钮用于创建具有导航功能的窗体，也称为导航窗体。如果在 Access 应用程序中需要在不同的窗体和报表之间进行切换，则可以选择创建导航窗体来将这些数据库对象组成一个整体，实现它们之间的快速跳转，就像 Access 的导航窗格一样。导航窗体有 6 种不同的布局格式，如图 5.12 所示。虽然其布局格式不同，但创建方式是相同的。

6. “其他窗体”按钮

在“其他窗体”下拉列表中，有 4 种创建窗体的方法，如图 5.13 所示。

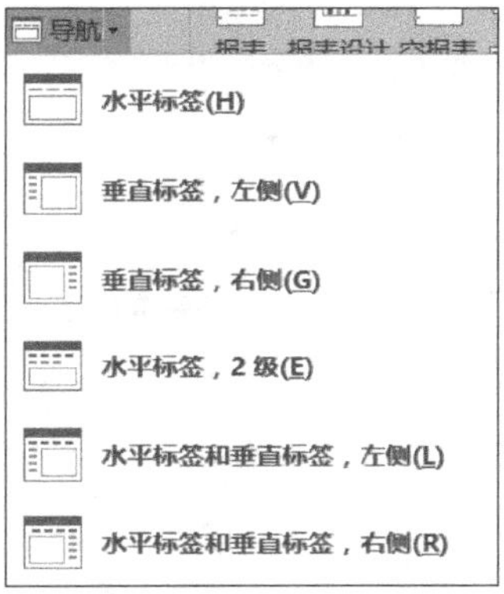

图 5.12　导航窗体的布局格式

图 5.13　“其他窗体”下拉列表

（1）多个项目：利用当前选定或打开的数据表或查询自动创建一个包含多条记录的窗体，其有别于“窗体”选项组中的其余按钮创建的只显示一条记录的窗体，如图 5.14 所示。

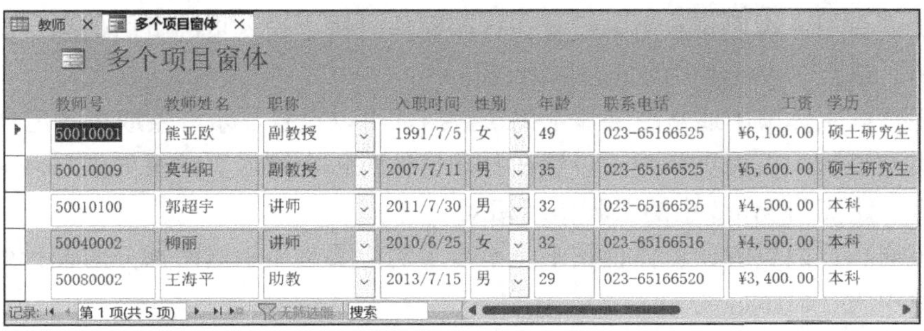

图 5.14　多个项目窗体

（2）数据表：利用当前选定或打开的数据表或查询自动创建一个数据表窗体，如图 5.3 所示。

（3）分割窗体：可以同时为数据提供两种视图，即上方的窗体视图和下方的数据表视图。分割窗体不同于主/子窗体的组合，它的两个视图的数据源为同一数据源，并且相互保持同步。如果在窗体的某个视图中选择一个字段，则在另一个视图中与其相同的字段也被选中，分割式窗体如图 5.5 所示。

（4）模式对话框：可以创建一个带命令按钮的浮动对话框。生成的窗体总是保持在系统的最前面，不关闭该窗体，不能进行其他操作。登录窗体就属于这种窗体。

5.1.4 窗体的设计视图

1. 窗体设计视图的组成

窗体的设计视图由 5 部分组成，分别是窗体页眉、页面页眉、主体、页面页脚和窗体页脚，统称为节，只有在设计视图中可以看到窗体中的各个节，每个节都有“节选择器”“节栏”“节背景”，如图 5.15 所示。

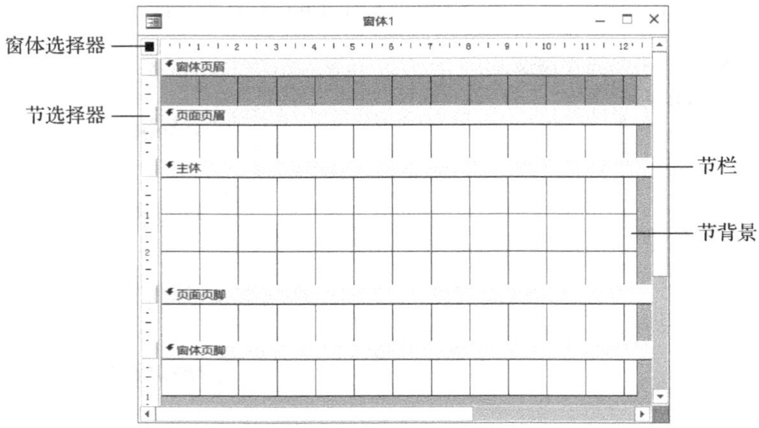

图 5.15 窗体设计视图的组成

（1）窗体页眉：窗体页眉位于窗体的顶部或打印页的开头，一般用于设置窗体的标题、使用说明或执行某些其他任务的命令按钮。

（2）页面页眉：页面页眉用来设置在打印窗体时每个输入页的页眉信息，如标题、日期或页码等。这点与 Word 中的页眉作用相同。

（3）主体：主体节中通常用来显示记录数据，可以设置显示一条或多条记录。

（4）页面页脚：页面页脚用来设置在打印窗体时每个输入页的页脚信息，如汇总、日期或页码等。这点与 Word 中的页脚作用相同。

页面页眉和页面页脚在窗体视图中是不显示的，要想显示这两部分的设计效果，可以在打印预览中进行显示。

（5）窗体页脚：窗体页脚位于窗体底部或打印页的尾部，一般用于设置窗体中所有记录都要显示的内容，也可以设置使用说明和命令按钮。

Access 提供的创建窗体的方法，各自有其鲜明的特点，其中以在设计视图中创建最为灵活，而且功能最强。利用设计视图可以创建基本窗体，并可以对其进行自定义设置，也可以修改使用“窗体向导”等其他方式创建的窗体，使之更加完善。

说　明

（1）默认情况下，设计视图只有主体节。如果需要添加其他节，则可以右击主体节空白处，在弹出的快捷菜单中选择“页面页眉/页脚”或“窗体页眉/页脚”选项，如图 5.16 所示。

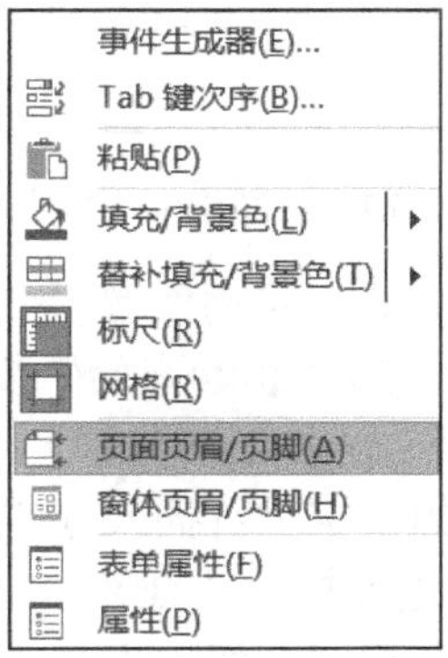

图 5.16　窗体的快捷菜单

（2）窗体各节的分界横条称为节栏，使用它可以选定节，上下拖动它可以调整节的高度。

（3）在窗体的左上角有一个黑色小方块，它是“窗体选择器”按钮。双击它可以打开窗体的“属性表”窗格。

2. 窗体设计工具选项卡

打开窗体的设计视图后，在功能区中将显示窗体设计工具选项卡，该选项卡由“表单设计”“排列”“格式”3 个子选项卡组成。

1）“表单设计”选项卡

“表单设计”选项卡中包括“视图”“主题”“控件”“页眉/页脚”“工具”5 个选项组，这些选项组提供了窗体的设计工具，如图 5.17 所示。

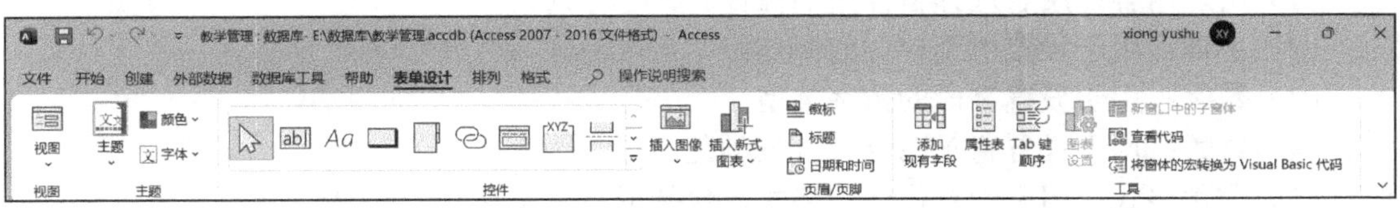

图 5.17　“表单设计”选项卡

（1）视图：用于选择窗体的视图类型。

（2）主题：用于设置窗体的外观格式、颜色与字体。

（3）控件：用于设计窗体的主要工具，它由多个控件组成。

（4）页眉/页脚：用于设置窗体页眉/页脚和页面页眉/页脚。

（5）工具：用于设置窗体及控件属性的相关工具。

2）“排列”选项卡

“排列”选项卡中包括“表”“行和列”“合并/拆分”“移动”“位置”“调整大小和排序”6个选项组，主要用来对齐和排列控件，如图5.18所示。

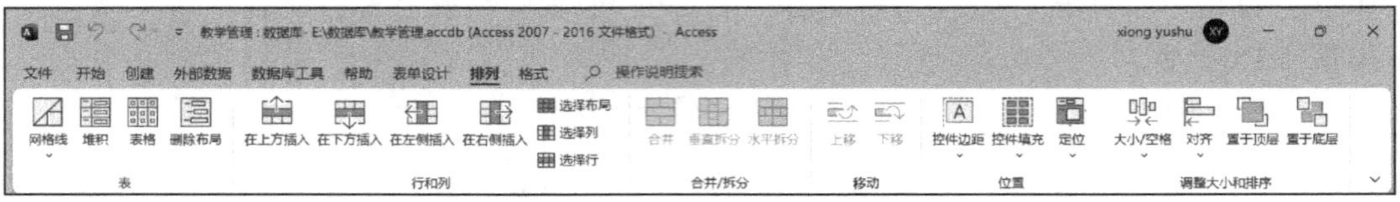

图5.18 “排列”选项卡

（1）表：用于设置控件的布局方式。布局就像一个表格，用于集中控制多个控件的对齐，使窗体的控件布局整齐划一。其中，“删除布局”按钮可删除应用于控件的布局，使控件可以在窗体上自由移动。

（2）行和列：可以在选定控件的指定位置插入行或列，或选择该控件所在的行和列。

（3）合并/拆分：将所选的控件进行拆分或合并。

（4）移动：可以快速移动控件在窗体之间的相对位置。

（5）位置：用于调整控件的位置，将控件与节或其他控件关联，使其随父项移动或调整大小。

（6）调整大小和排序：“大小/空格”和“对齐”按钮用于调整控件的排列布局，“置于顶层”和“置于底层”按钮用于调整控件所在的图层位置。

3）“格式”选项卡

“格式”选项卡中包括“所选内容”“字体”“数字”“背景”“控件格式”5个选项组，主要用来设置控件的各种格式，如图5.19所示。

图5.19 “格式”选项卡

（1）所选内容：用于选择窗体中的控件。

（2）字体：用于设置所选控件的字体。

（3）数字：用于设置字段的数字类型。

（4）背景：用于设置背景图像或背景颜色。

（5）控件格式：用于设置控件的格式，包括形状、填充和轮廓等。

5.1.5 窗体的常用控件

控件是窗体上用于显示和修改数据、执行操作和修饰窗体的对象，它是构成用户界面的主要元素。

1. 窗体控件的类型

按照控件和数据源的关系的不同，可以将控件分为以下3类。

1）绑定型控件

绑定型控件以表或查询为数据源，用于显示、输入和更新数据表中的字段。当表中的记录改变时，控件内容也随之改变，反之亦然。Access 自身的绑定型控件包括文本框、组合框和列表框等。

2）未绑定型控件

未绑定型控件与数据源无关，更改未绑定型控件的值不会影响数据源中字段的值。未绑定型控件常用于修饰窗体，如显示信息的标签、线条和图像控件等。

3）计算型控件

计算型控件使用表达式作为控件的数据源。表达式可以是对某一个字段值进行运算的表达式，也可以是其他表达式。表达式的计算结果只能为单个值，并且不会更新数据表中的数据，所以计算型控件也可以看作是未绑定型控件。

2. 窗体控件的主要功能

常用窗体控件的图标、名称及其主要功能，如表 5.1 所示。

表 5.1　常用窗体控件的图标、名称及其主要功能

图标	名称	功能
	选择	选定一个或多个对象，以便移动和改变控件的大小
	文本框	用于输入或编辑文本，显示计算结果或接收用户输入的数据
	标签	用于显示文字的控件，如窗体标题等。Access 会自动为创建的控件附加标签
	按钮	也称为命令按钮，单击时执行宏或 VBA 代码，完成各种操作
	选项卡控件	用于创建一个多页的选项卡窗体或选项卡对话框，在选项卡上可以添加其他控件
	超链接	用于创建指向网页、文件、电子邮件地址或程序的链接
	Web 浏览器控件	用于在窗体上直接显示链接的网页内容或图像文件等
	导航控件	添加基于选项卡的窗体，或者在子窗体中添加报表导航
	选项组	与复选框、选项按钮或切换按钮搭配使用，可以显示一组可选值
	插入分页符	用于定义多页窗体的分页位置
	组合框	是列表框和文本框的组合，既可以在文本框中直接输入文字，也可以在列表框中选择输入的文字，其值会保存在定义的字段变量或内存变量中
	图表	用于在窗体中创建图表，如创建图表窗体等
	直线	创建线条控件，用于在窗体上画各种直线
	切换按钮	具有弹起和按下两种状态，可用于“是/否”型字段的绑定型控件
	列表框	用于创建列表框，显示供用户选择的列表项
	矩形	创建形状控件，用于在窗体上画矩形
	复选框	具有选中和不选中两种状态，可以对多组“是/否”型数据进行共存选择
	未绑定对象框	用于加载未绑定的 OLE 对象，如图片、视频、音频等
	附件	用于管理附件数据类型的文件
	选项按钮	也称为单选按钮，具有选中和不选中两种状态，作为互相排斥的一组选项中的一项
	子窗体/子报表	添加一个子窗体或子报表，可用于显示多个表中的数据

续表

图标	名称	功能
	绑定对象框	用于加载与表中的数据相关联的 OLE 类型字段。当记录改变时，该对象会一起改变
	图像	用于在窗体中显示静态图片，该图片不能在 Access 中编辑
	设置为控件默认值	将当前选中控件的属性值作为默认值，以后生成的同类控件都自动采用这些属性值
	使用控件向导	打开或关闭控件向导。按下该按钮，会启动控件向导来创建控件，如组合框、列表框、选项组和命令按钮等控件都可以使用控件向导来创建

5.1.6 窗体和控件的属性

属性确定了对象的功能特性、结构和外观，使用“属性表”窗格可以设置对象的属性。

1. “属性表”窗格

在窗体的设计视图中，单击“表单设计”选项卡“工具”选项组中的“属性表”按钮，打开“属性表”窗格。窗格中列出了窗体和它所包含的其他对象的相关属性，帮助用户设置窗体及其控件的功能、外观等属性，如图 5.20 所示。

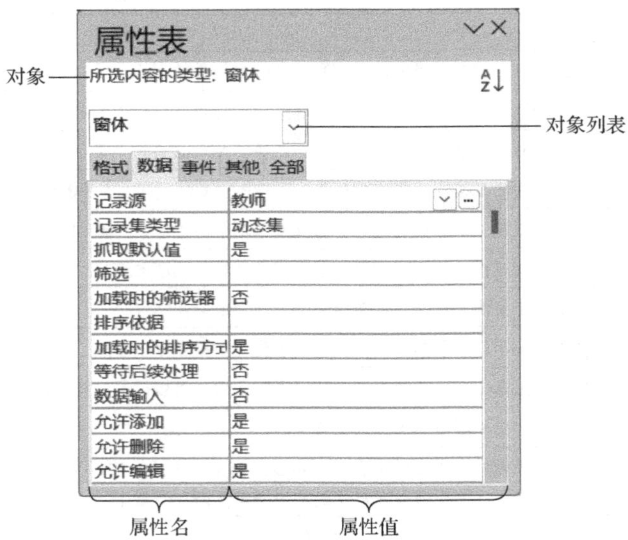

图 5.20 “属性表”窗格

在窗格下方的各选项卡中，左侧是属性名，右侧是属性值，窗格上方的下拉列表中包含了当前窗体中所有的对象，可以从中选择要设置属性的对象。

“属性表”窗格包含以下 5 个选项卡。

（1）格式：设置窗体或控件的外观，如视图类型、窗体的位置和大小、图片、分割线和边框样式等。

（2）数据：设置对象的数据源、数据规则及输入掩码等。

（3）事件：设置对象针对不同的事件可以执行相应的自定义操作。

（4）其他：设置对象的其他属性。

（5）全部：包括以上所有属性。

> **说　明**
>
> 单击“设计”选项卡“工具”选项组中的“属性表”按钮，或者双击窗体左上角的“窗体选择器”按钮，或者右击窗体，在弹出的快捷菜单中选择“属性”选项，都可以打开“属性表”窗格。

2. 窗体的常用属性

窗体的属性与整个窗体相关联，并影响用户对窗体的体验。选择或更改窗体属性，可以确定窗体的整体外观和行为。窗体的常用属性如表 5.2 所示。

表 5.2　窗体的常用属性

类型	属性名称	属性标识	功能
格式属性	标题	Caption	窗体视图标题栏上显示的文字信息，默认名为“窗体 1”“窗体 2”等
	默认视图	DefaultView	用于设置打开窗体时所用的视图。默认为单个窗体，即每页显示一条记录，连续窗体可显示多条记录
	滚动条	ScrollBars	窗体显示时是否具有滚动条，如图 5.21 所示
	允许窗体视图	AllowFormView	是否可以在窗体视图中查看指定的窗体
	记录选择器	RecordSelectors	用于设置在窗体视图中是否显示“记录选择器”，如图 5.21 所示
	导航按钮	NavigationButtons	用于设置窗体下方是否需要显示跳转记录的导航按钮。如果不需要浏览数据或在窗体上已设置了数据浏览按钮，则该属性值应设为“否”，这样可以增加窗体的可读性，如图 5.21 所示
	分隔线	DividingLines	在窗体视图中是否显示各节间的分隔线，如图 5.21 所示
	自动调整	AutoResize	窗体打开时可自动调整窗体的大小，以保证显示完整信息
	自动居中	AutoCenter	用于设置窗体打开时是否自动居于屏幕中央。如果设置为“否”，则窗体打开时居于窗体设计视图最后一次保存时的位置
	边框样式	BorderStyle	用于设置窗体的边框和边框元素的类型。当设置为无边框时，该窗体无边框及标题栏
	控制框	ControlBox	用于设置窗体标题栏左侧是否显示一个窗体图标，实际上这就是窗体的控制按钮，单击它可以打开窗体的“控制”菜单，如图 5.21 所示
	最大化最小化按钮	MinMaxButtons	用于设置窗体的标题栏右侧是否使用 Windows 标准的“最大化”按钮和“最小化”按钮
	图片	Picture	用于设置对象的背景图片
	图片类型	PictureType	用于设置对象的图片存储为链接对象、嵌入对象还是共享对象
	图片缩放模式	PictrueSizeMode	用于设置窗体或报表中的图片调整大小的方式
数据属性	记录源	RecordSource	用于设置窗体的数据源，即窗体绑定的数据表或查询
	筛选	Filter	用于设置窗体显示数据的筛选条件，如“性别="男"”
	排序依据	OrderBy	用于设置窗体显示记录的顺序，其属性值是一个字符串表达式，由字段名或字段名表达式组成，指定排序的规则，如“性别 Desc”
	允许添加	AllowAdditions	用于指定用户是否可以在窗体运行时对数据进行添加、删除或编辑修改等操作
	允许删除	AllowDeletions	
	允许编辑	AllowEdits	

续表

类型	属性名称	属性标识	功能
数据属性	数据输入	DataEntry	其属性值如果为“是”，则在窗体打开时，只显示一条空记录，否则显示数据源中已有的记录
	记录锁定	RecordLocks	有 3 个属性值：“不锁定”“所有记录”“已编辑的记录”。“不锁定”表示允许多用户同时编辑同一条记录;“所有记录”表示所有记录被锁定，用户只能读取，不能编辑；“已编辑记录”表示锁定正在编辑的记录，直到用户移动到其他记录
其他属性	弹出方式	PopUP	用于设置窗体或报表是否作为弹出式窗口打开
	模式	Modal	用于设置窗体是否可以作为模式窗口打开。当窗体作为模式窗口打开时，在焦点移到另一个对象之前，必须先关闭该窗口
	快捷菜单	ShortcutMenu	用于设置当右击窗体上的对象时，是否显示快捷菜单

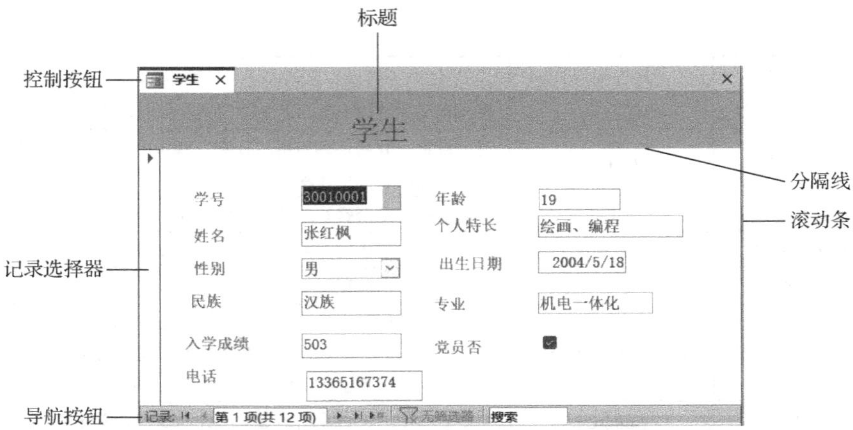

图 5.21　窗体组成

3. 控件的常用属性

控件的常用属性如表 5.3 所示。

表 5.3　控件的常用属性

类型	属性名称	属性标识	功能
格式属性	标题	Caption	用于设置对象显示的文字信息
	格式	Format	用于自定义数字、日期、时间和文本的显示方式
	可见	Visible	用于设置是否在窗体上显示控件
	宽度	Width	用于设置控件的水平尺寸
	高度	Height	用于设置控件的垂直尺寸
	上边距	Top	用于设置控件距节区顶边的距离
	左边距	Left	用于设置控件距节区左侧的距离
	边框样式	BorderStyle	用于设置控件边框的显示方式，如“透明”“实线”等
	背景样式	BackStyle	用于设置控件的背景是否透明
	特殊效果	SpecialEffect	用于设置控件的显示效果，如“平面”“凸起”“凹陷”等
	字体名称	FontName	用于设置字体的名称

续表

类型	属性名称	属性标识	功能
格式属性	字号	FontSize	用于设置字体的大小
	字体粗细	FontWeight	用于设置字体的粗细
	倾斜字体	FontItalic	用于设置字体是否倾斜
	下画线	FontUnderline	用于设置字体是否带有下画线
	背景色	BackColor	用于设置控件的背景颜色
	前景色	ForeColor	用于设置控件显示文字的颜色
数据属性	控件来源	ControlSource	用于指定在控件中显示的数据。可以显示和编辑绑定到表、查询或 SQL 语句中的数据，还可以显示表达式的结果
	输入掩码	InputMask	用于设定控件的输入格式，仅对文本型或日期型数据有效
	默认值	DefaultValue	用于设定一个计算型控件或非绑定型控件的初始值
	可用	Enabled	当值为“True”时，控件为可用状态
	是否锁定	Locked	当值为“True”时，控件值为只读状态，不能修改
	验证规则	ValidationRule	用于设定在控件中输入数据的合法性检查表达式
	验证文本	ValidationText	用于指定违背了验证规则时，显示给用户的提示信息
其他属性	名称	Name	用于标识控件名，控件名称必须唯一。对于未绑定型控件，默认名称是“控件类别+序号”，如文本框的默认名称为“Text0”“Text1”等；对于绑定型控件，默认名称是数据源中绑定字段的名称。删除控件后，序号不重新排列
	状态栏文字	StatusBarText	用于设定状态栏上的显示文字
	控件提示文本	ControlTipText	用于设定用户在将鼠标指针放在一个对象上后是否显示提示文本，以及显示的提示文本内容

5.1.7　美化窗体

窗体的基本功能设计完成之后，一般还要对窗体的外观进行修饰，使其风格统一、界面美观。除使用窗体和控件“属性表”中的“格式”选项设置相关属性外，还可以通过应用主题和条件格式等功能对窗体进行修饰。

5.2　实践操作——创建与设计窗体

5.2.1　创建窗体

微课：如何创建 Access 窗体

1. 自动创建窗体

Access 提供了多种自动创建窗体的方法，基本步骤都是先在导航窗格中打开（或选定）一个表或查询，然后选择某种自动创建窗体的工具来创建窗体。

1）使用“窗体”按钮创建纵栏式窗体

使用“窗体”按钮创建的窗体，其数据源来自某个表或查询，窗体的布局结构简单规整。这种方法创建的窗体是一种显示单条记录的纵栏式窗体。

【例 5.1】利用“窗体”按钮创建窗体，使该窗体显示“学生”表中的所有信息，并将窗体保存为“例 1”。运行界面如图 5.22 所示。

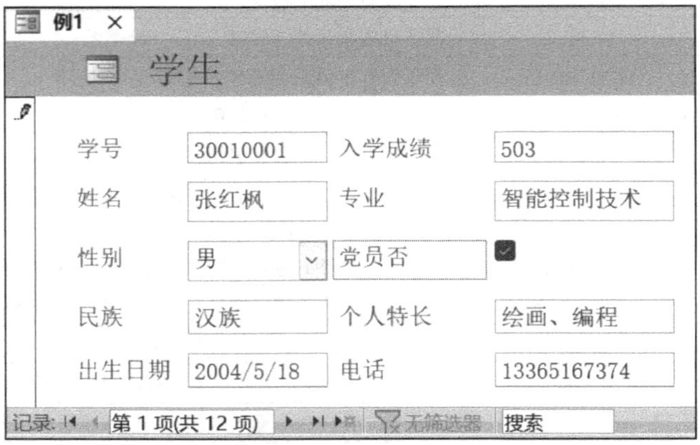

图 5.22　例 5.1 的运行界面

操作步骤如下。

（1）选择数据源。打开“教学管理”数据库，在导航窗格中选中“学生”表。

（2）创建窗体。单击“创建”选项卡“窗体”选项组中的“窗体”按钮，即可自动创建如图 5.23 所示的窗体。

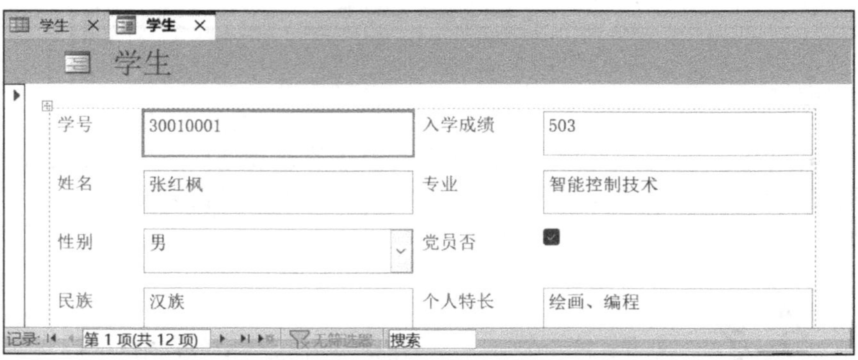

图 5.23　使用“窗体”按钮创建的窗体

（3）浏览记录。窗体的最下方包含导航按钮，通过导航按钮可以浏览表中的记录。也可以在“搜索”文本框中输入关键词，窗体中将显示搜索到的记录。

说　明

如果“学生”表和“选课”表存在关系，则窗体中不仅显示当前数据源“学生”表中的所有字段，还显示与“学生”表存在一对多关系的“选课”表中的相关记录。在窗体中，“选课”表的数据是以一个子窗体形式呈现的，这种窗体称为主/子窗体，如图 5.24 所示。

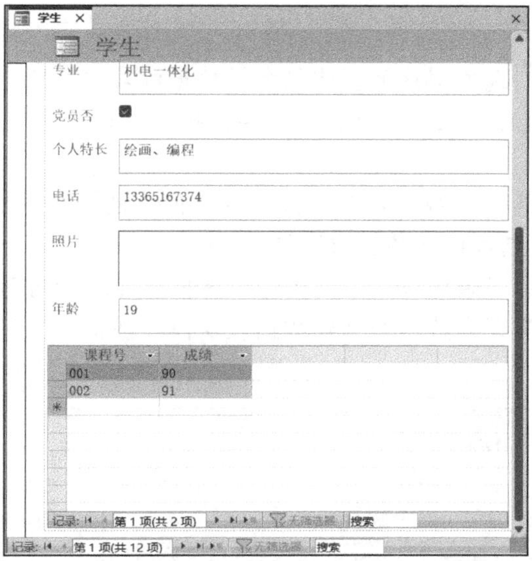

图 5.24　使用“窗体”按钮创建一对多关系的窗体

（4）保存并运行窗体。单击快速访问工具栏中的“保存”按钮，在打开的“另存为”对话框中，输入窗体的名称“例 1”，然后单击“确定”按钮。单击“设计”选项卡“视图”选项组中的“视图”按钮，或者右击窗体的标题栏，在弹出的快捷菜单中选择“窗体视图”选项，运行窗体。

2）使用“多个项目”选项创建表格式窗体

“多个项目”选项用于创建在窗体上显示多条记录布局形式的表格式窗体。

【例 5.2】 以“学生”表为数据源创建多个项目窗体，并将窗体保存为“例 2”。运行界面如图 5.25 所示。

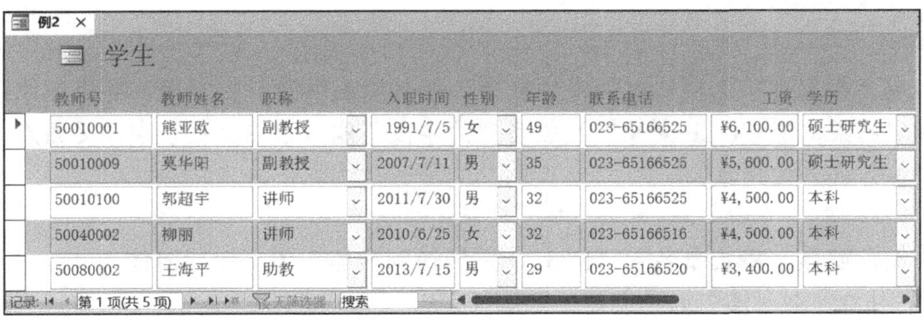

图 5.25　例 5.2 的运行界面

操作步骤如下。

（1）选择数据源。打开“教学管理”数据库，在导航窗格中选中“学生”表。

（2）创建窗体。单击“创建”选项卡“窗体”选项组中的“其他窗体”下拉按钮，在弹出的下拉列表中选择“多个项目”选项。Access 会自动创建包含多条记录的窗体，并打开其布局视图。

> **说 明**
>
> 利用“多个项目”选项创建的窗体包含了数据源表中的所有字段，并以记录条目的方式呈现结果，“OLE 对象”数据类型的字段也可以在表格中正常显示。

（3）保存窗体，将其命名为“例 2”，并切换到窗体视图下运行窗体。

3）使用“数据表”选项创建数据表窗体

数据表窗体可以显示多条记录，常被用作子窗体以显示一对多关系中的多端数据。

【例 5.3】 以“学生”表为数据源创建数据表窗体，并将窗体保存为“例 3”。运行界面如图 5.26 所示。

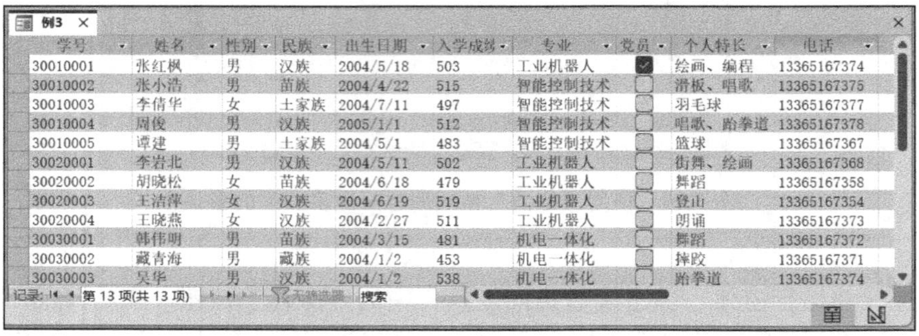

学号	姓名	性别	民族	出生日期	入学成绩	专业	党员	个人特长	电话
30010001	张红枫	男	汉族	2004/5/18	503	工业机器人	☑	绘画、编程	13365167374
30010002	张小浩	男	苗族	2004/4/22	515	智能控制技术	☐	滑板、唱歌	13365167375
30010003	李倩华	女	土家族	2004/7/11	497	智能控制技术	☐	羽毛球	13365167377
30010004	周俊	男	汉族	2005/1/1	512	智能控制技术	☐	唱歌、跆拳道	13365167378
30010005	谭建	男	土家族	2004/5/1	483	智能控制技术	☐	篮球	13365167367
30020001	李岩北	男	汉族	2004/5/11	502	工业机器人	☐	街舞、绘画	13365167368
30020002	胡晓松	女	苗族	2004/6/18	479	工业机器人	☐	舞蹈	13365167358
30020003	王洁萍	女	汉族	2004/6/19	519	工业机器人	☐	登山	13365167354
30020004	王晓燕	女	汉族	2004/2/27	511	工业机器人	☐	朗诵	13365167373
30030001	韩伟明	男	苗族	2004/3/15	481	机电一体化	☐	舞蹈	13365167372
30030002	藏青海	男	藏族	2004/1/2	453	机电一体化	☐	摔跤	13365167371
30030003	吴华	男	汉族	2004/1/2	538	机电一体化	☐	跆拳道	13365167374

图 5.26　例 5.3 的运行界面

操作步骤如下。

（1）选择数据源。打开“教学管理”数据库，在导航窗格中选中“学生”表。

（2）创建窗体。单击“创建”选项卡“窗体”选项组中的“其他窗体”下拉按钮，在弹出的下拉列表中选择“数据表”选项。Access 会自动创建包含多条记录的窗体，并打开其布局视图。

> **说 明**
>
> 利用“数据表”选项创建的窗体包含了数据源表中的所有字段，并以记录条目的方式呈现结果，但“OLE 对象”数据类型的字段不能显示在数据表中，必须双击该字段才能打开嵌入的对象。

（3）保存窗体，将其命名为“例 3”，并切换到窗体视图下运行窗体。

4）使用“分割窗体”选项创建分割窗体

“分割窗体”选项用于创建具有两种布局形式的窗体。窗体的上方区域是单一记录纵栏式布局方式，窗体的下方区域是多条记录的数据表布局方式。

【例 5.4】 以“教师”表为数据源创建分割窗体，并将窗体保存为“例 4”。运行界面如图 5.27 所示。

操作步骤如下。

（1）选择数据源。打开“教学管理”数据库，在导航窗格中选中“教师”表。

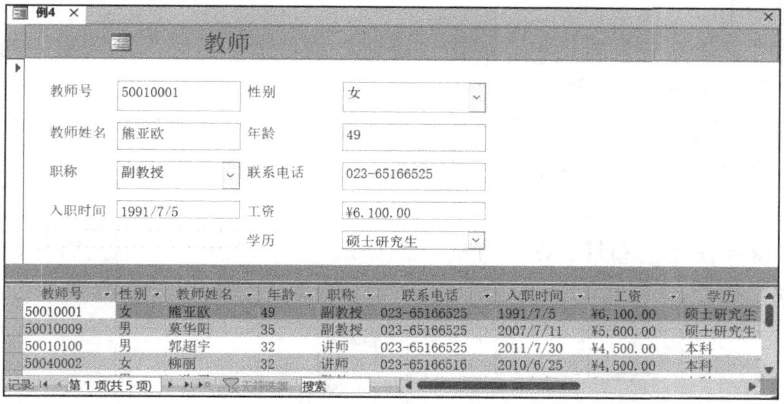

图 5.27　例 5.4 的运行界面

（2）创建窗体。单击“创建”选项卡“窗体”选项组中的“其他窗体”下拉按钮，在弹出的下拉列表中选择“分割窗体”选项，系统将自动创建分割窗体。

（3）保存窗体，将其命名为“例 4”，并切换到窗体视图下运行窗体。

2. 使用“窗体向导”按钮创建窗体

使用“窗体向导”按钮能够非常方便地创建多种布局的窗体，此方法不仅简单易学，而且可以避免出现错误。

在 Access 2021 窗口功能区，单击“创建”选项卡“窗体”选项组中的“窗体向导”按钮，即可打开“窗体向导”对话框。

1）创建基于单个数据源的窗体

【例 5.5】利用“窗体向导”按钮创建一个纵栏式窗体，该窗体显示“学生”表中除“照片”字段外的所有信息，窗体的标题为“学生情况一览表”，并将窗体保存为“例 5”。运行界面如图 5.28 所示。

图 5.28　例 5.5 的运行界面

操作步骤如下。

（1）打开“窗体向导”对话框。单击“创建”选项卡“窗体”选项组中的“窗体向导”按钮，打开“窗体向导”对话框。

（2）选择数据源和字段。在“窗体向导”对话框的“表/查询”下拉列表中选择“表: 学生”选项，并将除“照片”字段外的所有字段添加到“选定字段”列表框中，如图 5.29 所示，然后单击“下一步”按钮。

（3）确定窗体使用的布局。在打开的界面中选中“纵栏表”单选按钮，如图 5.30 所示，单击“下一步”按钮。

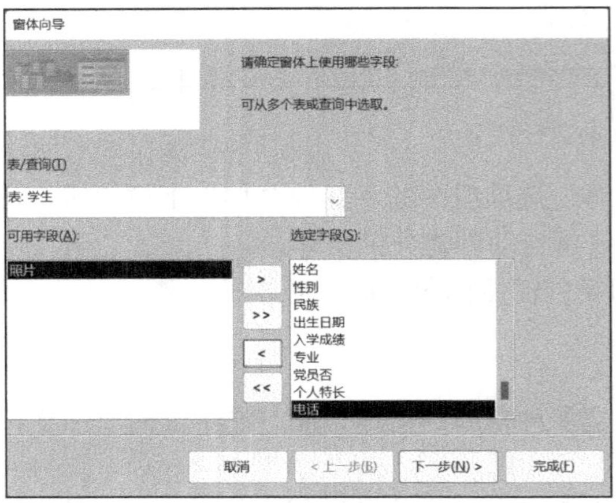

图 5.29　选择数据源和字段

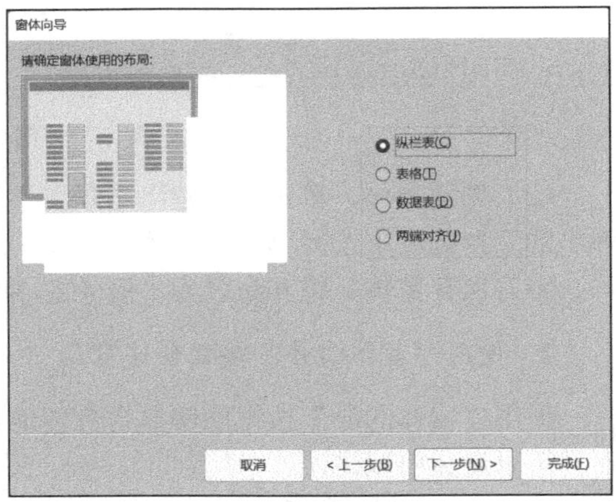

图 5.30　选择布局方式

（4）指定窗体的标题。在打开的界面中的“请为窗体指定标题”文本框中输入窗体的标题“学生情况一览表”，如图 5.31 所示。

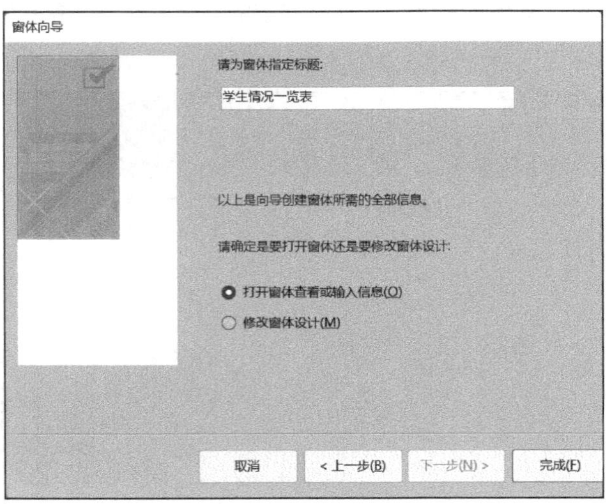

图 5.31　指定窗体的标题

（5）单击“完成”按钮，自动保存窗体。

> **说 明**
>
> 使用“窗体向导”按钮创建窗体后，系统自动为窗体命名，窗体名称默认与窗体的标题相同，所以本例中创建的窗体名称为“学生情况一览表”。

（6）关闭“学生情况一览表”窗体，然后在导航窗格中右击“学生情况一览表”窗体，在弹出的快捷菜单中选择“重命名”选项，输入窗体的名称为“例 5”。

如果在确定窗体布局时选择了其他布局方式，则可以生成不同布局格式的窗体，如图 5.32～图 5.34 所示。

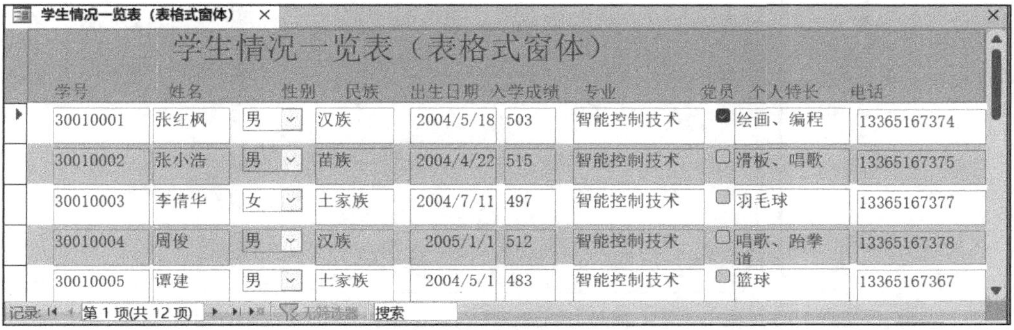

图 5.32　表格式窗体

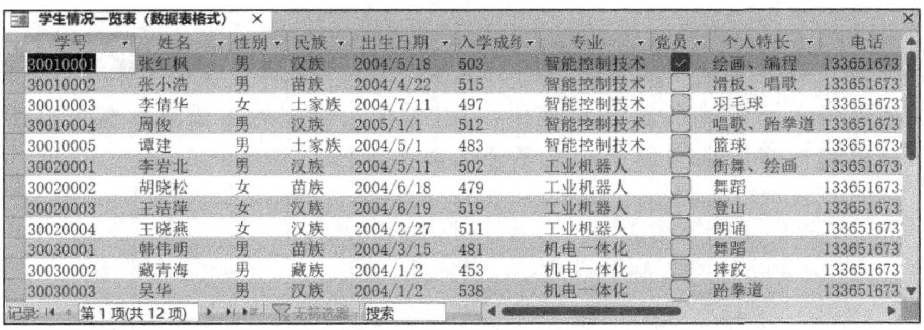

图 5.33　数据表窗体

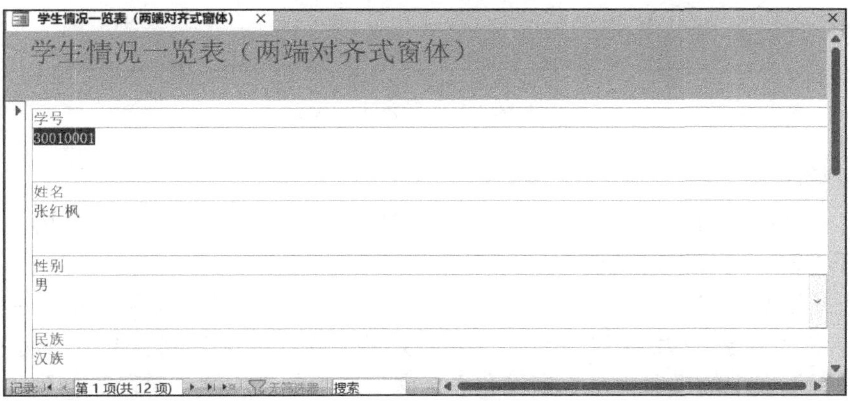

图 5.34　两端对齐式窗体

2）创建基于多个数据源的窗体

使用“窗体向导”按钮创建的基于多个数据源的窗体，通常为主/子窗体。

【例 5.6】使用“窗体向导”按钮创建一个主/子窗体，该窗体显示学生的“学号”“姓名”“专业”，以及所选课程的“课程名”和“成绩”。将窗体保存为“例 6”。运行界面如图 5.35 所示。

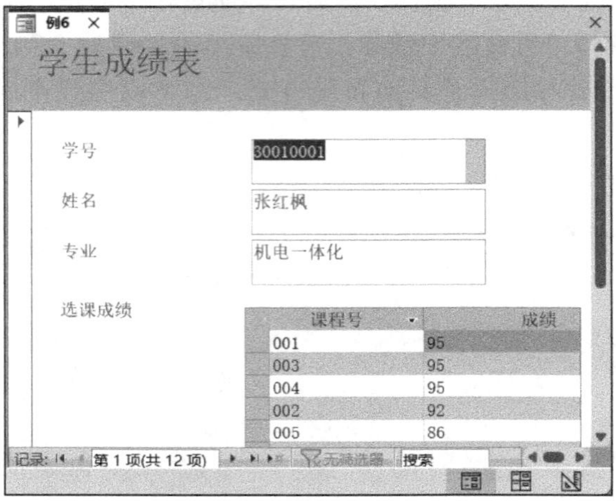

图 5.35　例 5.6 的运行界面

分　析

数据源为“教学管理”数据库中的“学生”表、“选课”表和“课程”表中的若干字段，这 3 个表之间的关系如图 5.36 所示。“学生”表中的字段显示在主窗体中，“选课”表和“课程”表中的字段显示在子窗体中。

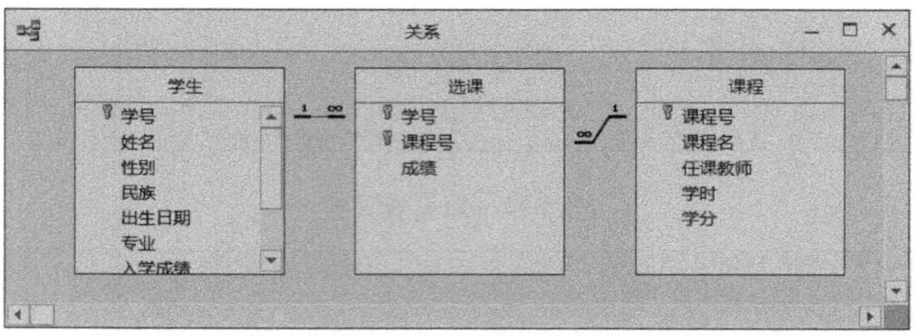

图 5.36　3 个表之间的关系

操作步骤如下。

（1）打开“窗体向导”对话框。单击“创建”选项卡“窗体”选项组中的“窗体向导”按钮，打开“窗体向导”对话框。

（2）选择数据源和字段。在“窗体向导”对话框的“表/查询”下拉列表中选择“表：学生”选项，将“学号”“姓名”“专业”字段添加到“选定字段”列表框中；使用同样的方法，将“课程”表中的“课程名”字段和“选课”表中的“成绩”字段添加到“选定字段”列表框中，如图 5.37 所示，然后单击“下一步”按钮。

（3）确定查看数据的方式。在打开的界面中选择“通过 学生”查看数据的方式，单击“下一步”按钮，在打开的界面中选中“带有子窗体的窗体”单选按钮，即“学生”表中的字段显示在主窗体中，“选课”表和“课程”表中的字段显示在子窗体中，如图 5.38 所示，对话框的右侧显示了主/子窗体中数据布局的预览效果，单击“下一步”按钮。

图 5.37　从 3 个表中选取字段

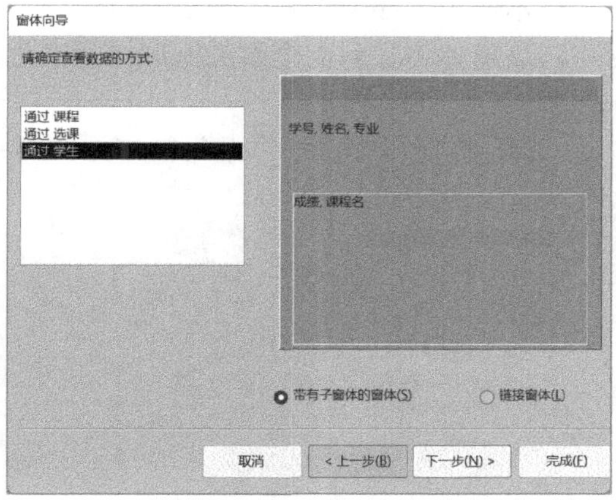

图 5.38　确定查看数据的方式

（4）确定子窗体使用的布局。在打开的界面中选中“数据表”单选按钮，如图 5.39 所示，然后单击“下一步”按钮。

（5）指定窗体的标题。在打开的界面中输入窗体的标题为“学生成绩表”，子窗体的标题为“选课成绩”，如图 5.40 所示。

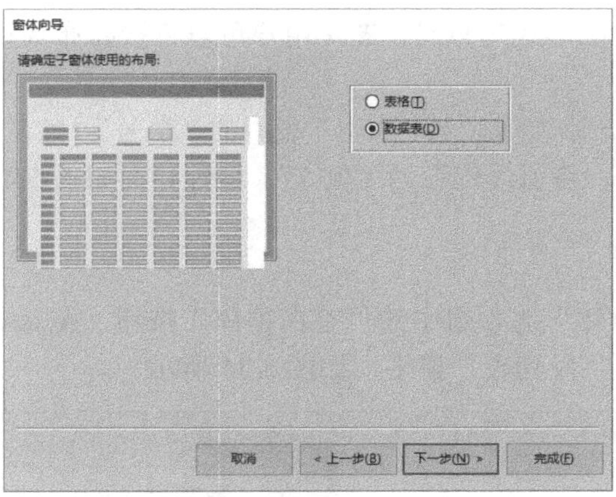

图 5.39　确定子窗体使用的布局

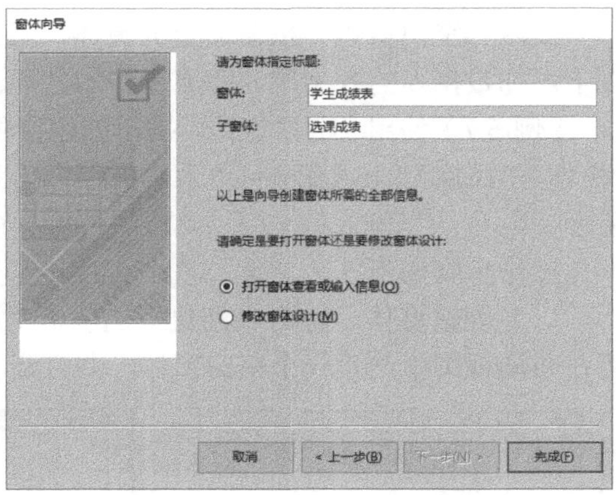

图 5.40　指定窗体的标题

（6）保存窗体。单击“完成”按钮，自动保存窗体。关闭该窗体后，在导航窗格中将“学生成绩表”窗体重命名为“例 6”。

说　明

（1）当多个数据源中的数据来自具有一对多关系的表或查询中时，所创建的窗体就是主/子窗体。主窗体显示关系中“一”方的数据，子窗体显示关系中“多”方的数据。主窗体是纵栏式布局，子窗体可以是表格式或数据表式布局。

（2）数据源如果是存在主从关系的多个表，则选择不同的查看数据的方式，会产生不同结构的窗体。

在本例中，如果选择“通过 选课”查看数据的方式，如图 5.41 所示，则将创建单个窗体，该窗体将显示 3 个数据源联系后产生的所有记录，最终创建的窗体如图 5.42 所示。

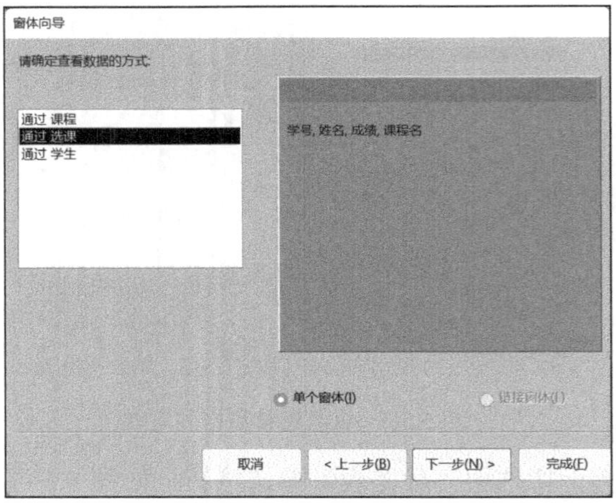

图 5.41　确定查看数据的方式

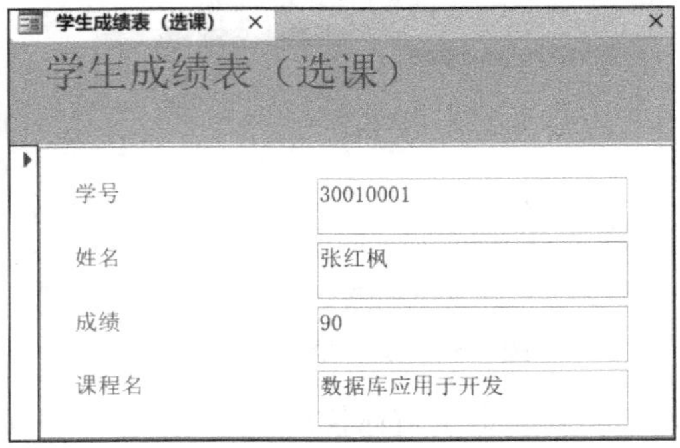

图 5.42　单个窗体

3. 使用“空白窗体”按钮创建窗体

使用“空白窗体”按钮创建的窗体，其视图形式为布局视图，用户可以直接在布局视图下添加数据表的各字段，完成窗体的创建。

【例 5.7】使用“空白窗体”按钮创建窗体，该窗体显示“学生”表中的“学号”“姓名”“性别”“民族”“出生日期”“入学成绩”信息。将窗体保存为“例 7”，运行界面如图 5.43 所示。

操作步骤如下。

（1）创建窗体。单击“创建”选项卡“窗体”选项组中的“空白窗体”按钮，Access 将在布局视图中创建一个空白窗体，并打开“字段列表”窗格，如图 5.44 所示。

图 5.43　例 5.7 的运行界面

图 5.44　空白窗体和“字段列表”窗格

（2）显示字段。在“字段列表”窗格中单击“显示所有表”链接，数据库中所有的数据表将显示在窗格中。单击“学生”表左侧的“+”号，展开“学生”表所包含的字段，如

图 5.45 所示。

（3）添加字段。依次双击或拖动“学生”表中的“学号”“姓名”“性别”“民族”“出生日期”“入学成绩”字段，将它们添加到窗体中，并同时显示表中的第 1 条记录。此时，“字段列表”窗格被分成了上下两部分，上部分窗格中显示可用于此视图的字段，下部分窗格中显示相关表中的可用字段，如图 5.46 所示。

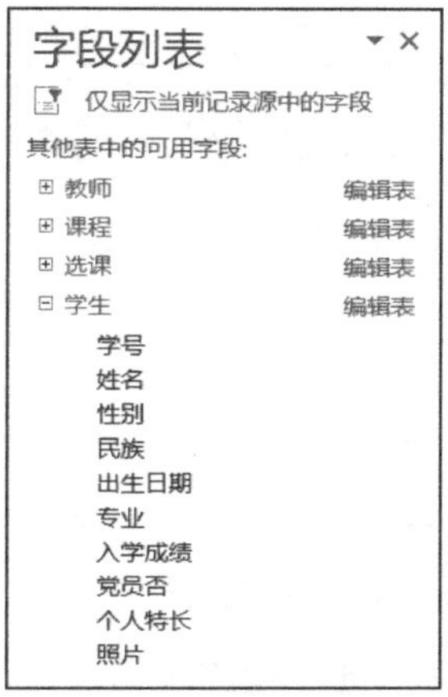

图 5.45　“字段列表”窗格

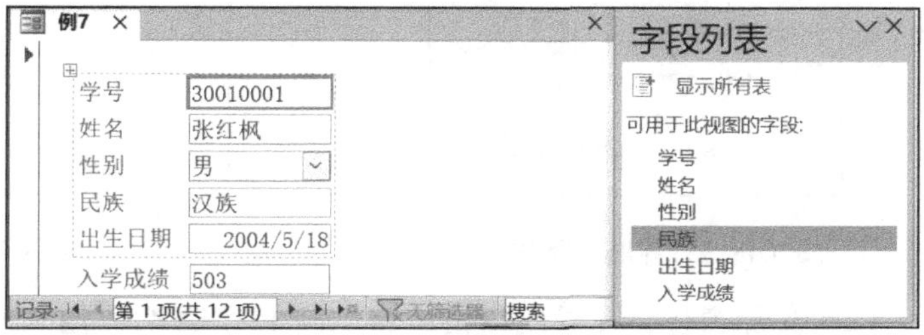

图 5.46　添加了字段后的窗体和“字段列表”窗格

（4）关闭“字段列表”窗格，调整控件布局，将窗体保存为“例 7”，并切换到窗体视图下运行窗体。

4. 创建导航窗体

导航窗体就像 Access 的导航窗格一样，可以实现窗体或报表对象之间的快速跳转。导航窗体有 6 种不同的布局格式，虽然其布局格式不同，但创建方式是相同的。

【例 5.8】使用“导航”按钮创建导航窗体，窗体中包含 3 个水平导航标签，用于显示“例 1”“例 4”“例 6”窗体中的内容，标签的标题分别为“学生信息”“教师信息”“学生成绩”。将窗体保存为“例 8”，运行界面如图 5.47 所示。

图 5.47　例 5.8 的运行界面

操作步骤如下。

（1）创建窗体。单击“创建”选项卡“窗体”选项组中的“导航”下拉按钮，在弹出的下拉列表中选择“水平标签”选项，如图 5.48 所示。Access 将在布局视图中创建一个导航窗体，如图 5.49 所示。

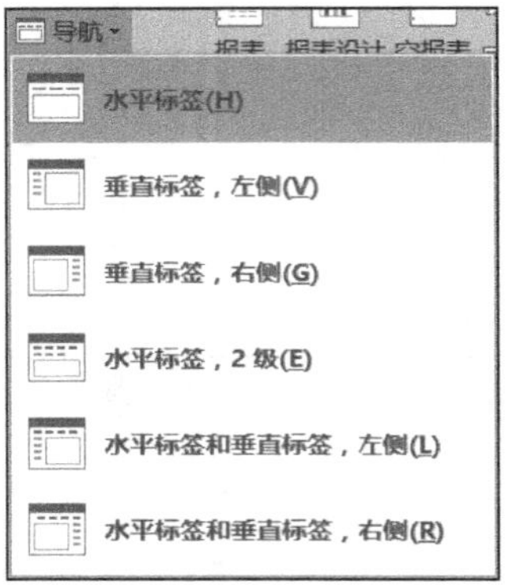

图 5.48　“导航”下拉列表

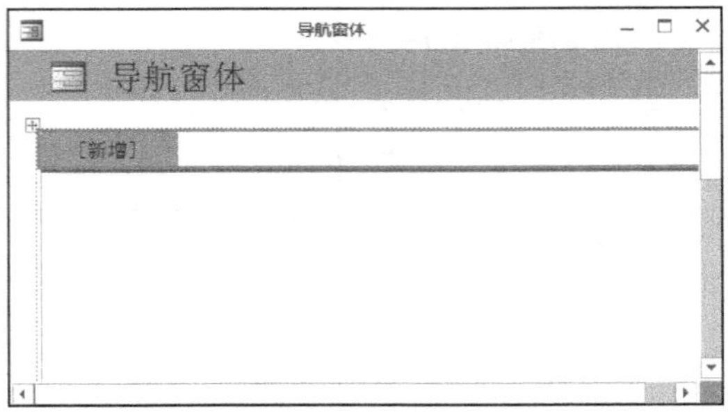

图 5.49　导航窗体的布局视图

（2）添加窗体。在导航窗格中将“例 1”“例 4”“例 6”窗体拖动到导航窗体的“新增”标签之上，如图 5.50 所示。

图 5.50　在导航窗体中添加窗体

（3）修改导航标签标题。双击导航标签，进入编辑状态，依次将“例 1”“例 4”“例 6”窗体标题修改为“学生信息”“教师信息”“学生成绩”，如图 5.51 所示。

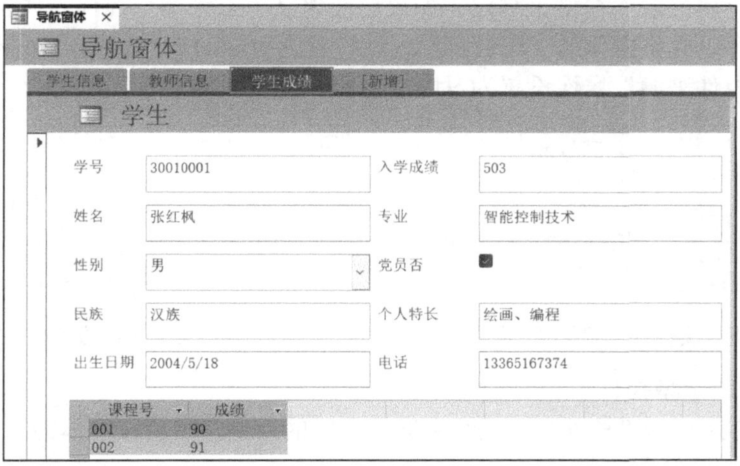

图 5.51　修改导航标签标题

（4）保存窗体，将其命名为“例 8”，并切换到窗体视图下运行窗体。

5.2.2　设计窗体

窗体作为用户访问数据库的窗口，其设计要适应人们输入和查看数据的具体要求和习惯，具有完整的功能和清晰的外观。有效的窗体可以加快用户使用数据库的速度，视觉上有吸引力的窗体可以使数据库更实用、更高效。

微课：窗体设计基础操作

1．创建控件的方法

在设计视图中创建控件时，可以根据控件类型的不同采取不同的方法。

1）创建绑定型控件

创建绑定型控件的方法有如下两种。

（1）使用“字段列表”来绑定。将“字段列表”窗格中的字段拖动到窗体主体节的适当位置，或者通过双击字段名来创建控件。Access 会根据所选字段的数据类型为字段创建适当的控件，并将该控件与字段结合，如图 5.52 所示。

图 5.52　拖动或双击字段名创建绑定型控件

（2）使用“属性表”窗格来绑定。如果已经建立了未绑定型控件，并且想将它绑定到某个字段，则可以先将窗体的“记录源”属性设置为对应的表或查询，如图 5.53 所示，然后将控件的“控件来源”属性设置为对应的字段，如图 5.54 所示。

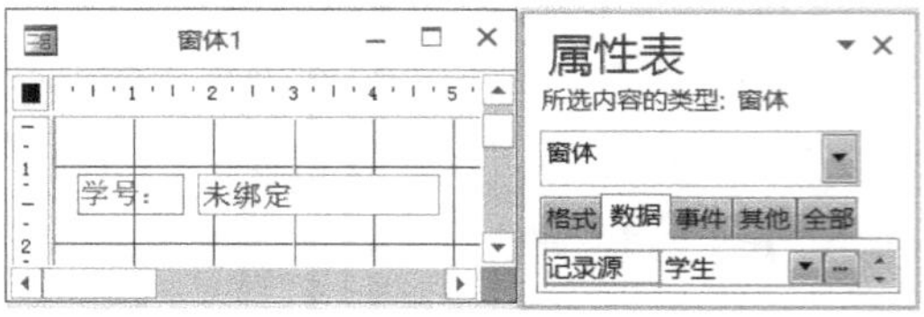

图 5.53　设置窗体的“记录源”属性

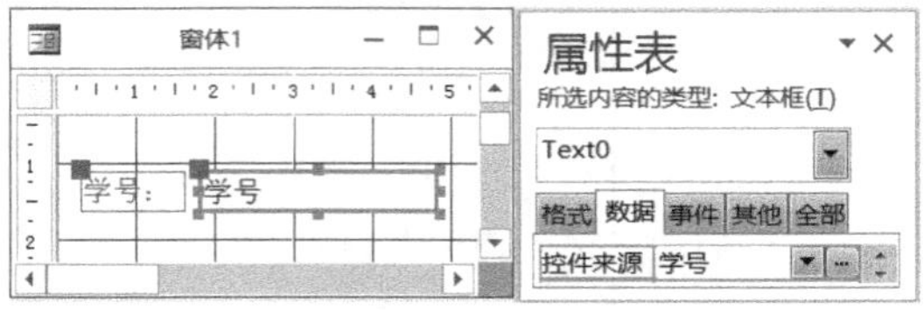

图 5.54　设置控件的“控件来源”属性

2）创建未绑定型控件

在“设计”选项卡“控件”选项组中选择所需的控件，然后在窗体的适当位置处单击，即可创建未绑定型控件。

对于功能较强的控件（如命令按钮、列表框、子窗体、组合框和选项组等），可启用控件向导功能，在添加这些控件时，将自动打开相应的向导对话框以引导操作步骤，从而加快控件的创建过程。

未绑定型控件在设计视图中显示文字“未绑定”，如图 5.55 所示。

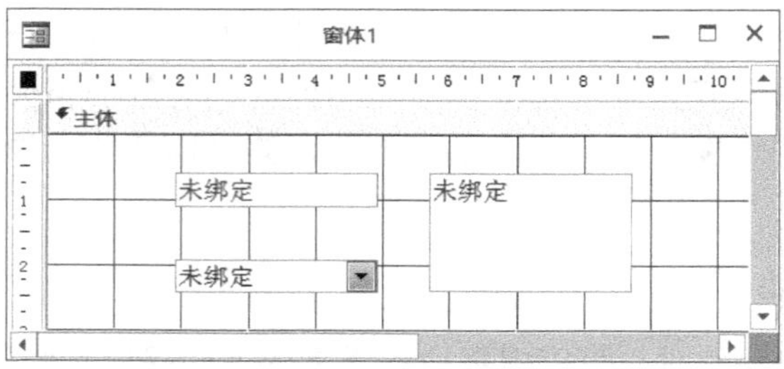

图 5.55　创建未绑定型控件

3）创建计算型控件

因为计算型控件的数据源是表达式，所以创建计算型控件时，在控件的“控件来源”属性中或直接在控件中输入表达式即可。需要注意的是，表达式必须以“=”开头。

例如，在文本框中显示教师工资上浮 15%后的结果，则需要先设置窗体的“记录源”属性为“教师”，然后在文件框中或文件框的“控件来源”属性中输入“=[工资]*1.15”，如图 5.56 所示。如果表达式中不包含相关字段，则不用设置窗体的“记录源”属性。

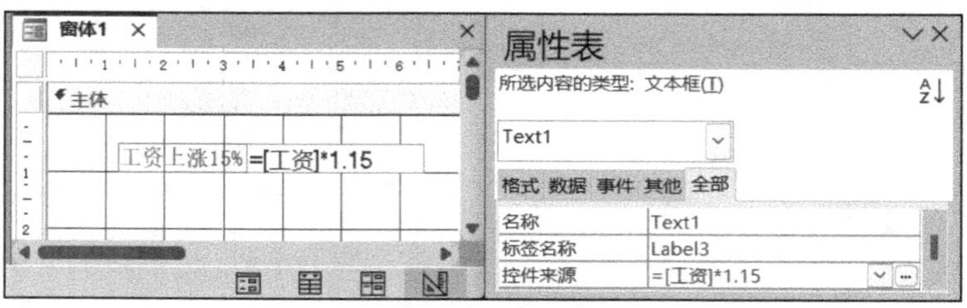

图 5.56　创建计算型控件

2. 窗体和控件的属性

（1）利用“属性表”窗格为属性赋值。

① 在“属性表”窗格中设置某一属性时，先单击要设置的属性，然后在对应属性框中输入一个值或表达式。

② 如果属性框中显示有下拉按钮，则可以单击该下拉按钮，然后在弹出的下拉列表中选择一个值。

③ 如果属性框右侧显示有“生成器”按钮，则单击该按钮，打开相应的生成器对话框或打开一个可用于选择生成器的对话框，通过该生成器可以设置其属性值。

（2）利用语句为属性赋值。为属性赋值的语句的一般格式如下。

```
[<集合名>].<对象名>.<属性名>=属性值
[<集合名>]!<对象名>.<属性名>=属性值
```

大多数情况下，<集合名>表示当前对象所属的容器控件，如窗体、报表等。如果指代当前窗体，则<集合名>可以用 Me 表示，也可以省略。“.”是成员运算符，表示其后的属性属于某对象。

```
Me.Label0.Caption="您好"                '标签上显示的文字为您好'
Me!Label0.FontSize=20                   '标签上文字的字号为 20'
Command0.ForeColor=RGB(255,0,0)         '按钮上的字体颜色为红色'
```

3. 常用控件的功能和使用

1）标签控件

标签属于未绑定型控件，它没有数据源，主要用于在窗体或报表上显示信息或其他说明性文本，标签分为独立标签和附加标签。

（1）独立标签：使用“控件”选项组中的“标签”按钮手动创建的标签控件就是独立标签，用于添加说明性文字，在数据表视图中不显示独立标签。

（2）附加标签：创建某些种类的控件时，Access 会自动给这些控件添加一个附属于该控件的标签，这种标签称为附加标签，用于对其关联控件进行说明介绍。如果创建控件时按住 Ctrl 键，则不会添加附加标签。

2）按钮控件

在窗体中可以使用按钮来启动一项操作或一组操作。若要使按钮在窗体上实现某些功能，则可以编写相应的宏或事件过程，并将它附加在按钮的单击事件中。利用控件向导可以创建多种系统预定义的命令按钮。

【例 5.9】 创建一个显示学生记录的窗体，并在窗体中添加记录导航命令按钮，将窗体保存为“例 9”，运行界面如图 5.57 所示。

操作步骤如下。

① 选择数据源。打开“教学管理”数据库，在导航窗格中选中“学生”表。

② 创建窗体并修改属性。单击“创建”选项卡“窗体”选项组中的“窗体”按钮，即可自动创建显示学生记录的窗体。将窗体切换到设计视图下，修改属性值，其格式设置如

表 5.4 所示。

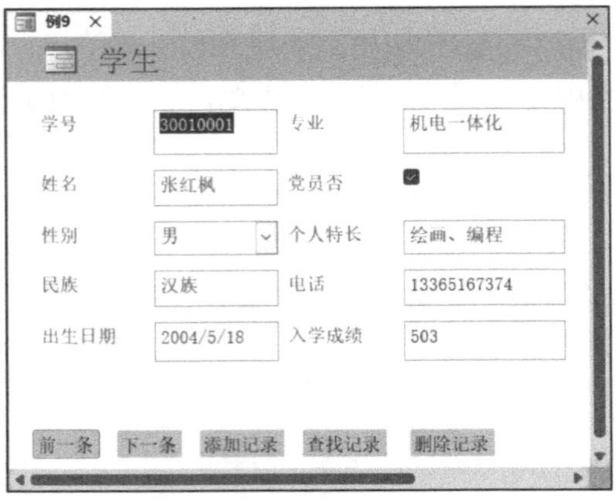

图 5.57　例 5.9 的运行界面

表 5.4　格式设置

控件名称	记录选择器	导航按钮	高度
窗体	否	否	—
主体	—	—	8cm

③ 添加按钮控件。单击“表单设计”选项卡“控件”选项组中的“按钮”按钮，在主体区下方位置处单击，打开“命令按钮向导”对话框。

a．确定按钮的功能。在“类别”列表框中选择“记录导航”选项，在“操作”列表框中选择“转至前一项记录”选项，如图 5.58 所示，单击“下一步”按钮。

b．设置按钮的外观。在打开的界面中选中“文本”单选按钮，并在后面的文本框中输入“上一条”，如图 5.59 所示。此操作是设置按钮的标题（Caption）属性为“上一条”，然后单击“下一步”按钮。

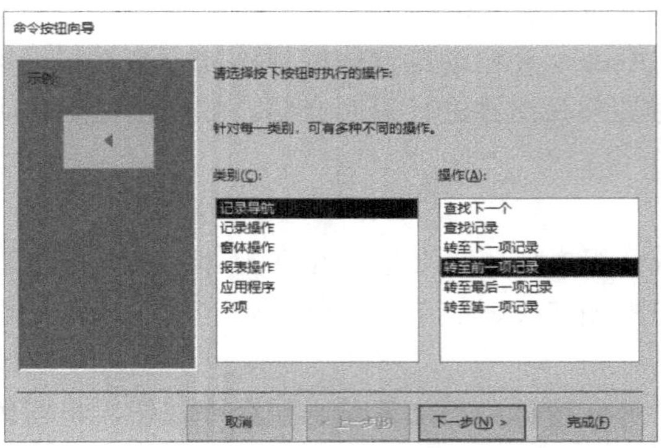

图 5.58　确定按钮的功能

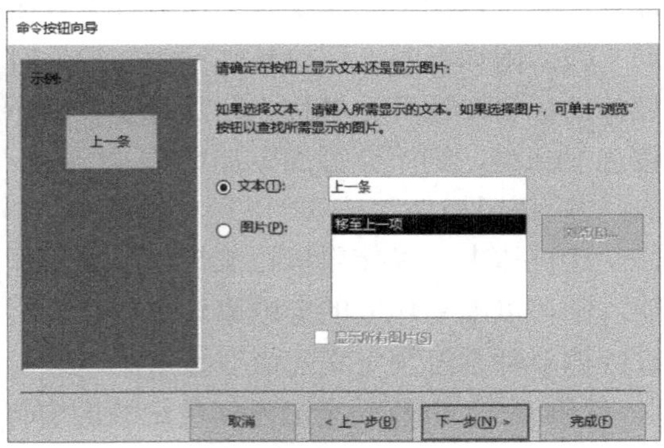

图 5.59　设置按钮的外观

c．设置按钮的名称。在打开的界面中指定该按钮的名称为“before”，即定义该按钮的名称（Name）属性，如图 5.60 所示，然后单击“完成”按钮。

使用相同的方法，设置其他按钮的功能（“退出”操作在“窗体操作”类别中）。

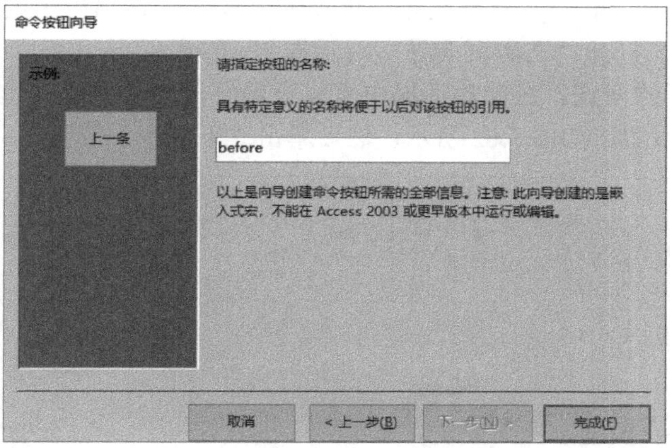

图 5.60　设置按钮的名称

④ 保存窗体，将其命名为“例 9”。切换到窗体视图下运行窗体。

说　明

（1）为了使按钮具有相同的宽度，可同时选中所有的按钮，然后在“属性表”窗格中设置“宽度”属性值为 2cm。

（2）为了使按钮排列整齐，可同时选中所有的按钮，然后单击“排列”选项卡“调整大小和排序”选项组中的“对齐”下拉按钮，在弹出的下拉列表中选择“靠上”选项；单击“大小/空格”下拉按钮，在弹出的下拉列表中选择“间距”中的“水平相等”选项。在此下拉列表中也可以调整控件的大小至最高（短）或最宽（窄）。

3）文本框控件

文本框（Text）既可以显示数据，也可以输入和编辑数据。文本框分为绑定型、未绑定型和计算型 3 种类型。

（1）绑定型文本框。绑定型文本框是从表或查询的字段中获取所显示的内容。在设计视图中，绑定型控件显示表或查询中具体的字段名称。

在例 5.7 中，将“字段列表”窗格中的字段拖动到窗体中的适当位置，即可在该窗体中创建绑定型文本框。

（2）未绑定型文本框。未绑定型文本框在设计视图中以“未绑定”字样显示，一般用来显示提示信息或接收用户输入的数据等。

【例 5.10】 设计一个窗体，输入半径后，单击“计算”按钮，文本框中将显示圆的面积。将窗体保存为“例 10”，运行界面如图 5.61 所示。

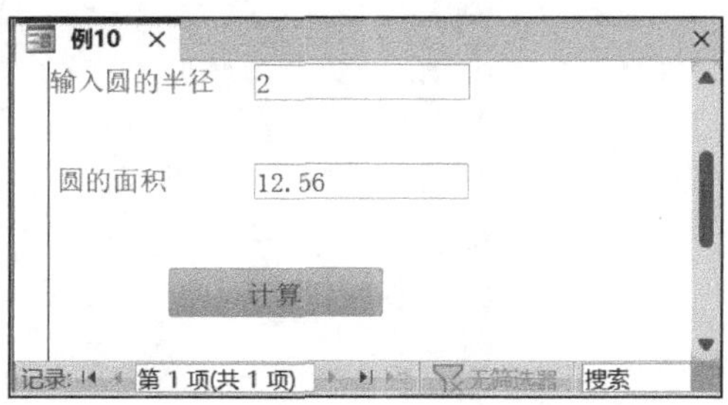

图 5.61　例 5.10 的运行界面

操作步骤如下。

① 创建窗体并添加控件。单击“创建”选项卡“窗体”选项组中的“窗体设计”按钮，

打开窗体的设计视图。单击“表单设计”选项卡“控件”选项组中的“文本框”按钮，在主体空白处单击，打开“文本框向导”对话框。

a．设置文本框的格式。在此对话框中可以设置字体的格式、文本对齐方式及行间距等，本例保持默认设置，如图 5.62 所示，然后单击“下一步”按钮。

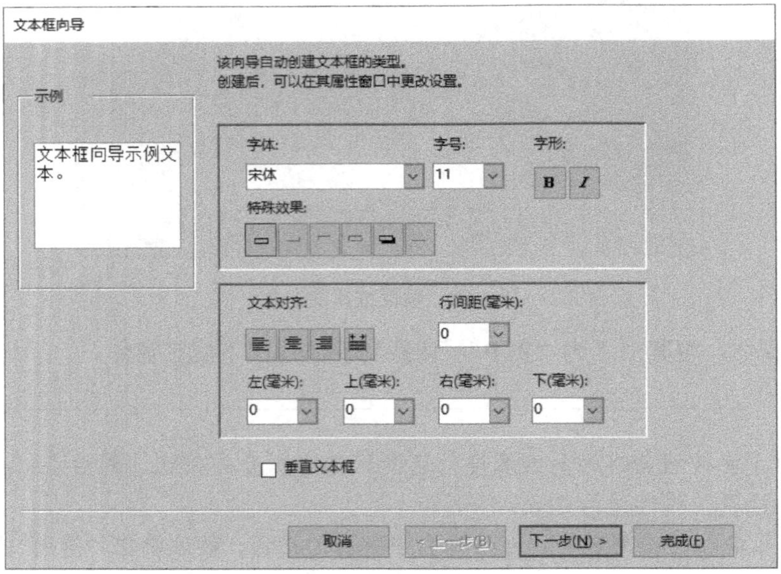

图 5.62　设置文本框的格式

b．设置输入法模式。在打开的界面中设置当文本框获得焦点时的输入法模式，本例保持默认设置，如图 5.63 所示，然后单击“下一步”按钮。

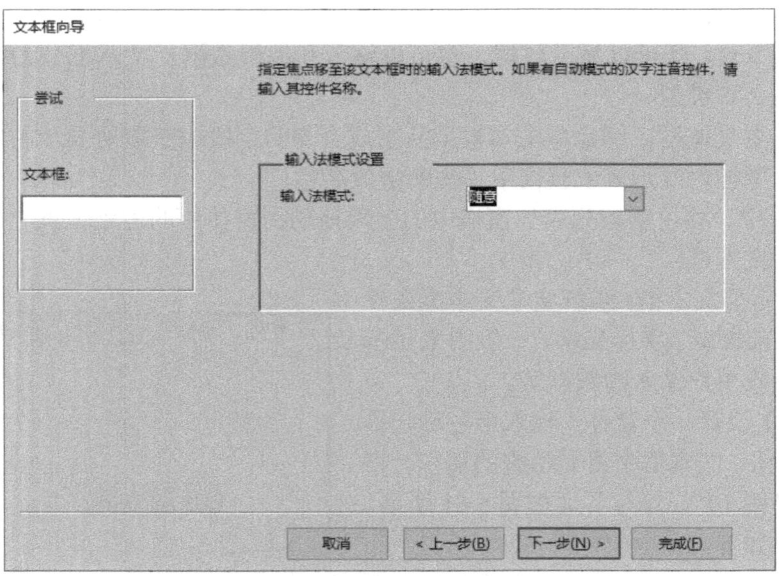

图 5.63　设置输入法模式

c．设置文本框的名称。在打开的界面中设置文本框的名称为“Text0”，如图 5.64 所示。

图 5.64　设置文本框的名称

d．单击“完成”按钮，就创建了一个未绑定型的文本框控件，如图 5.65 所示。

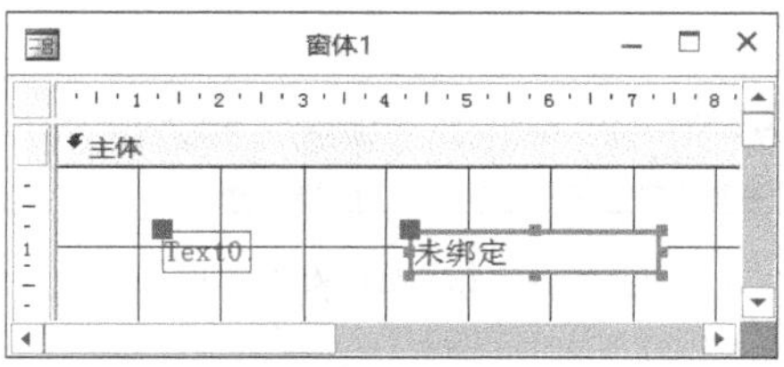

图 5.65　添加未绑定文本框

② 控件的属性设置及布局调整。附加标签的标题一般默认与主控件的名称相同，如图 5.65 所示，文本框 Text0 的附加标签的标题就是“Text0”。在本例中单击文本框控件的附加标签，修改其标题为“请输入圆的半径：”，并拖动其左上角的句柄调整位置，如图 5.66 所示。

使用同样的方法，再添加一个文本框（Text2）和一个按钮（Command4）控件，修改文本框附加标签的标题为“圆面积：”，按钮的标题为“计算”，如图 5.67 所示。

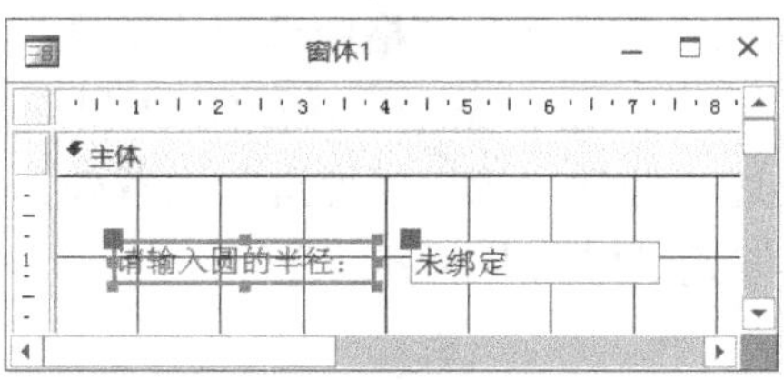

图 5.66　修改附加标签的标题

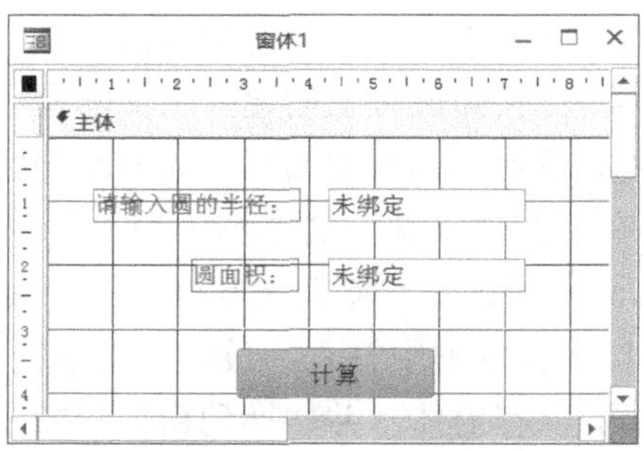

图 5.67　添加完控件的窗体界面

③ 编写按钮的单击事件代码。

```
Private Sub Command4_Click()
   Text2=3.14*Text0*Text0
End Sub
```

④ 保存窗体，命名为“例 10”。切换到窗体视图下运行窗体。

（3）计算型文本框。计算型文本框用于放置计算表达式以显示表达式的结果。

【例 5.11】 将“例 9”窗体中的“出生日期”改为“年龄”，年龄可由出生日期计算得到。将窗体保存为“例 11”，运行界面如图 5.68 所示。

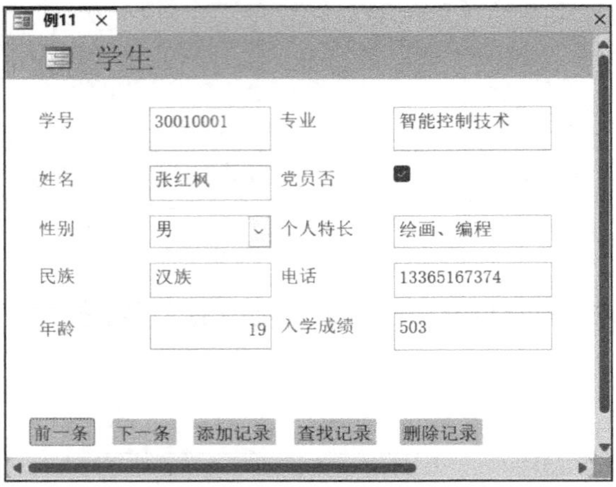

图 5.68　例 5.11 的运行界面

操作步骤如下。

① 另存窗体。打开“例 9”窗体，选择“文件”→“另存为”→“对象另存为”选项，单击“另存为”按钮，在打开的“另存为”对话框中输入窗体的名称为“例 11”，然后单击“确定”按钮。

② 删除布局。切换到窗体的设计视图，选中窗体上的所有控件，如图 5.69 所示，然后单击“排列”选项卡“表”选项组中的“删除布局”按钮，或者右击控件，在弹出的快捷菜单中选择“布局”级联菜单中的“删除布局”选项。删除原有窗体布局后，新添加的控件将不受原有布局的影响。

③ 删除“出生日期”文本框。

④ 在相同位置上创建一个文本框，修改附加标签的标题为“年龄”。

⑤ 设置文本框的属性。选中新创建的文本框，在“属性表”窗格中选择“数据”选项卡，在“控件来源”文本框中输入计算年龄的表达式“=Year(Date())-Year([出生日期])”，如图 5.70 所示。计算型文本框中的表达式除可以通过“控件来源”属性进行设置外，也可以直接在文本框中输入。最后将文本框的文本对齐方式设置为左对齐。

⑥ 保存窗体，并切换到窗体视图下运行窗体。

选中全部控件

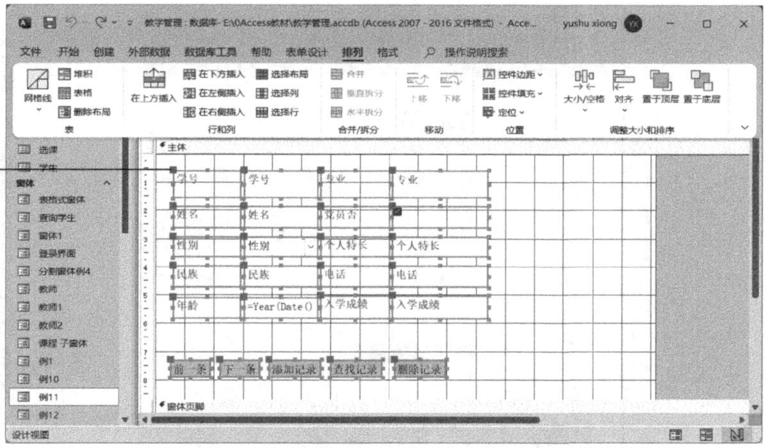

图 5.69　删除窗体布局

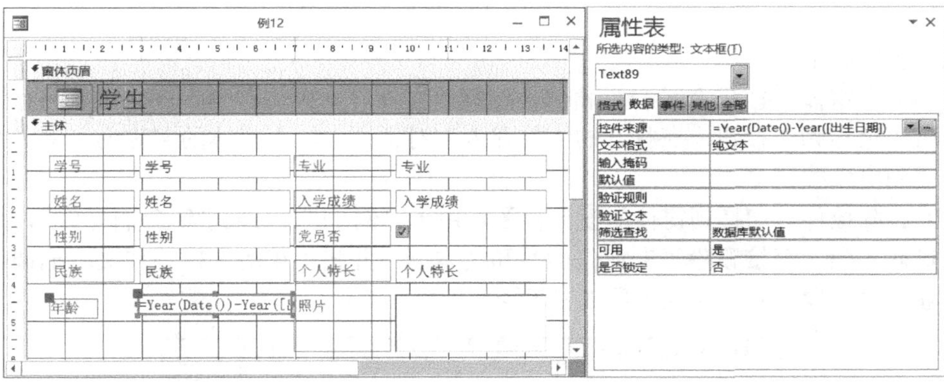

图 5.70　设置文本框的控件来源

说　明

由于年龄的计算表达式“=Year(Date())−Year([出生日期])”中包含“出生日期”字段，如果直接在原文本框（已绑定出生日期字段）中进行设置，则会出现循环引用错误，所以必须把原来的文本框删除，然后在新添加的文本框中输入表达式。

4）列表框控件

列表框控件用于显示供用户选择的列表项，可以包含一列或几列数据，用户只能从列表中选择值，而不能输入新值。当列表项很多且不能同时显示时，列表框将产生滚动条。

列表框分为绑定型与未绑定型两种。列表框中的数据来源可以是数据表或查询中的某个字段，也可以是用户自行输入的一组值。利用控件向导可以很方便地创建列表框。

【例 5.12】修改“例 11”窗体，将专业显示在列表中，这样在输入新记录专业字段时，无须手动输入值，只需要在列表中选择专业即可。将窗体保存为“例 12”，运行界面如图 5.71 所示。

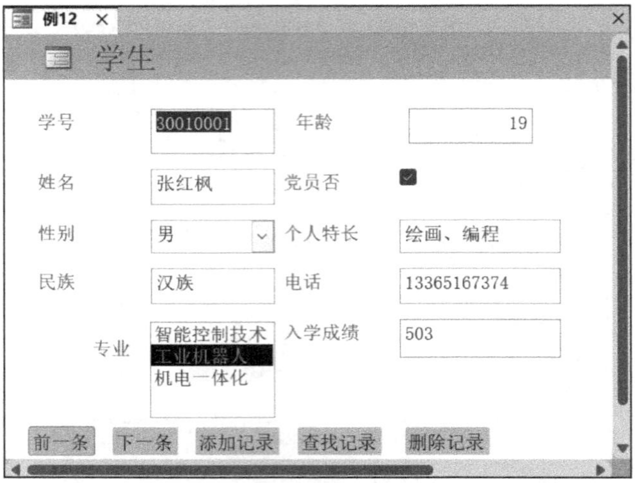

图 5.71　例 5.12 的运行界面

操作步骤如下。

（1）另存窗体。打开“例 11”窗体，选择“文件”→“另存为”→“对象另存为”选项，单击“另存为”按钮，在打开的“另存为”对话框中输入窗体的名称为“例 12”，然后单击“确定”按钮。

（2）删除控件。切换到窗体的设计视图，由于“例 11”已经删除了窗体布局，因此本例中跳过此步骤。直接删除“专业”标签和文本框，并将“年龄”标签和文本框调整到原来“专业”的位置。整体布局如图 5.72 所示。

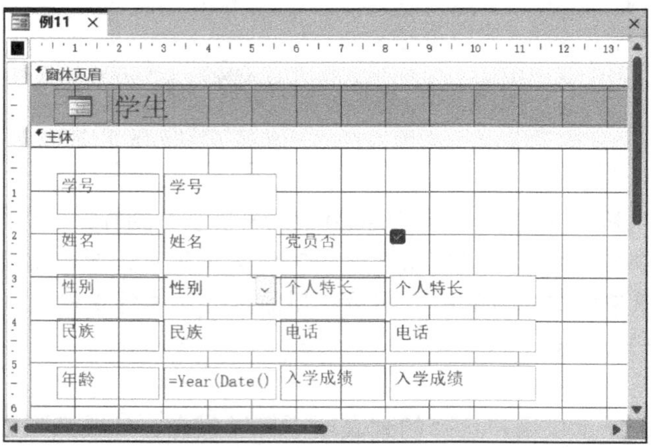

图 5.72　删除“专业”标签和文本框并调整布局

（3）创建列表框控件。单击“设计”选项卡“控件”选项组中的“列表框”按钮，在“年龄”文本框原来的位置处单击，打开“列表框向导”对话框。

① 确定列表框获取数值的方式。在“列表框向导”对话框中选中“自行键入所需的值”单选按钮，如图 5.73 所示，然后单击“下一步”按钮。

说　明

如果用户创建用于输入或修改记录的窗体，那么一般情况下应选中“自行键入所需的值”单选按钮，这样列表框中列出的数据就不会重复；如果用户创建的是用于显示记录的窗体，那么可以选中“使用列表框获取其他表或查询中的值”单选按钮，这时列表框中将显示存储在表或查询中的实际值。

② 输入列表项。在打开的界面中，在“第 1 列”列表中依次输入“智能控制技术”“工业机器人”“机电一体化”，如图 5.74 所示，然后单击“下一步”按钮。

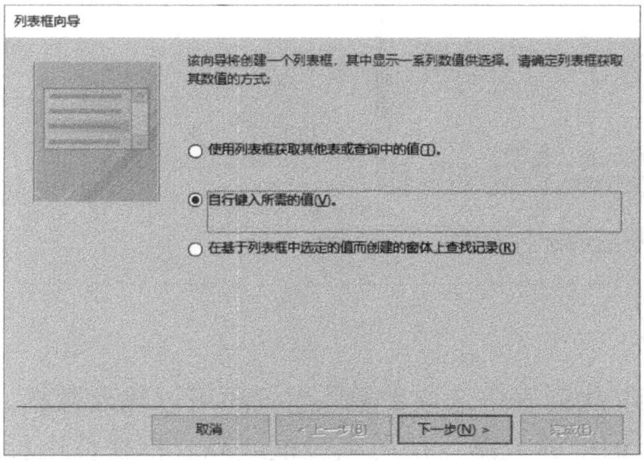

图 5.73　确定列表框获取数值的方式

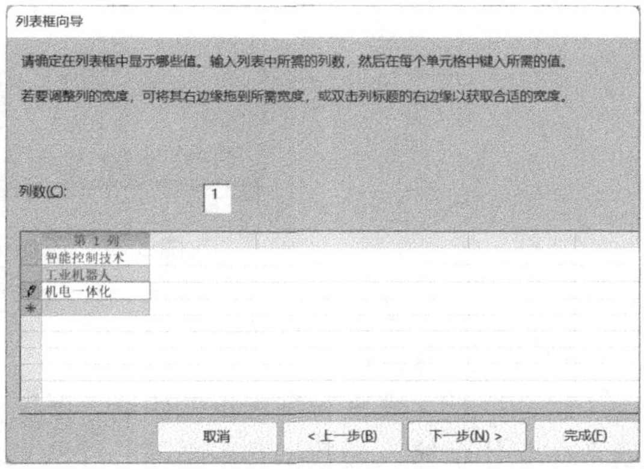

图 5.74　输入列表项

③ 设置保存的字段。在打开的界面中选中“将该数值保存在这个字段中”单选按钮，并单击右侧的下拉按钮，在弹出的下拉列表中选择“专业”字段，如图 5.75 所示，然后单击“下一步”按钮。

④ 为列表框指定标签标题。在打开的界面中的“请为列表框指定标签”文本框中输入“专业”，作为该列表框附加标签的标题，如图 5.76 所示，然后单击“完成”按钮。

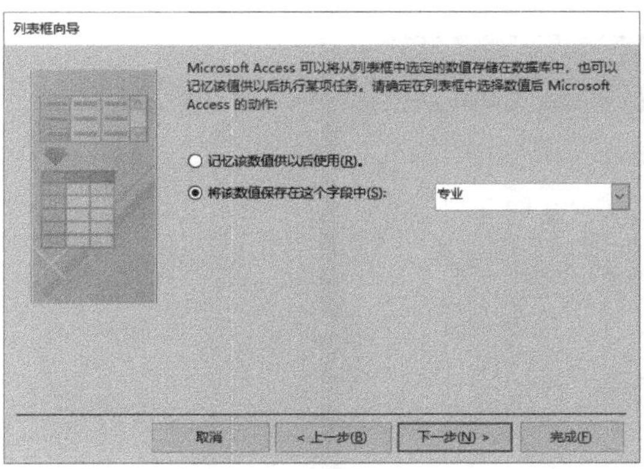

图 5.75　设置保存的字段

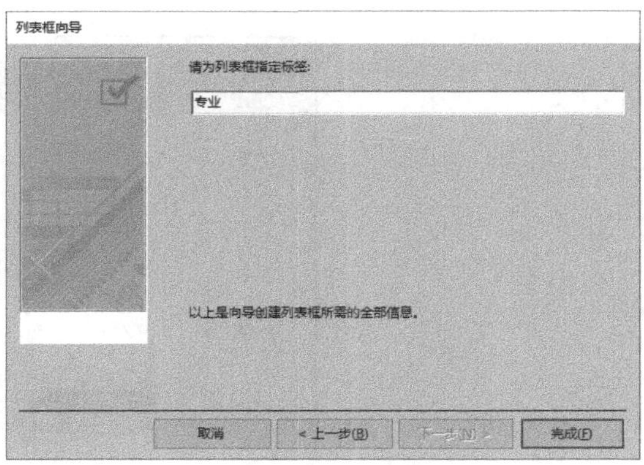

图 5.76　为列表框指定标签标题

（4）调整控件的布局，保存窗体。切换到窗体视图下运行窗体。

说　明

在窗体中单击“添加记录”按钮后，其他字段为空，只有列表框中显示专业名称，如图 5.77 所示。当输入新记录时，专业字段可直接从列表框中选择。

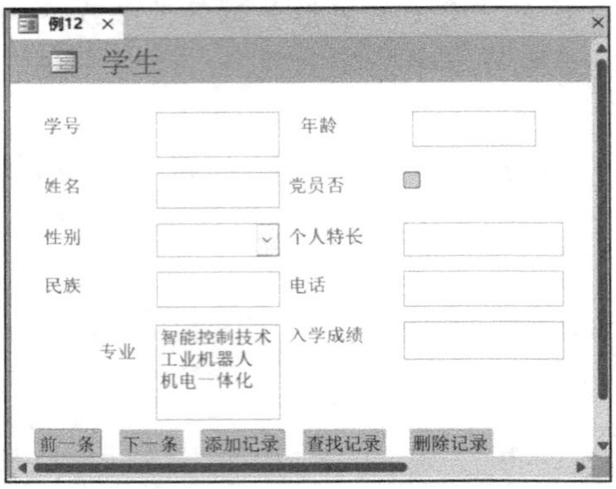

图 5.77　添加记录后的运行界面

5）组合框控件

组合框是文本框和列表框的组合，不仅可以从列表中选取数据，而且还可以输入数据。通常在窗体中输入的数据是取自某一个表或查询中的数据，使用组合框或列表框控件进行输入，既保证了输入数据的正确性，又提高了数据输入的效率。

组合框分为绑定型和未绑定型两种，其中的数据来源可以是表或查询中的某个字段，也可以是用户自行输入的一组值。利用控件向导可以很方便地创建组合框，创建的方法与列表框相同。

【例 5.13】 修改“例 12”窗体，将“民族”显示在组合框中，这样在输入新记录“民族”字段时，既可以手动输入值，也可以在组合框列表中选择。将窗体保存为“例 13”，运行界面如图 5.78 所示。

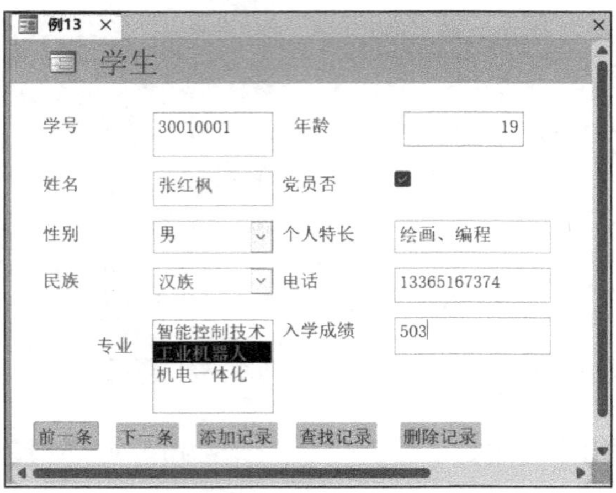

图 5.78　例 5.13 的运行界面

由于组合框与列表框的创建方法相同，所以本例就不再赘述组合框的创建方法了，而是采用更改控件类型的方法来创建组合框。

操作步骤如下。

（1）另存窗体。打开“例 12”窗体，将其另存为“例 13”。

（2）更改控件类型。切换到窗体的设计视图，右击“民族”文本框，在弹出的快捷菜单中选择“更改为”→“组合框”控件类型，如图 5.79 所示。

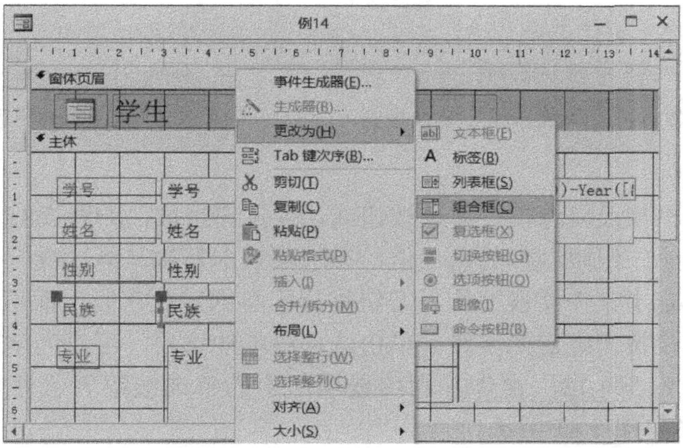

图 5.79　更改控件类型

（3）修改组合框的属性。在“属性表”窗格中对“民族”组合框的“行来源”和“行来源类型”属性进行设置，即在“行来源”文本框中输入“汉族;苗族;土家族;藏族”，在“行来源类型”下拉列表中选择“值列表”选项，如图 5.80 所示。

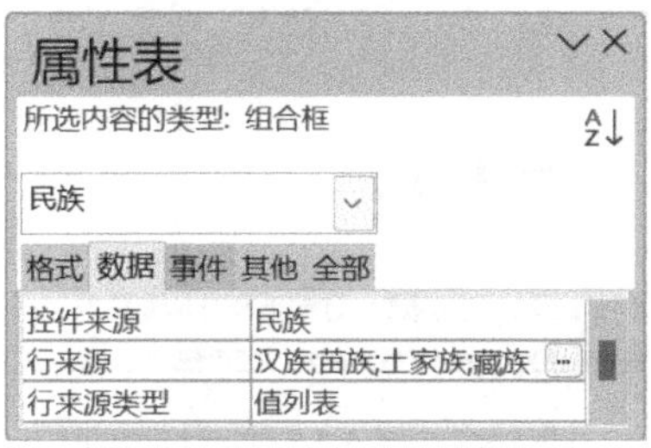

图 5.80　修改组合框的属性

（4）保存窗体，并切换到窗体视图下运行窗体。

6）复选框、单选按钮、切换按钮控件

复选框、单选按钮和切换按钮作为单独的控件用来显示表或查询中的“是/否”值。当选中复选框或单选按钮时，设置为“是”；如果未选中，则设置为“否”。对于切换按钮，如果单击“切换按钮”，其值为“是”，否则为“否”，如图 5.81 所示。

将一个“是/否”数据类型字段直接从“字段列表”窗格拖动到窗体中，是创建复选框最便捷的方法。如果需要，也可以将复选框更改为单选按钮或切换按钮，方法为右击复选框，在弹出的快捷菜单中选择“更改为”选项，在其级联菜单中选取要更改的控件类型即可，如图 5.82 所示。

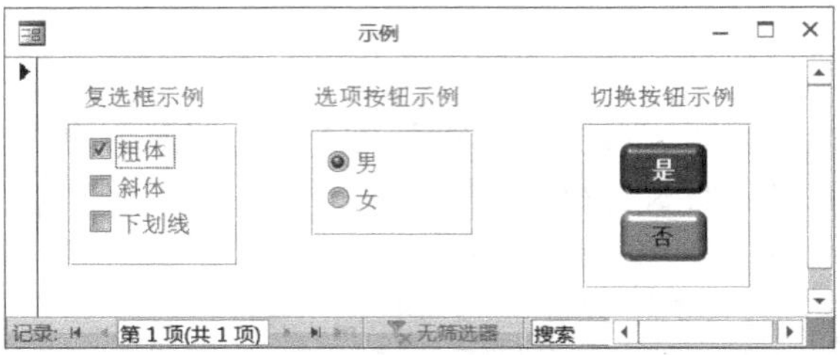

图 5.81　复选框、单选按钮、切换按钮

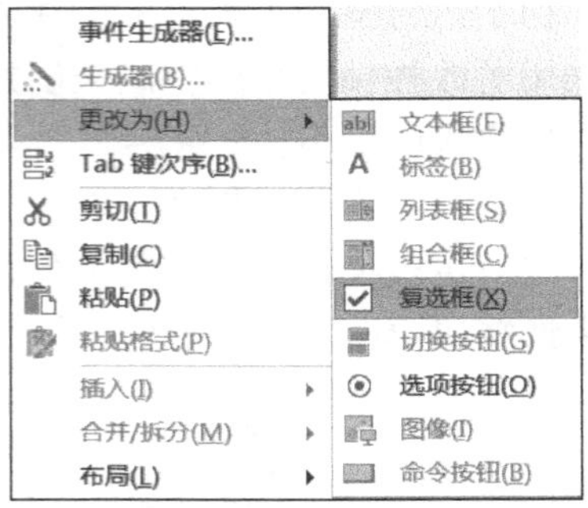

图 5.82　更改控件的类型

7）选项组控件

选项组由一个框架及复选框、单选按钮或切换按钮组成，如图 5.81 所示。在窗体中可以使用选项组来显示一组限制性的选项值，在选项组中每次只能选择一个选项。

如果选项组绑定了某个字段，则只有组框架本身绑定此字段，而不是组框架中的复选框、单选按钮或切换按钮绑定此字段。单击选项组中的选项，可以为字段选定数据值。

【例 5.14】修改“例 13”窗体，利用选项组中的单选按钮表示性别，将窗体保存为“例 14”，运行界面如图 5.83 所示。

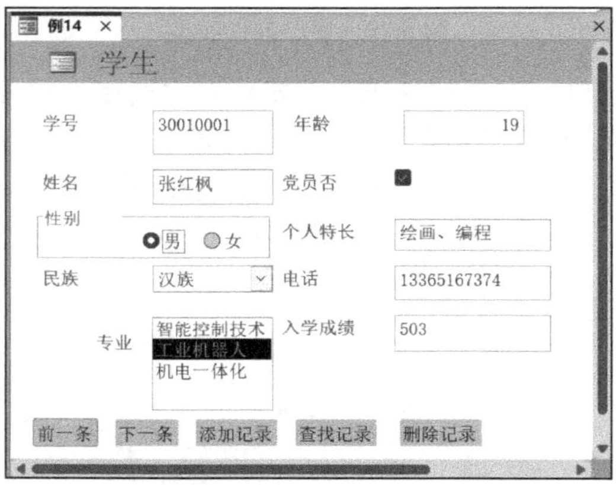

图 5.83　例 5.14 的运行界面

操作步骤如下。

（1）打开“例 13”窗体，将其另存为“例 14”。

（2）切换到窗体的设计视图，删除“性别”标签和文本框。

（3）创建选项组控件。单击“设计”选项卡“控件”选项组中的“选项组”按钮，在“性别”文本框原来的位置处单击，打开“选项组向导”对话框。

① 设置选项标签名称。在对话框中的“标签名称”列表中分别输入“男”“女”，如图 5.84 所示，然后单击“下一步”按钮。

② 设置默认选项。在打开的界面中选中“否，不需要默认选项”单选按钮，如图 5.85 所示，然后单击“下一步”按钮。

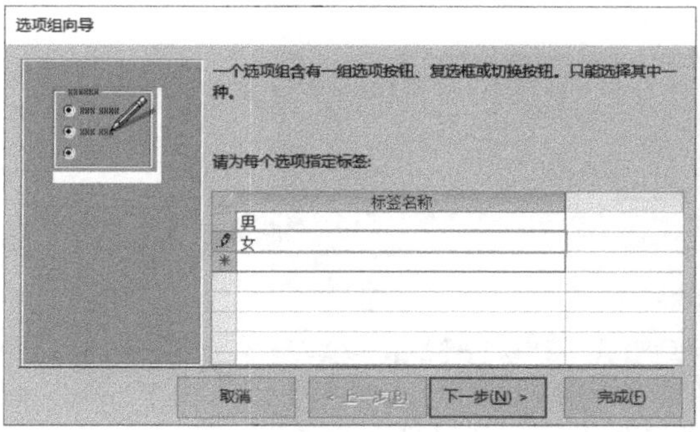

图 5.84　设置选项标签名称

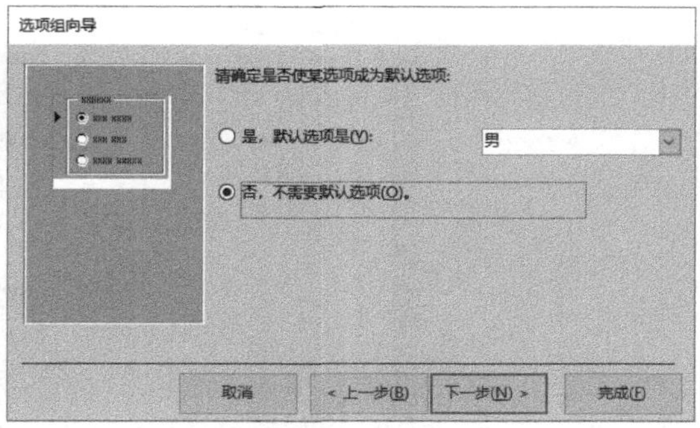

图 5.85　设置默认选项

③ 设置选项值。在打开的界面中为每个选项设置选项值，“男”的选项值为“1”，“女”的选项值为“2”，如图 5.86 所示，然后单击“下一步”按钮。

④ 设置保存结果。在打开的界面中选中“为稍后使用保存这个值”单选按钮，如图 5.87 所示，然后单击“下一步”按钮。

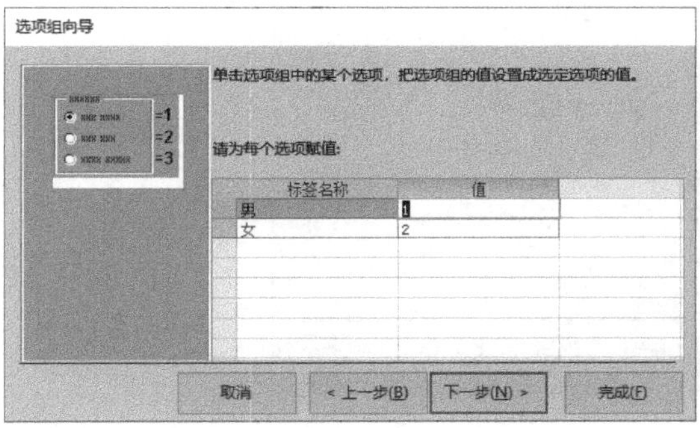

图 5.86　设置选项值

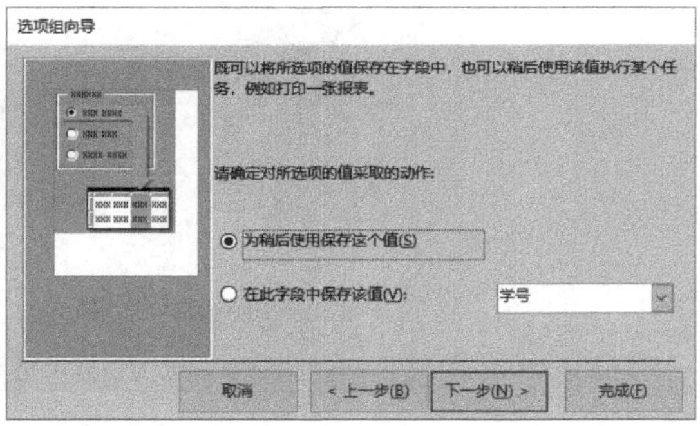

图 5.87　设置保存结果

说　明

选项组的结果是数值型数据，选择“男”，结果为 1；选择“女”，结果为 2。但数据表中“性别”字段的类型为文本型，如果在“性别”字段中保存选项组的值，则会修改表中性别字段的值为“1”或“2”，所以本例中没有选中“在此字段中保存该值”单选按钮。

⑤ 设置选项组中的控件类型和样式。在打开的界面中选择“选项按钮”作为选项组中的控件，选择样式为“蚀刻”，如图 5.88 所示，然后单击“下一步”按钮。

⑥ 为选项组指定标签标题。在打开的界面中的“请为选项组指定标题”文本框中输入“性别”，作为该选项组附加标签的标题，如图 5.89 所示，然后单击“完成”按钮。

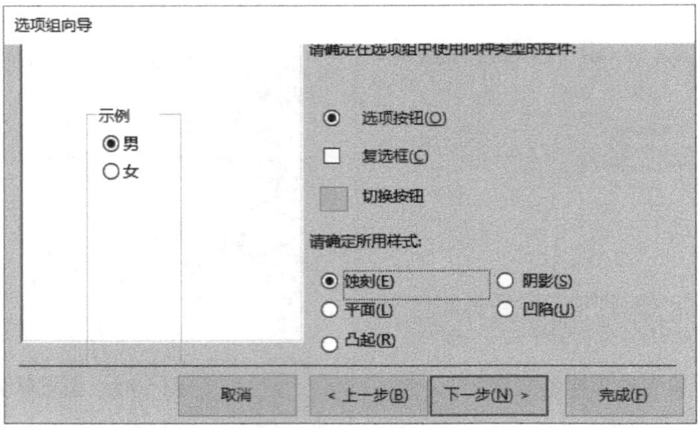

图 5.88　设置选项组中的控件类型和样式

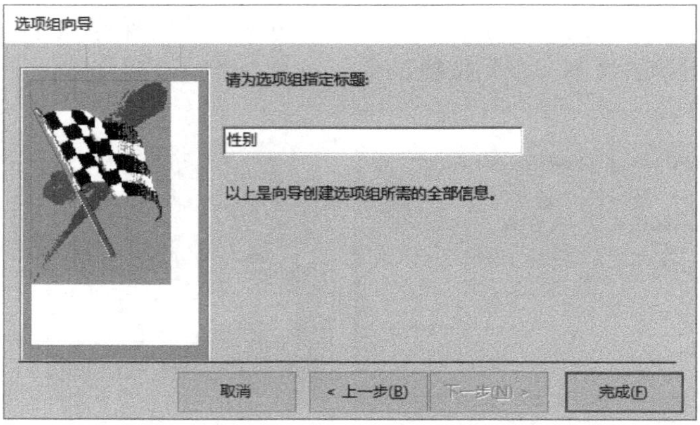

图 5.89　为选项组指定标签标题

（4）设置选项组的属性。由于选项组和“性别”字段的数据类型不同，所以不能将“性别”字段作为选项组的数据源。窗体运行后，选项组没有绑定数据源因而没有选项显示，所以需要在“属性表”窗格中为选项组手动设置“控件来源”属性。

选择“数据”选项卡，在“控件来源”文本框中输入“=IIf([性别]="男",1,2)”，如图 5.90 所示。

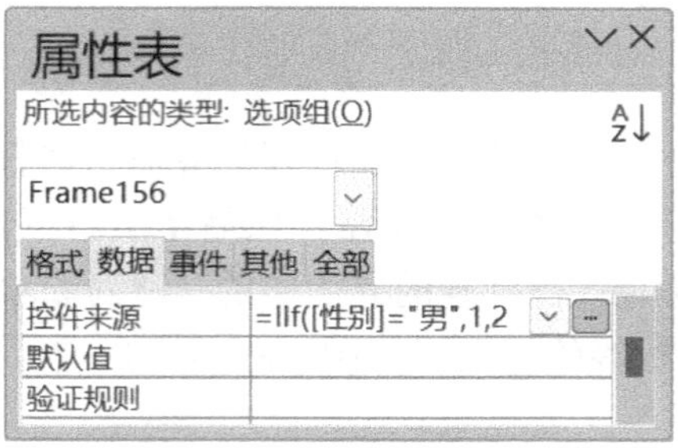

图 5.90　设置选项组的属性

说　明

IIf 是条件函数，函数格式为 IIf(条件表达式,表达式 1,表达式 2)，该函数根据条件表达式的结果决定函数的返回值。如果条件表达式的结果为真，则函数的返回值为表达式 1 的值；如果条件表达式的结果为假，则函数的返回值为表达式 2 的值。

因为本例中选项组的数据源是一个表达式的结果，而不是“性别”字段中的值，所以只能显示记录内容，而不能添加新记录。

（5）调整控件布局，保存窗体，并切换到窗体视图下运行窗体。

8）选项卡控件

当窗体中的内容较多，无法在一页内全部显示时，可以使用选项卡控件进行分页显示。单击选项卡控件上的标签，可以在多个页面间进行切换。选项卡控件主要用于将多个不同格式的数据操作窗体封装在一个选项卡中。

【例 5.15】创建“教学信息”窗体，窗体包含 3 部分内容，分别是“学生信息”“选课信息”“教师信息”，这 3 部分内容显示在选项卡的 3 个页面中，其中，“例 13”窗体显示在“学生信息”页面中，“例 6”窗体显示在“选课信息”页面中。将窗体保存为“例 15”，运行界面如图 5.91 所示。

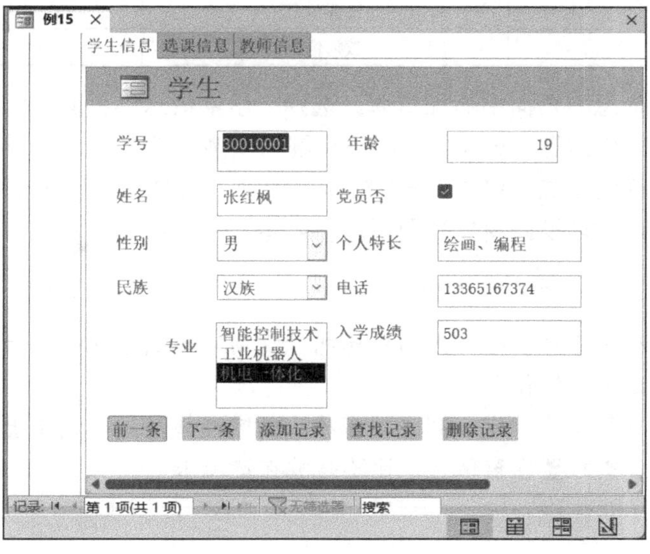

图 5.91　例 5.15 的运行界面

操作步骤如下。

（1）创建窗体并添加控件。单击“创建”选项卡“窗体”选项组中的“窗体设计”按钮，在打开的窗体设计视图中添加一个选项卡控件，右击选项卡控件的“页 1”页面，在弹出的快捷菜单中选择“插入页”选项，为选项卡添加两个页面，如图 5.92 所示。保存窗体为“例 15”。

（2）设置对象的属性，对象的格式属性设置如表 5.5 所示。设置完成后的界面如图 5.93 所示。

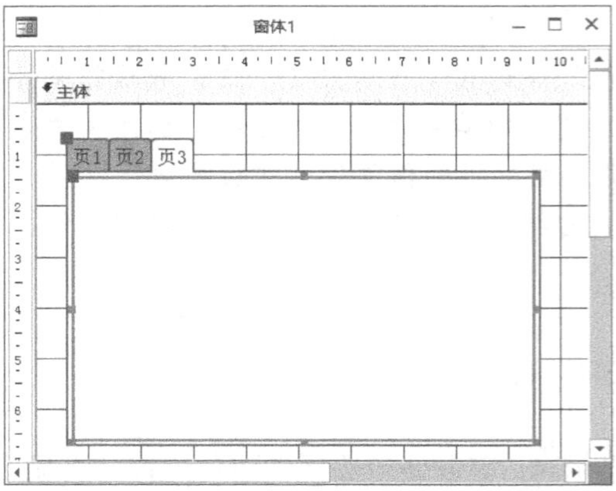

图 5.92　具有 3 个页面的选项卡

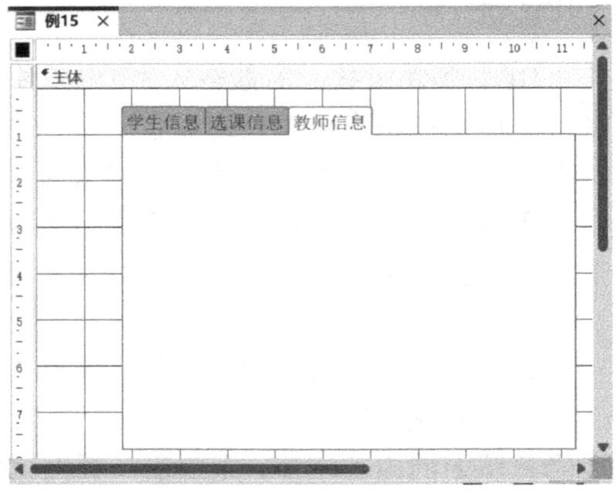

图 5.93　设置完成后的界面

表 5.5　格式属性设置

控件名称	标题	滚动条
窗体	—	两者均无
页 1	学生信息	—
页 2	选课信息	—
页 3	教师信息	—

（3）在“学生信息”页面中添加窗体。选择“学生信息”页面，将导航窗格中的“例 13”窗体拖动到“学生信息”页面中，删除标题为“例 13”的附加标签，并调整控件的大小和布局。使用同样的方法，将“例 6”窗体拖动到“选课信息”页面中。

（4）保存窗体，并切换到窗体视图下运行窗体。

说　明

（1）当在选项卡上添加控件或用鼠标指针拖动字段到选项卡上时，选项卡应呈黑色背景状态，否则说明操作不正确。

（2）应该使用鼠标将“字段列表”窗格中的字段拖动到选项卡上，而不是双击字段，否则字段可能被放置在窗体上，而不是放在选项卡上。

9）图像控件

使用图像控件可以在窗体上显示图像，用以美化窗体。

【例 5.16】 在“例 15”窗体的“教师信息”页面中显示 3 幅教师的图像，并在图片下方显示教师的姓名。将窗体保存为“例 16”，运行界面如图 5.94 所示。

操作步骤如下。

（1）可以使用以下两种方法插入图像。

方法 1：使用图像控件插入图像。打开“例 15”窗体，选择“教师信息”页面，单击“设计”选项卡“控件”选项组中的“图像”按钮，在页面上单击或拖动鼠标指针绘制一个矩形框并选择图像文件。

图 5.94　例 5.16 的运行界面

方法 2：使用“插入图像”按钮插入图像。单击“表单设计”选项卡“控件”选项组中的“插入图像”下拉按钮，如图 5.95 所示，在弹出的下拉列表中选择“浏览”选项，选择图像文件后在页面上单击或拖拽出一个矩形框，将图像显示在矩形框中。

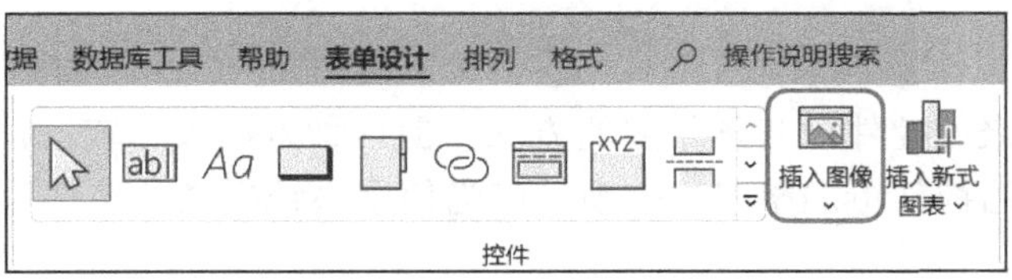

图 5.95　“插入图像”按钮

（2）在页面中添加 3 个标签，并分别设置标签的标题为 3 名教师的姓名。

（3）将窗体另存为“例 16”，并切换到窗体视图下运行窗体。

4. 调整控件的布局

在窗体的布局阶段，需要调整控件的大小、排列或对齐方式，使界面更加有序、美观。

1）选择控件

（1）选择单个控件。选定控件后，控件周围将出现 8 个小的方形控制柄，如果控件有附加标签，则附加标签与控件一同被选中，如图 5.96 所示。

（2）选择多个控件。如果要选择多个控件，则可以单击选中第 1 个，然后按住 Shift 键再单击其他控件，或者单击“控件”选项组中的“选择”按钮，然后在窗体空白位置单击并拖动，则框在矩形区域内的控件均被选中。

（3）选择所有控件。按 Ctrl+A 组合键，可以选择全部控件。

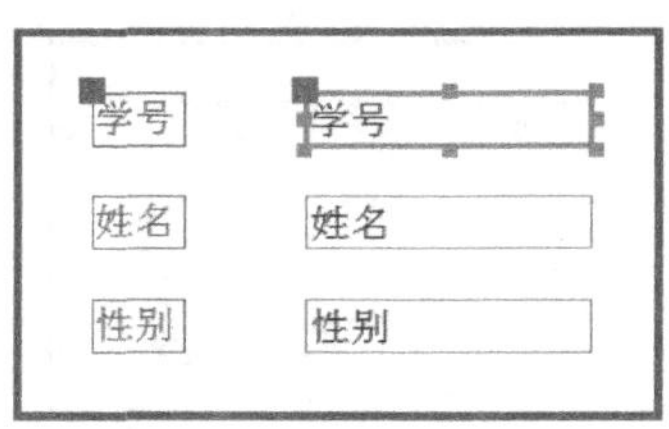

图 5.96　控件的选择

（4）选择一组控件。在垂直标尺或水平标尺上，按下鼠标左键，这时出现一条垂直线（或水平线），移动直线，释放鼠标左键后，直线所经过的控件全部被选中。

（5）取消选择。单击其他控件或单击窗体空白处即可取消当前的选择。

2）移动控件

（1）关联移动。选定控件后，将鼠标指针指向橙色边框处（非控制柄处），当鼠标指针变成十字箭头时，可以移动控件，这种移动是将相关联的两个控件同时移动。

（2）独立移动。将鼠标指针指向控件左上角的控制柄；当其变为十字箭头时，可拖动鼠标单独移动该控件。

3）调整控件的大小

调整控件大小的方法有以下 3 种。

（1）利用鼠标调整。选中控件后，将鼠标指针指向控件周围（除左上角）的控制柄，当鼠标指针变成双向箭头时，拖动鼠标即可调整大小，如图 5.97 所示。

（2）利用“属性表”窗格。打开“属性表”窗格，在“格式”选项卡中设置控件的“高度”和“宽度”属性。

（3）如果想令多个控件具有相同的大小，则可同时选中所有的控件，单击“排列”选项卡“调整大小和排序”选项组中的“大小/空格”下拉按钮，在弹出的下拉列表的“大小”选项组中选择相应的选项，即可调整控件的大小至最高（短）或最宽（窄），如图 5.98 所示。

4）对齐控件

使用鼠标拖动来使控件对齐是常用的方法，但这种方法效率较低，很难达到理想的效果。为了使窗体中的控件更加整齐、美观，应当使用系统提供的控件对齐工具。

操作步骤如下。

（1）在窗体设计视图中选中要对齐的多个控件。

（2）单击“排列”选项卡“调整大小和排序”选项组中的“对齐”下拉按钮，在弹出的下拉列表中选择一种对齐方式。也可以使用“大小/空格”“置于顶层”“置于底层”等按钮来调整多个控件的相对位置和间距，如图 5.99 所示。

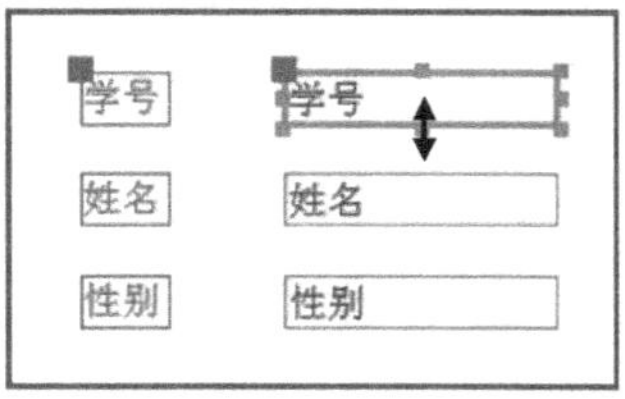

图 5.97　调整控件大小的方法 1

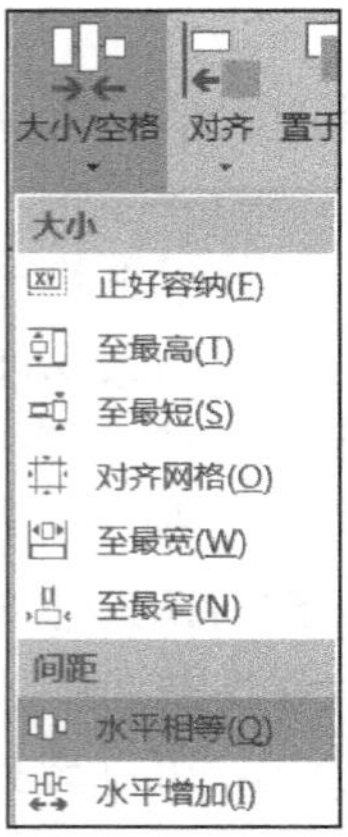

图 5.98　调整控件大小的方法 2

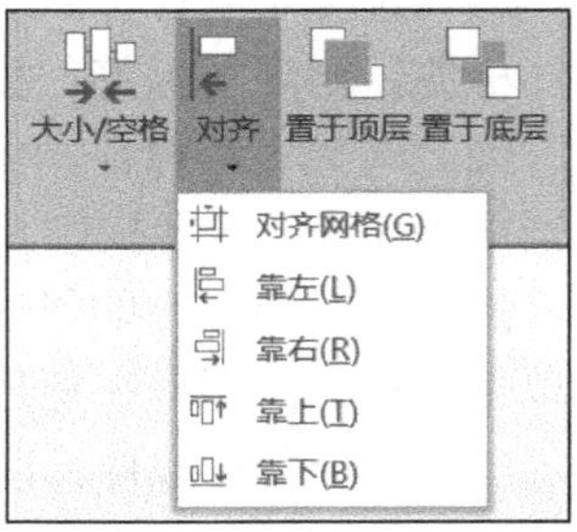

图 5.99　“对齐”下拉列表

5）删除控件

选中要删除的控件（可以是多个控件），然后按 Delete 键，或者右击要删除的控件，在弹出的快捷菜单中选择“删除”选项。

5. 美化窗体

1）应用主题

主题是修饰、美化窗体的一种快捷方法，它具有统一的设计元素和配色方案，使数据库中的所有窗体都具有统一的色调和风格。

在“设计”选项卡的“主题”选项组中包括“主题”“颜色”“字体”3 个按钮。应用主题的操作方法：在设计视图下打开窗体，然后单击“主题”下拉按钮，在弹出的下拉列表中选择所需要的主题即可。

2）添加日期和时间

在窗体中添加的日期和时间不会随着记录的翻页而移动或消失，通常情况下会一直显示在屏幕的顶部或底部，如果想要在窗体中显示日期和时间，则需要把它放在窗体的页眉或页脚节中。

【例 5.17】修改“例 4”窗体，设置窗体页眉和窗体页脚的高度为 1cm，修改窗体标题为“教师工资表”，在窗体页眉中添加徽标和系统时间，在窗体页脚中添加系统日期和标签，标签上显示的内容为“制表日期”。将窗体保存为“例 17”，运行界面如图 5.100 所示。

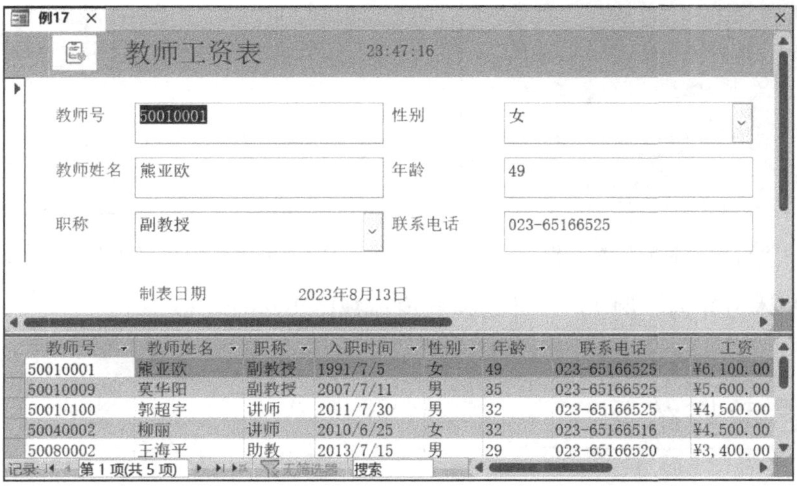

图 5.100　例 5.17 的运行界面

操作步骤如下。

（1）添加徽标。打开“例 4”窗体，并切换到窗体的设计视图，单击“设计”选项卡“页眉/页脚”选项组中的“徽标”按钮，在打开的“插入图片”对话框中选择要插入的图片文件。

（2）设置属性。对象的格式属性设置如表 5.6 所示。

表 5.6　格式属性设置

控件名称	高度	缩放模式
窗体页眉	1cm	—
窗体页脚	1cm	—
Auto_Logo0（徽标）	—	缩放

（3）修改标题。单击“设计”选项卡“页眉/页脚”选项组中的“标题”按钮，输入“教师工资表”作为窗体的标题。

（4）添加日期和时间。单击“设计”选项卡“页眉/页脚”选项组中的“日期和时间”按钮，打开“日期和时间”对话框，如图 5.101 所示，选取样式后，单击“确定”按钮。

将窗体页眉中的“=Date()”文本框拖放至窗体页脚处，并调整其大小和位置。

（5）在窗体页脚添加标签。在窗体页脚处添加一个标签控件，在标签中输入内容“制表日期”，并调整其大小和位置，设计界面如图 5.102 所示。

图 5.101　“日期和时间”对话框

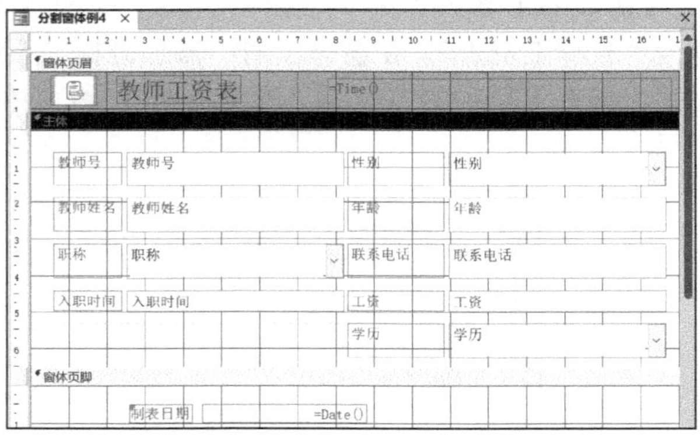

图 5.102　窗体页眉和窗体页脚的设计界面

（6）将窗体另存为“例 17”，并切换到窗体视图下运行窗体。

思考与练习

1．窗体控件的类型可以分为哪几种？

2．版面视图属于 Access 窗体的视图吗？

3．窗体与数据表相比有什么优点？

4．窗体可以实现哪些功能？

拓展训练

训练 1：请完成以“学生”数据表为主窗体，“成绩”数据表为子窗体的窗体创建，注意源数据之间的关联性（学号）。

训练 2：利用“学生”数据表创建一个“垂直标签、左侧”的导航窗体。

训练 3：利用“课程”数据表创建多项目窗体。

训练 4：利用“行政前台”数据表创建分割窗体。

训练 5：请将“学生”数据表窗体的字体格式进行如下设置，文本的字体为华文行楷，字号为 12；效果为加粗，对齐方式为左对齐，颜色为水蓝 5。

训练 6：试着创建一个员工信息窗口，窗体中要能链接员工的工作业绩，功能上要满足浏览信息方便的原则，窗体界面要求生动有趣，尽量美观。

6

项目

报表的创建与使用

学习目标

知识目标

- 了解报表的作用。
- 熟悉报表的结构与类型。
- 熟悉报表的视图模式。
- 掌握报表的创建和编辑方法。

技能目标

- 会根据需要用不同的方式创建报表。
- 会编辑报表。
- 会对报表进行排序和分组。
- 会在报表中使用计算控件。
- 会设计子报表。

素养目标

- 培养学生积极乐观的生活态度。
- 培养学生高尚的审美情操。

情景导入

某学校需要完成教学管理数据库的完善，为便于操作，需要完成教学管理数据库报表的创建，计算教师的工资，对学生的成绩排名报表进行设计、美化及打印工作。

6.1 知识准备——报表概述

报表是将数据库中的数据通过打印机输出的最佳方式。Access 使用报表对象来实现格式数据的打印，将数据库中的表或查询的数据进行组合，形成报表，还可以在报表中添加多级汇总、统计、图片和图表等。报表有助于用户以更好的方式表现数据。

6.1.1　报表的结构

在报表的设计视图下，可以看出报表是由多个部分组成的，这些组成部分称为节。报表通常包括报表页眉、页面页眉、组页眉、主体、组页脚、页面页脚、报表页脚 7 个节。

1. 报表页眉

报表页眉位于报表第一页的顶端，通常用来显示报表的标题、图形或说明文字。每个报表只有一个报表页眉。

2. 页面页眉

页面页眉通常用来显示报表中的字段名称或记录分组的名称。默认打印报表的每一页都有页面页眉，第一页显示在报表页眉的下方，其他页都显示在页面的顶端。

3. 组页眉

如果为报表指定了分组，在页面页眉和页面页脚之间还可以包含分组的页眉和页脚，称为组页眉和组页脚。组页眉主要用来显示分组字段等数据信息。

4. 主体

主体是报表显示数据的主要区域，主要用来显示或打印表或查询中的数据记录。

5. 组页脚

组页脚主要用来显示分组统计数据。

6. 页面页脚

页面页脚通常用来显示页码或控制项的合计内容等。默认打印报表的每一页都会显示页面页脚，并显示在每页的底部。

7. 报表页脚

报表页脚位于报表的最后一页，通常用来显示整个报表的汇总说明，显示或打印在所有数据的最后。

报表在设计视图和报表视图下的结构组成，如图 6.1 所示。

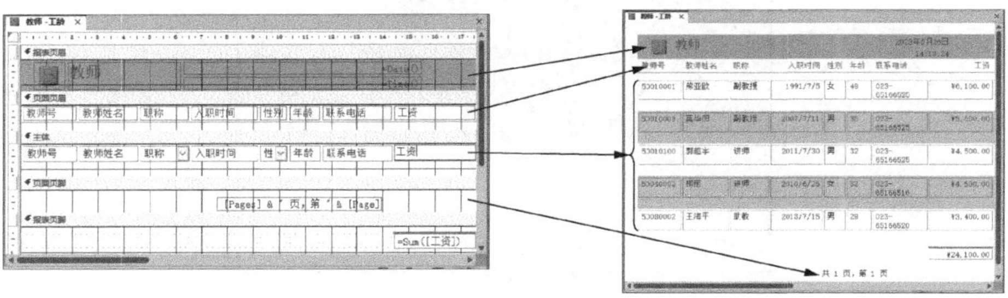

图 6.1　报表在设计视图和报表视图下的结构组成

6.1.2 报表的类型

Access 可以创建多种类型的报表，不同类型的报表具有不同的输出布局。常见的报表类型有表格式报表、纵栏式报表、标签式报表和图表报表等。

1. 表格式报表

表格式报表是最常见的一种报表输出格式。在表格式报表中，数据源的每个字段独占一列，与用行和列来显示数据的表格类似，如图 6.2 所示。表格式报表也称为分组/汇总报表，可以将数据分组，并对每组中的数据进行统计和计算。

教师　2023年8月22日 23:22:14

教师号	教师姓名	职称	入职时间	性别	年龄	联系电话	工资	学历
50010001	熊亚欧	副教授	1991/7/5	女	49	023-65166525	¥6,100.00	硕士研究生
50010009	莫华阳	副教授	2007/7/11	男	35	023-65166525	¥5,600.00	硕士研究生
50010100	郭超宇	讲师	2011/7/30	男	32	023-65166525	¥4,500.00	本科
50040002	柳丽	讲师	2010/6/25	女	32	023-65166516	¥4,500.00	本科
50080002	王海平	助教	2013/7/15	男	29	023-65166520	¥3,400.00	本科

图 6.2　表格式报表

2. 纵栏式报表

纵栏式报表也称窗体报表，每行默认输出两列信息，一列是数据源的字段名，另一列是该字段的值，如图 6.3 所示。

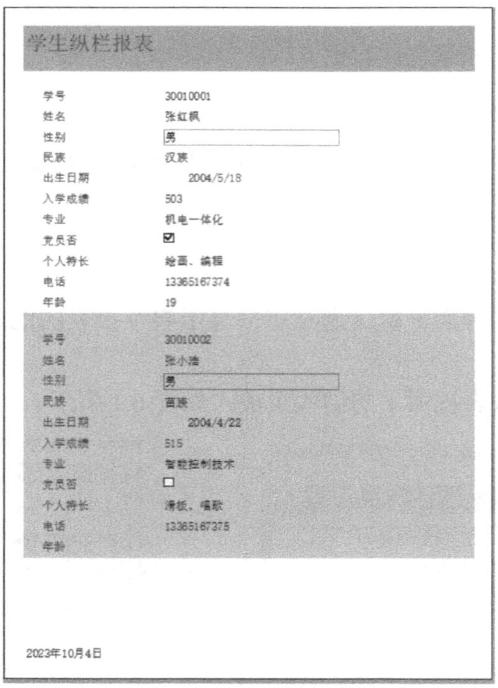

图 6.3　纵栏式报表

3. 标签式报表

标签式报表是指从报表数据源中提取所需字段，制作成类似名片的短信息形式报表，如图 6.4 所示。在实际应用中，标签报表具有很强的实用性，如邮寄物品上粘贴的邮寄地址标签等。

图 6.4　标签式报表

4. 图表报表

图表报表是一种以图表形式展示的报表，如图 6.5 所示。

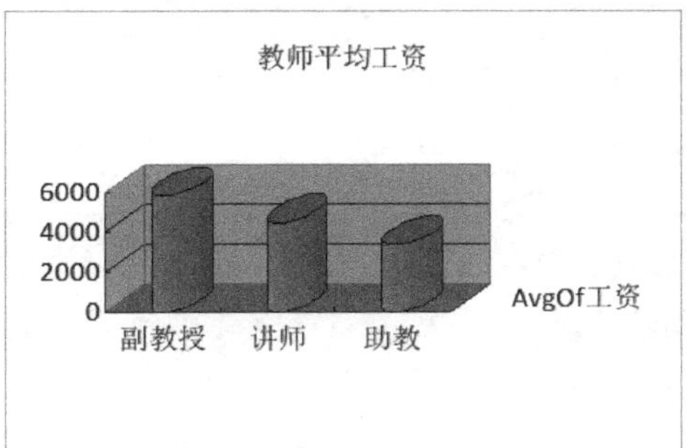

图 6.5　图表报表

6.1.3 报表的视图

Access 为报表提供了 4 种视图，包括报表视图、打印预览、布局视图和设计视图，以帮助用户在不同需求的情况下处理报表。

1. 报表视图

报表视图可以显示报表中的数据。在报表视图中，可以对报表进行高级筛选等操作，如图 6.6 所示。

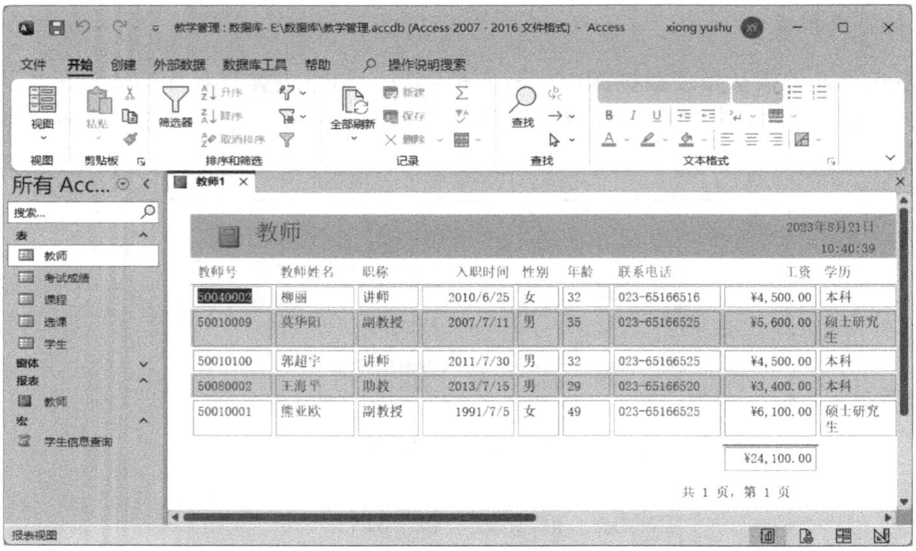

图 6.6　报表视图

2. 打印预览

打印预览可以预览报表的打印效果。在打印预览中，可以对报表进行页面设置，如纸张大小、页边距等，还可以打印报表，如图 6.7 所示。单击“打印预览”选项卡“关闭预览”选项组中的“关闭打印预览”按钮，即可退出打印预览。

图 6.7　打印预览

3. 布局视图

布局视图与报表视图的界面几乎一样，但在布局视图中，可以移动或重新布局控件、删除不需要的控件和重新定义控件的属性，如图 6.8 所示。

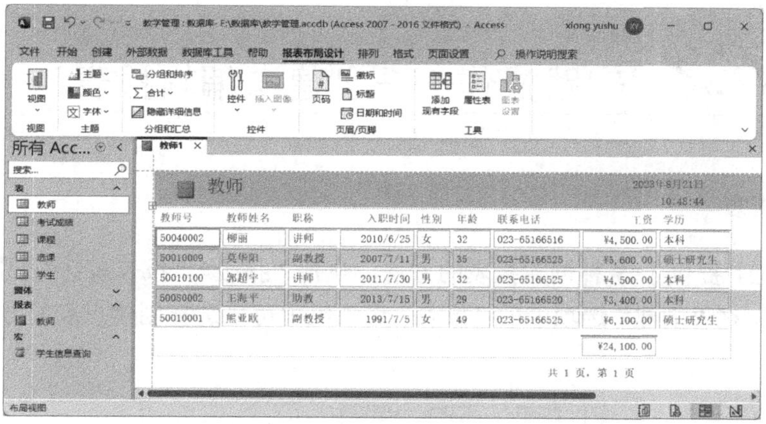

图 6.8　布局视图

4. 设计视图

设计视图用于创建和编辑报表结构，如添加控件、设置报表对象的属性和美化报表布局等，如图 6.9 所示。

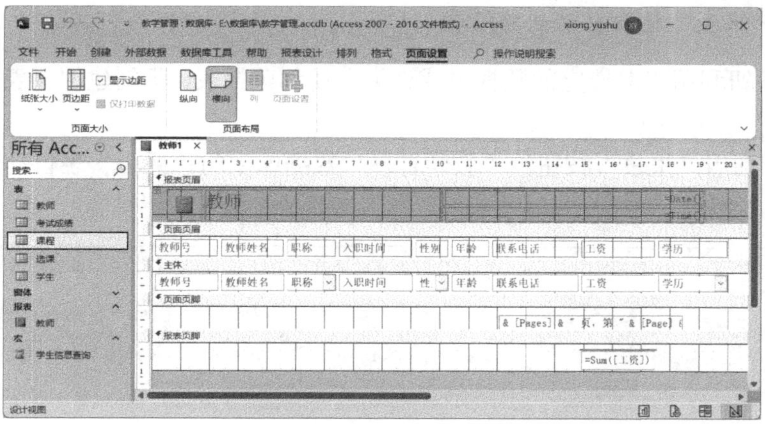

图 6.9　设计视图

5. 视图间的切换

单击“开始”选项卡“视图”选项组中的“视图”下拉按钮，在弹出的下拉列表中选择不同的选项可以在各视图之间进行切换，如图 6.10 所示。

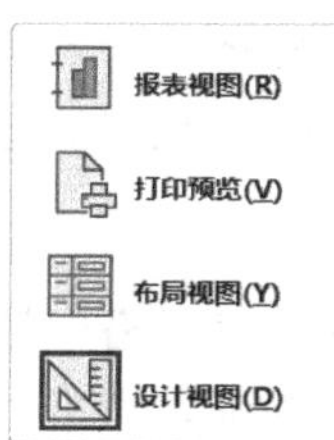

图 6.10　“视图”下拉列表

6.2 实践操作——创建与编辑报表

6.2.1 创建报表

Access 2021 提供了 5 种创建报表的方法，包括“报表”“报表设计”“空报表”“报表向导”“标签”。在“创建”选项卡的“报表”选项组中可以选择创建报表的方法，如图 6.11 所示。

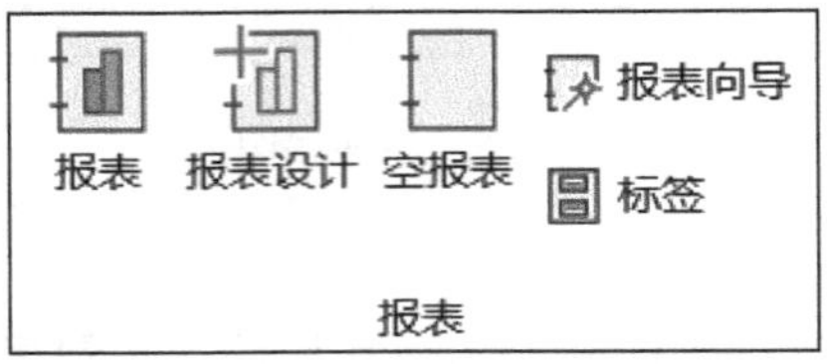

图 6.11　创建报表的方法

1. 使用“报表”按钮自动创建报表

“报表”按钮利用当前选定的数据表或查询自动创建报表，所创建的报表效果与表格式报表类似。

【例 6.1】 利用“报表”按钮给“教学管理”数据库中的“课程”表自动创建如图 6.12 所示的“课程”报表。

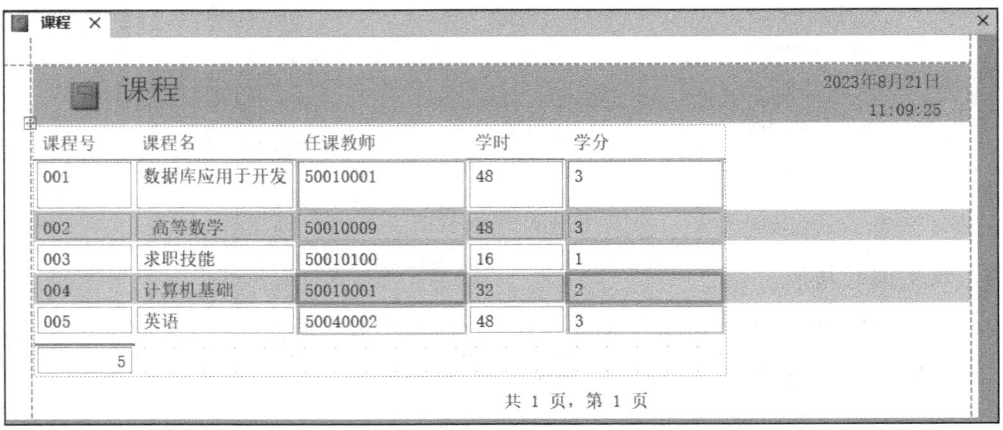

图 6.12　报表完成效果

操作步骤如下。

（1）打开“教学管理”数据库，在导航窗格中选中“课程”表。

（2）单击“创建”选项卡“报表”选项组中的“报表”按钮，系统自动生成报表，并进入布局视图，效果如图 6.13 所示。

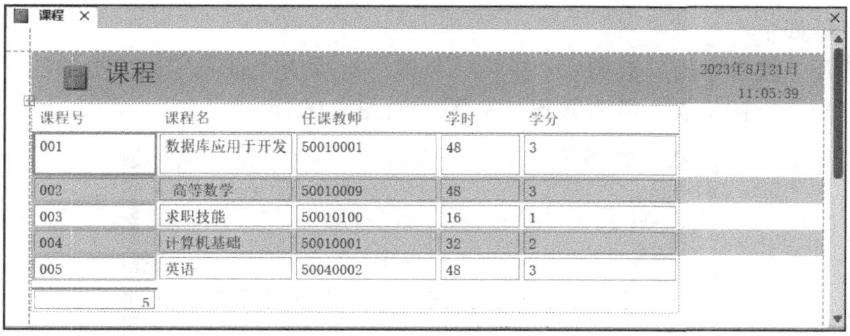

图 6.13　系统自动生成的报表

（3）单击选中“课程名”字段，将鼠标指针移到“课程名”和“任课教师”两个字段的交界处，当鼠标指针变为“↔”形状时，按住鼠标左键并拖动调整“课程名”字段的宽度，使所有课程名都显示在一行。

（4）单击快速访问工具栏中的“保存”按钮，打开“另存为”对话框，如图 6.14 所示，在“报表名称”文本框中输入报表名称为“课程”，然后单击“确定”按钮。

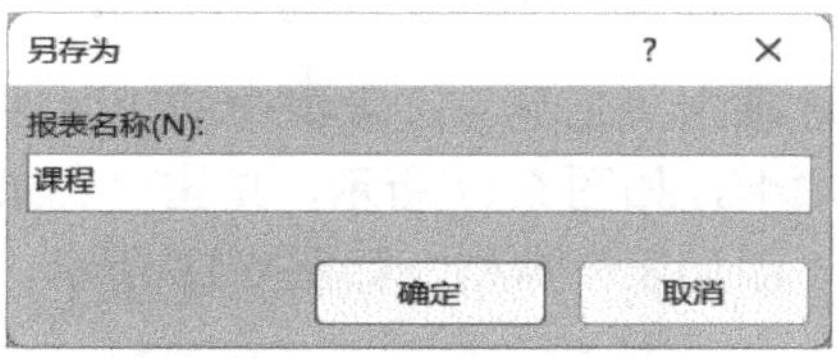

图 6.14　报表“另存为”对话框

2. 使用“报表设计”按钮创建报表

使用“报表设计”按钮创建报表时，会进入报表的设计视图，通过添加各种控件来设计并生成报表。

【例 6.2】利用“报表设计”按钮给“学生”“选课”“课程”表创建如图 6.15 所示的“学生选课情况”报表。

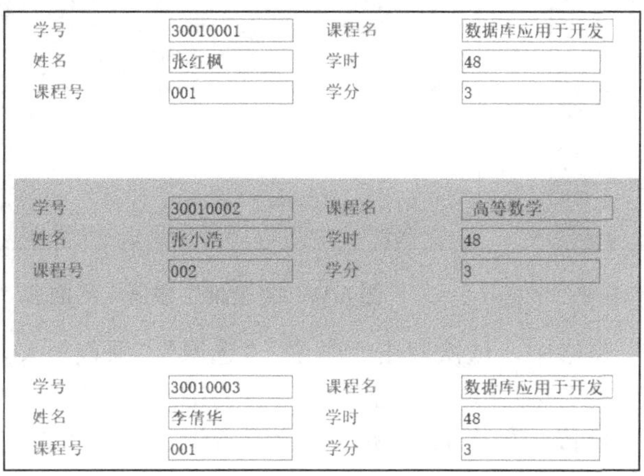

图 6.15　报表预览效果（部分数据）

操作步骤如下。

（1）打开“教学管理”数据库，单击“创建”选项卡“报表”选项组中的“报表设计”按钮，新建一个空白报表，并进入设计视图，如图 6.16 所示。

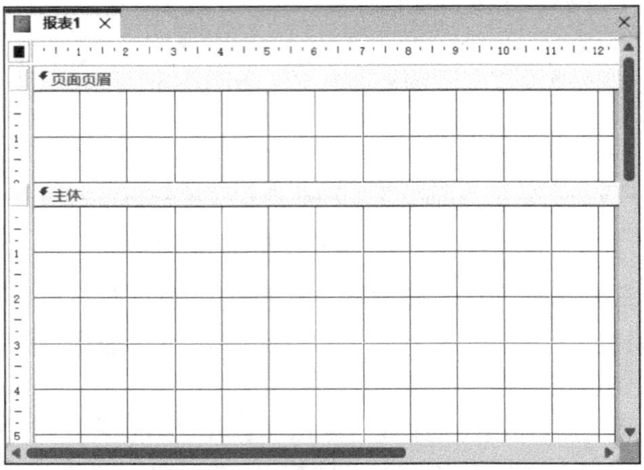

图 6.16　设计视图下的空白报表

（2）单击报表“设计”选项卡“工具”选项组中的“属性表”按钮，在打开的“属性表”窗格中选择“全部”选项卡，如图 6.17 所示，单击“记录源”右侧的生成器按钮，打开“查询生成器”界面和“添加表”窗格，如图 6.18 所示。

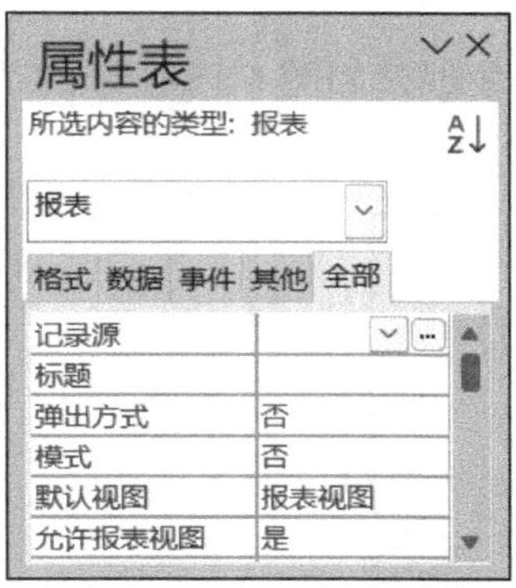

图 6.17　“属性表”窗格

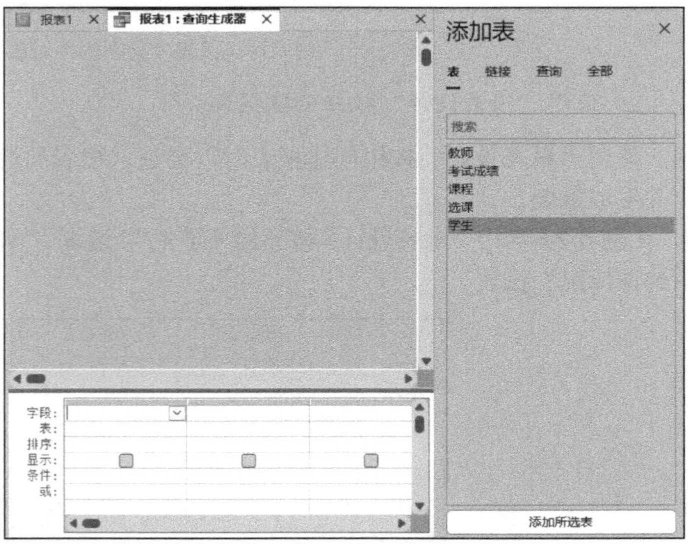

图 6.18　“查询生成器”界面和“添加表”窗格

（3）在“添加表”窗格中，依次双击“学生”“选课”“课程”表，然后关闭“添加表”窗格，再依次双击“学生”表中的“学号”“姓名”字段和“课程”表中的“课程号”“课程名”“学时”“学分”字段，如图 6.19 所示。保存查询，关闭“查询生成器”界面。

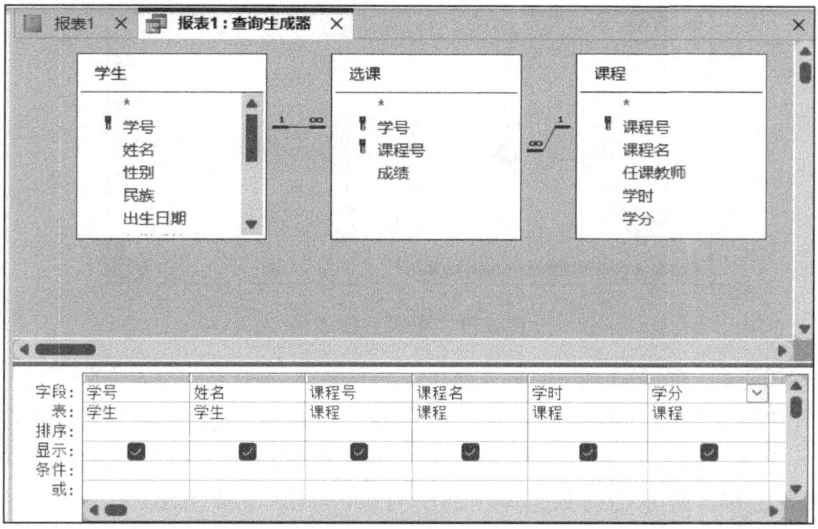

图 6.19 设计后的“查询生成器”界面

（4）单击“设计”选项卡“工具”选项组中的“添加现有字段”按钮，打开“字段列表”窗格，依次双击“学号”“姓名”“课程号”“课程名”“学时”“学分”字段。适当调整报表布局，设计视图下报表的完成效果如图 6.20 所示。

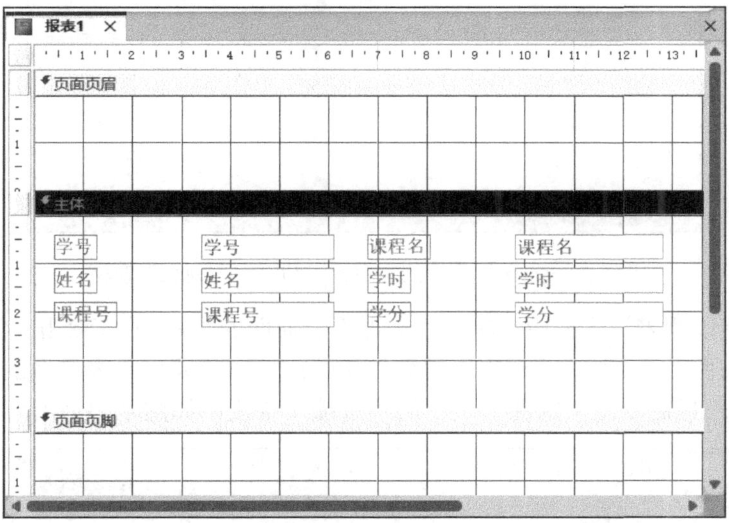

图 6.20 设计视图下报表的完成效果 1

（5）保存报表，将其命名为“学生选课情况”，并切换到打印预览视图。

3. 使用“空报表”按钮创建报表

使用“空报表”按钮创建的是一个空白报表，通过向报表中添加字段来生成报表。

【例 6.3】 利用“空报表”按钮给“学生”“选课”“课程”表创建如图 6.21 所示的“学生成绩”报表。报表中显示“学号”“姓名”“课程名”“成绩”字段。

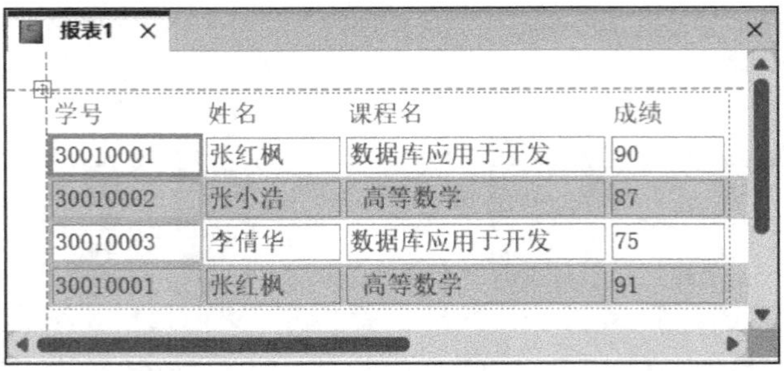

图 6.21　报表完成效果

操作步骤如下。

（1）打开“教学管理”数据库，单击“创建”选项卡“报表”选项组中的“空报表”按钮，新建一个空白报表，并进入布局视图，屏幕右侧自动显示“字段列表”窗格，单击“显示所有表”链接，显示当前数据库中的所有表，如图 6.22 所示。

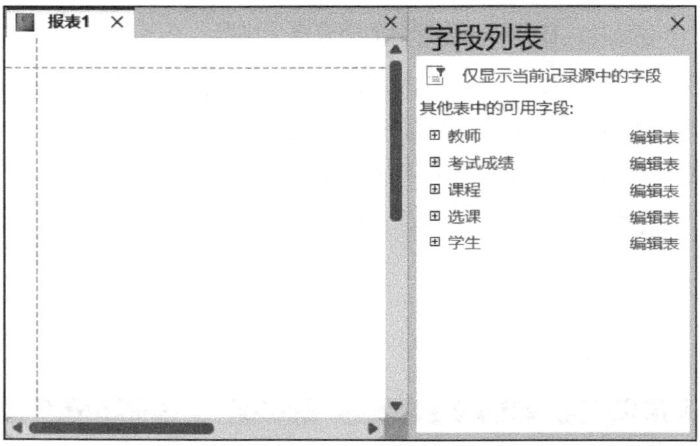

图 6.22　布局视图下的空白报表和“字段列表”窗格

（2）在“字段列表”窗格中，单击“选课”表前面的“+”号，双击“学号”字段；单击“学生”表前面的“+”号，双击“姓名”字段；单击“课程”表前面的“+”号，双击“课程名”字段；最后双击“选课”表下的“成绩”字段，如图 6.23 所示。

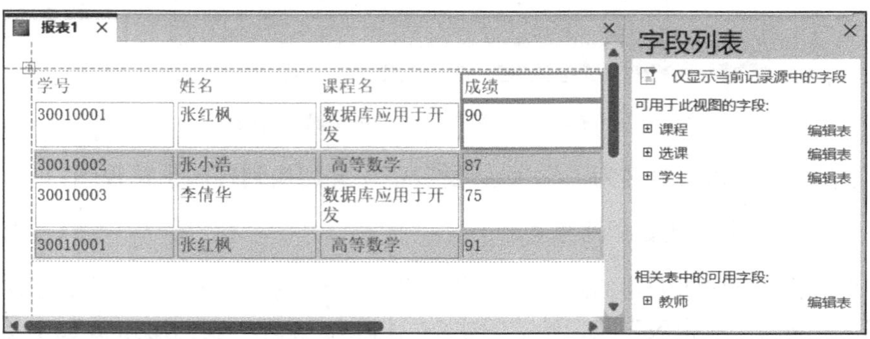

图 6.23　添加字段后的报表和“字段列表”窗格

（3）调整“课程名”字段的宽度，使所有课程名都显示在一行。

（4）保存报表，将其命名为“学生成绩”。

4. 使用“报表向导”按钮创建报表

使用“报表向导”按钮创建报表时，会借助向导的提示完成报表的创建。在“报表向导”对话框中，可以根据需要选择字段和报表类型，还可以选择一个或多个数据表或查询中的数据，创建多数据表的报表。

【例 6.4】 利用“报表向导”按钮给“教师”表创建如图 6.24 所示的“教师主要信息”报表。报表中显示“教师号”“教师姓名”“职称”“联系电话”字段，不添加分组级别，按“教师号”升序排序，布局为“纵栏表”，方向为“纵向”，报表标题为“教师主要信息”。

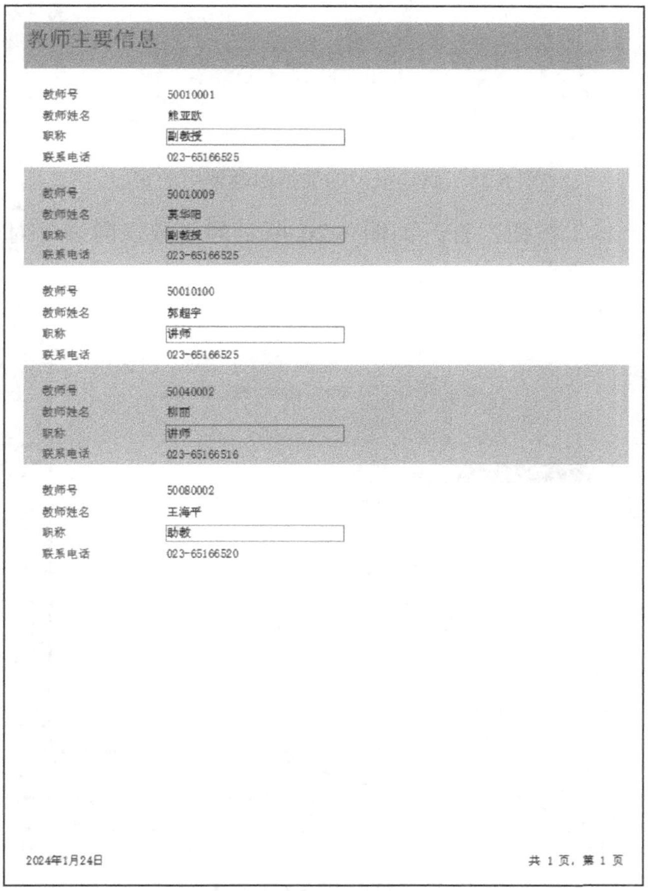

图 6.24　报表预览效果 1

操作步骤如下。

（1）打开“教学管理”数据库，单击“创建”选项卡“报表”选项组中的“报表向导”按钮，打开“报表向导”对话框，如图 6.25 所示。在“表/查询”下拉列表中选择“表: 教师”选项。在“可用字段”列表框中，依次双击“教师号”“教师姓名”“职称”“联系电话”字段，将它们添加到“选定字段”列表框中。

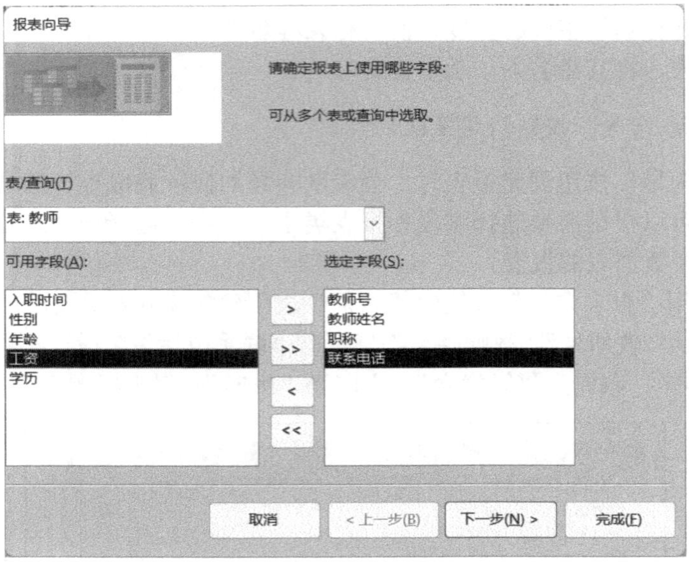

图 6.25　确定报表的数据源及使用的字段

（2）单击“下一步”按钮，打开如图 6.26 所示的“报表向导”对话框，不添加分组级别。

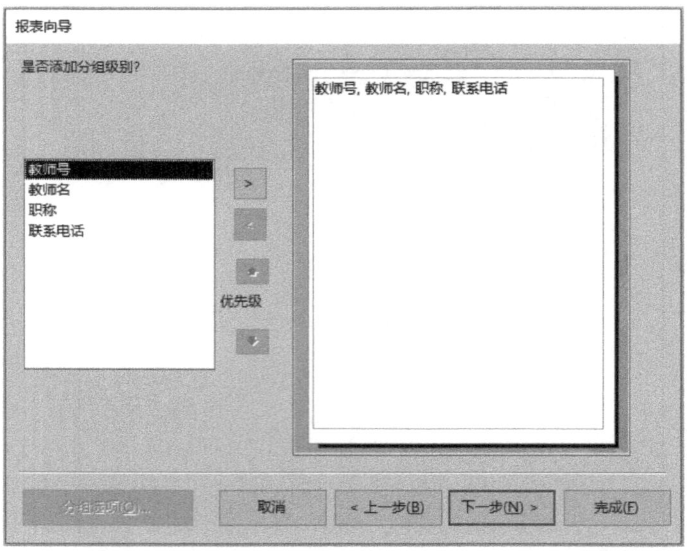

图 6.26　确定是否添加分组级别

（3）单击“下一步”按钮，打开如图 6.27 所示的“报表向导”对话框，在“1”下拉列表中选择“教师号”选项。

（4）单击“下一步”按钮，打开如图 6.28 所示的“报表向导”对话框，选中“纵栏表”单选按钮。

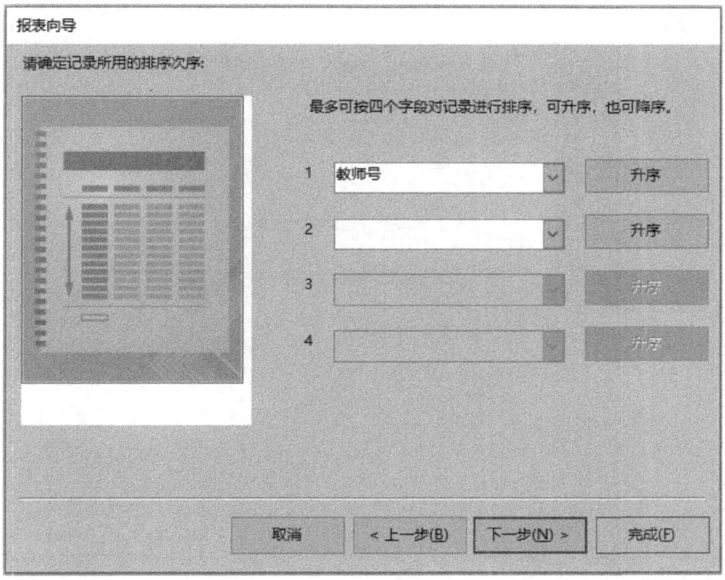

图 6.27　确定记录所用的排序次序

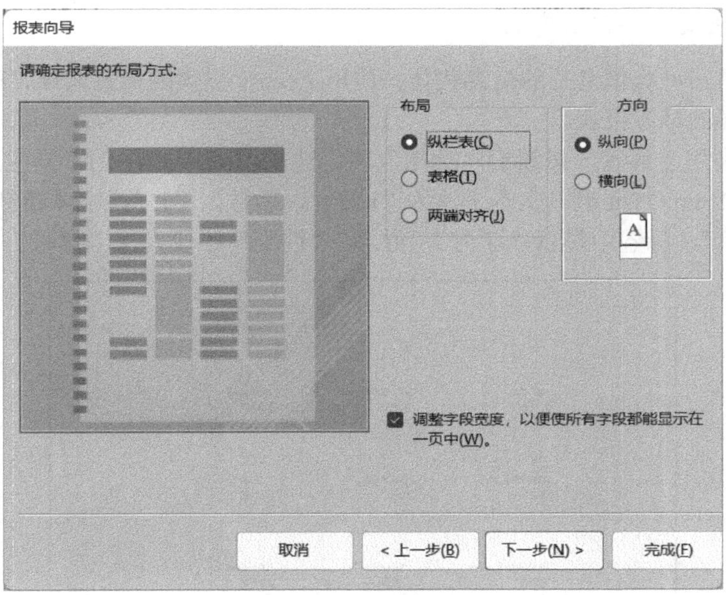

图 6.28　确定报表的布局方式

（5）单击“下一步”按钮，打开如图 6.29 所示的“报表向导”对话框，在“请为报表指定标题”文本框中输入报表的标题为“教师主要信息”。

（6）单击“完成”按钮，完成报表的创建，并进入打印预览视图。

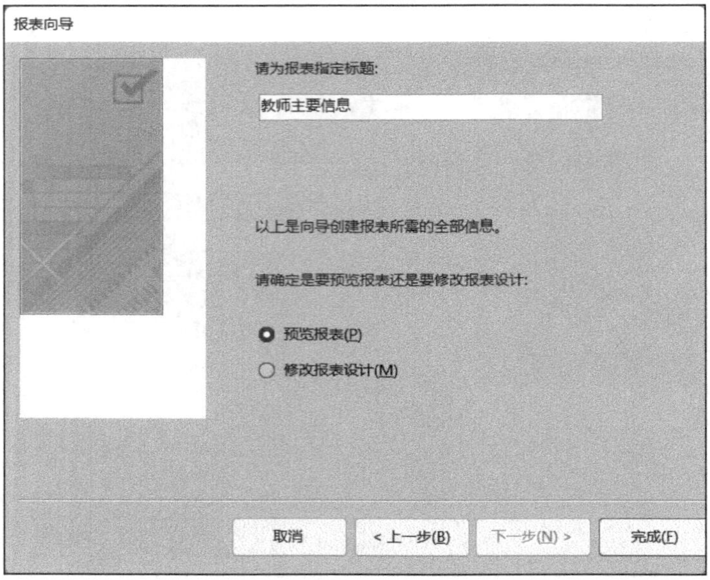

图 6.29　为报表指定标题

5. 使用“标签”按钮创建报表

标签报表是一种类似名片的信息载体，使用 Access 提供的标签向导，可以方便、灵活地制作各式各样的标签报表。

【例 6.5】利用“标签”按钮给“学生”表创建如图 6.30 所示的“学生选课证”报表。标签尺寸为“21mm×15mm”，文本字体为“幼圆”，字号为“11”，字体粗细为“中等”，文本颜色为“黑色”，标签中显示“学号”“姓名”“性别”字段，按“学号”排序。

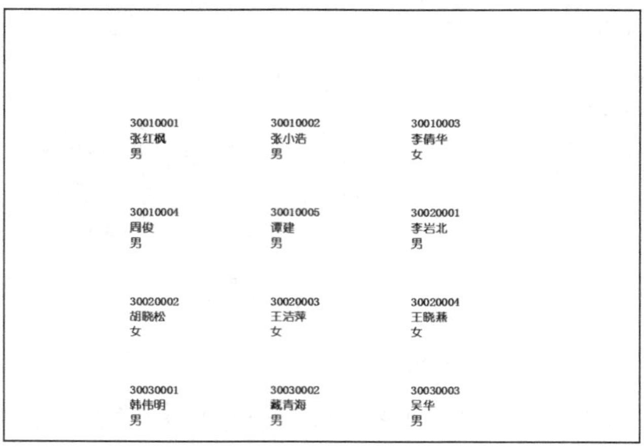

图 6.30　报表预览效果 2

操作步骤如下。

（1）打开“教学管理”数据库，在导航窗格中单击选中“学生”表。

（2）单击“创建”选项卡“报表”选项组中的“标签”按钮，打开“标签向导”对话框，如图 6.31 所示。在“请指定标签尺寸”列表框中选择第 2 行选项。

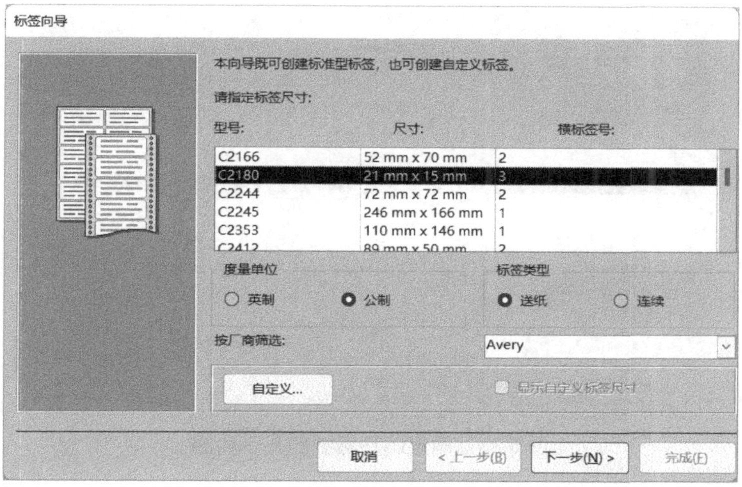

图 6.31　指定标签的尺寸

（3）单击“下一步”按钮，打开如图 6.32 所示的“标签向导”对话框，设置字体为“幼圆”，字号为“11”，字体粗细为“中等”，文本颜色为“黑色”。

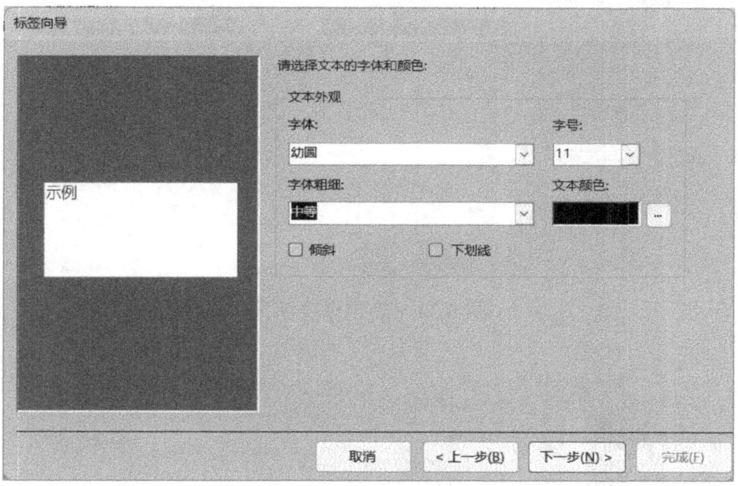

图 6.32　选择文本的字体和颜色

（4）单击“下一步”按钮，打开如图 6.33 所示的“标签向导”对话框，在“原型标签”列表框中输入“学号:”，在“可用字段”列表框中双击“学号”字段，将其添加到“原型标签”列表框中“学号:”的后面，按 Enter 键另起一行。使用同样的方法再依次添加“姓名”和“性别”字段。

（5）单击“下一步”按钮，打开如图 6.34 所示的“标签向导”对话框，在“可用字段”列表框中双击“学号”字段，将其添加到“排序依据”列表框中。

（6）单击“下一步”按钮，打开如图 6.35 所示的“标签向导”对话框，在“请指定报表的名称”文本框中输入报表的名称为“学生选课证”。

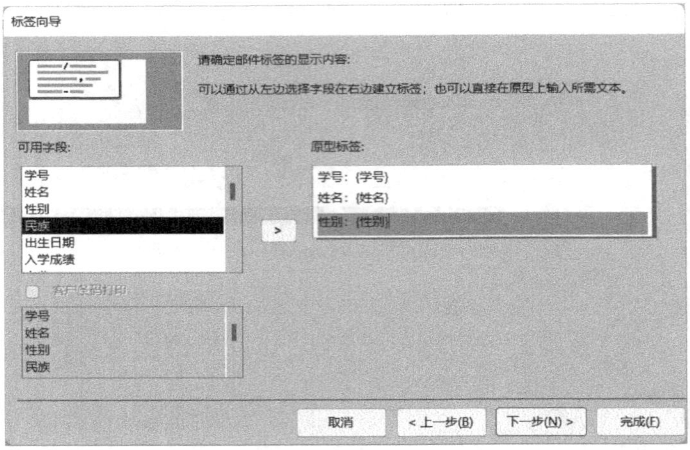

图 6.33　确定邮件标签的显示内容

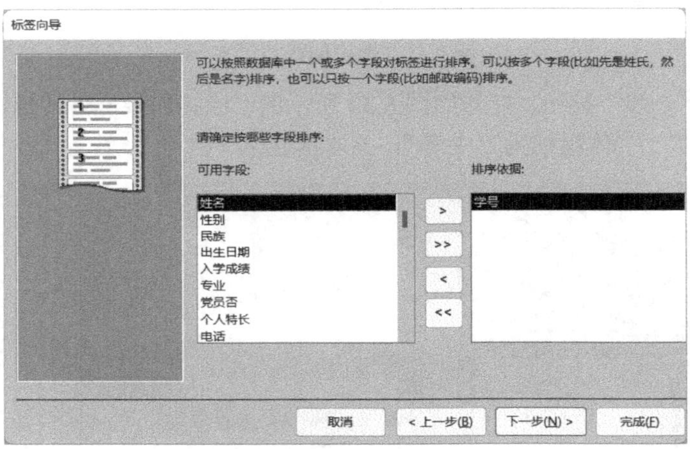

图 6.34　确定排序字段

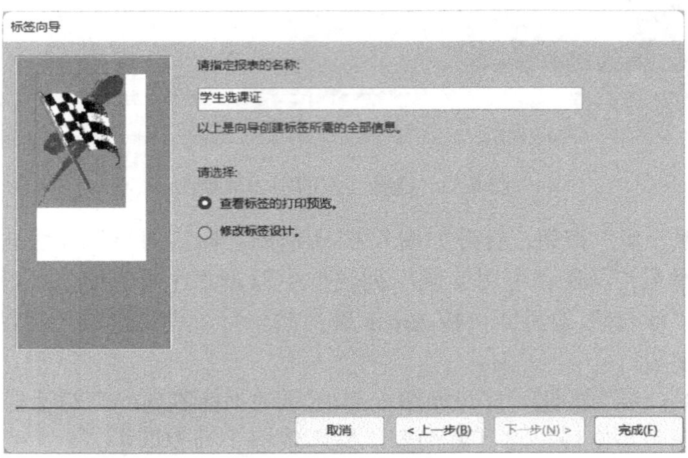

图 6.35　指定报表的名称

（7）单击“完成”按钮，完成标签报表的创建，并进入打印预览视图。

6. 创建图表报表

图表报表以图表的形式呈现数据信息，可以更直观地表示数据之间的关系。

【例 6.6】 利用“图表向导”对话框给“教师”表创建如图 6.36 所示的图表报表“教师平均工资”。以“柱形圆柱图”的形式表示“教师”表中各职称教师的平均工资，图表标题为“教师平均工资”。

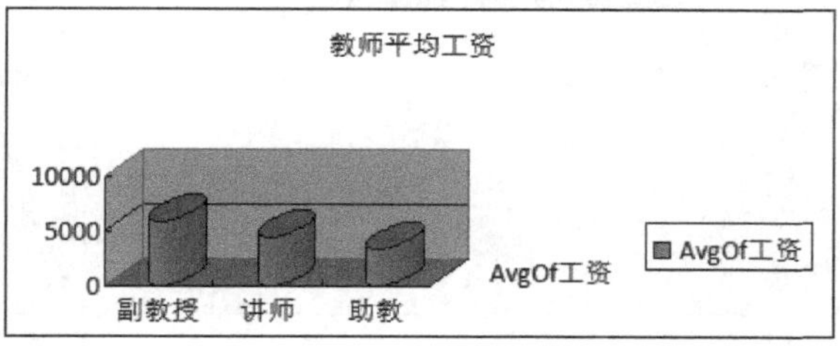

图 6.36　报表预览效果 3

操作步骤如下。

（1）打开“教学管理”数据库，单击“创建”选项卡“报表”选项组中的“报表设计”按钮，新建一个空白报表，并进入设计视图。

（2）单击“报表设计”选项卡“控件”选项组中的“图表”按钮，在“主体”节中单击，打开“图表向导”对话框，如图 6.37 所示。在列表框中选择“表: 教师”选项。

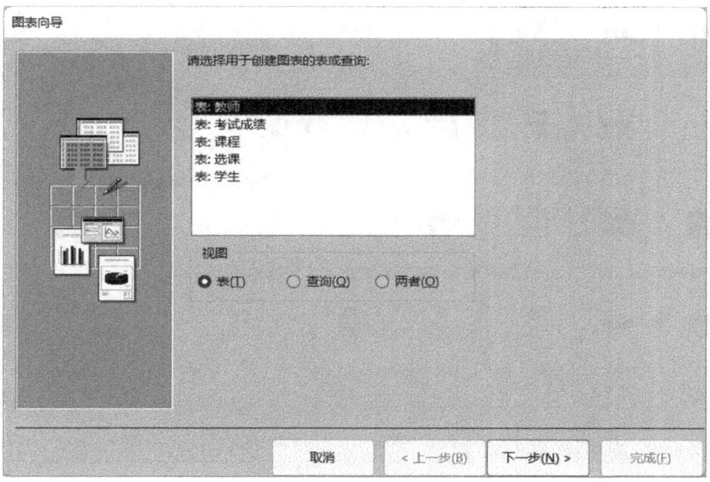

图 6.37　选择用于创建图表的表或查询

（3）单击“下一步”按钮，打开如图 6.38 所示的“图表向导”对话框，依次双击“可用字段”列表框中的“职称”和“工资”字段，将它们添加到“用于图表的字段”列表框中。

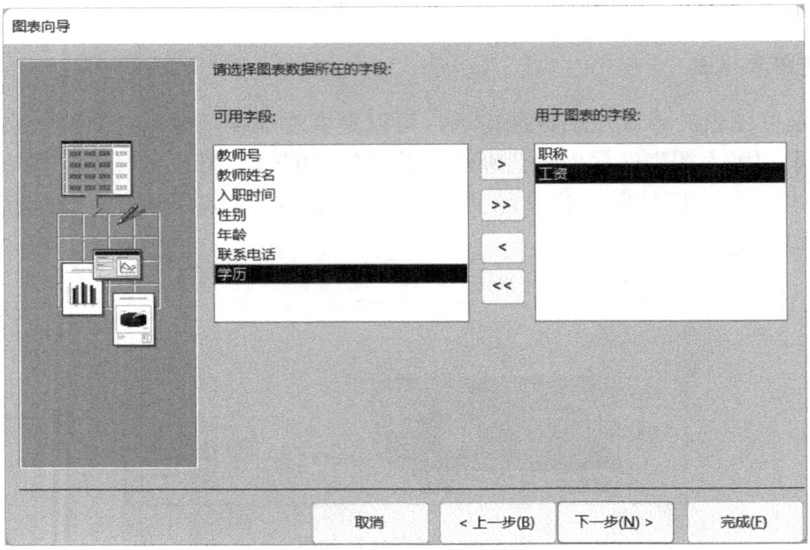

图 6.38　选择图表数据所在的字段

（4）单击“下一步”按钮，打开如图 6.39 所示的“图表向导”对话框，在列表框中选择“柱形圆柱图”选项。

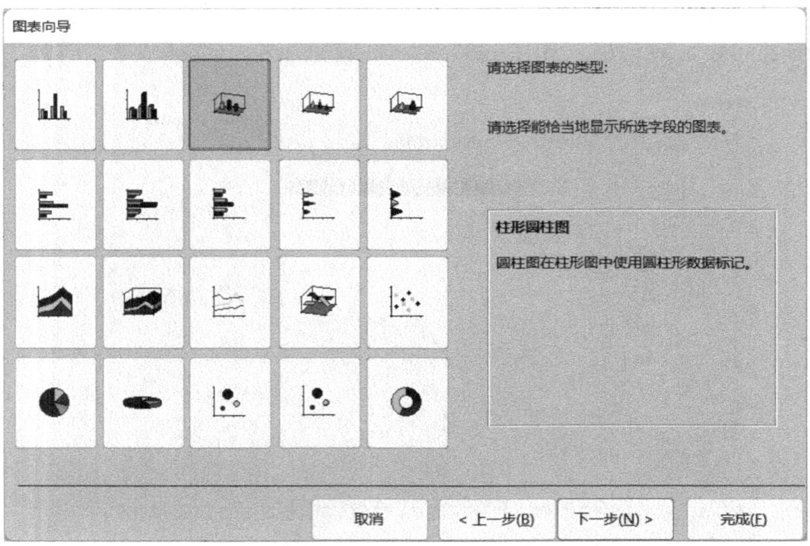

图 6.39　选择图表的类型

（5）单击“下一步”按钮，打开如图 6.40 所示的“图表向导”对话框，双击“工资合计”选项，打开“汇总”对话框，如图 6.41 所示，在列表框中选择“平均值”选项，然后单击“确定”按钮。

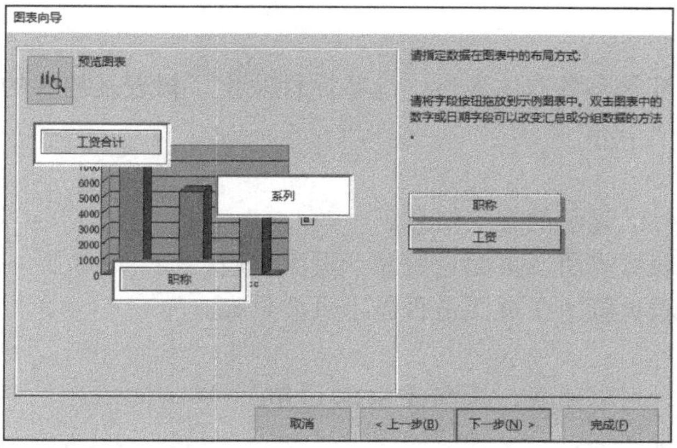

图 6.40　指定数据在图表中的布局方式

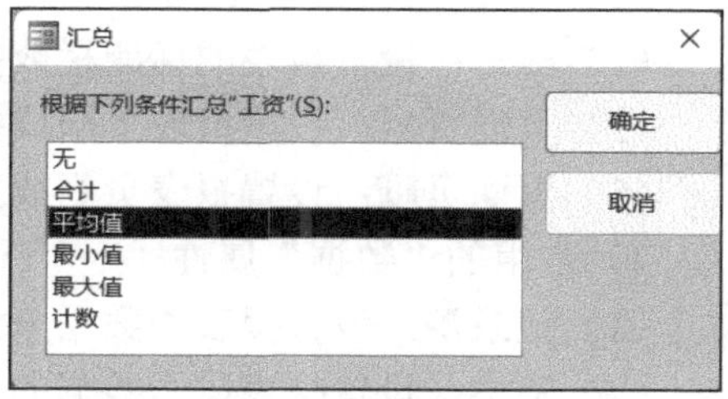

图 6.41　“汇总”对话框

（6）单击“下一步”按钮，打开如图 6.42 所示的“图表向导”对话框，输入图表的标题为“教师平均工资”。

（7）单击“完成”按钮，完成图表的创建，完成效果如图 6.43 所示。

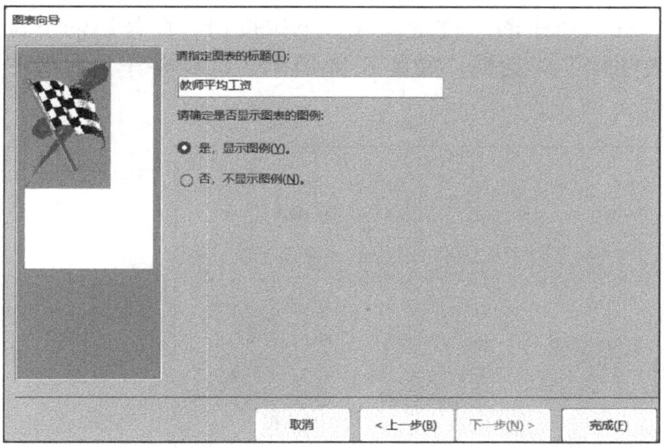

图 6.42　指定图表的标题

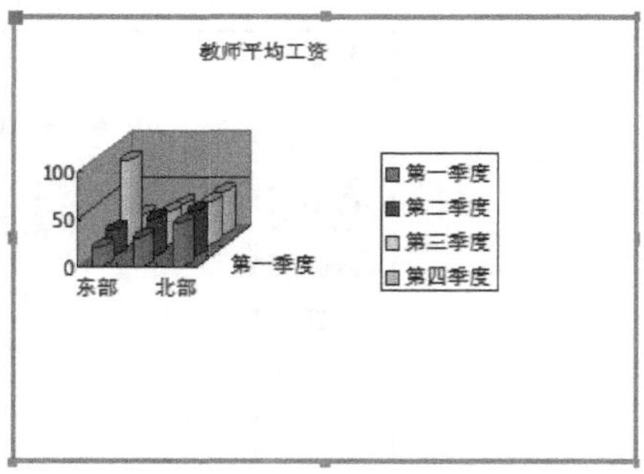

图 6.43　图表完成效果

（8）将报表切换到布局视图，按住鼠标左键并拖动图表的 4 个边或 4 个角，可以调整图表的大小。

（9）将报表切换到设计视图，可以格式化图表。首先，双击图表空白处，进入图表编辑状态。然后，双击图表的各组成部分，在打开的对话框中设置各部分的格式。最后，单击图表外的空白处，退出图表编辑状态。

（10）保存报表，将其命名为“教师平均工资”，并切换到打印预览视图。

6.2.2　编辑报表

报表创建完成后，可以在设计视图中对其进行编辑和修改，主要操作有添加背景图像、日期和时间及页码等。

1. 报表与控件的属性

与窗体类似，报表及报表中的控件都具有各自的属性，这些属性决定了报表及控件的外观、包含的数据及对事件的响应。

1）常用的“格式”属性

（1）标题：设置报表的标题栏或控件上显示的文字信息。

（2）页面页眉：设置报表页眉或报表页脚所在页面是否显示页面页眉。

（3）页面页脚：设置报表页眉或报表页脚所在页面是否显示页面页脚。

2）常用的“数据”属性

（1）记录源：设置报表的数据来源，可以是表、查询或 SQL 语句。

（2）筛选：设置报表显示数据的筛选条件。

（3）排序依据：设置报表显示数据的排列次序。

2. 添加背景图像

添加背景图像的操作步骤如下。

（1）打开数据库，在导航窗格中双击要打开的报表，切换到设计视图。

（2）单击“格式”选项卡“背景”选项组中的“背景图像”下拉按钮，在弹出的下拉列表中选择“浏览”选项，打开“插入图片”对话框，如图 6.44 所示。选择要作为背景图像的图片，然后单击“确定”按钮即可。

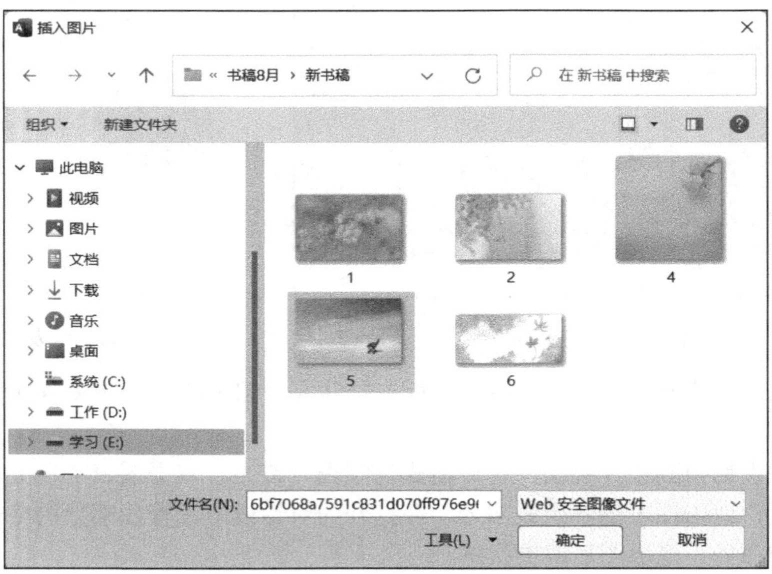

图 6.44 “插入图片”对话框

3. 添加日期和时间

添加日期和时间的操作步骤如下。

（1）打开数据库，在导航窗格中双击要打开的报表，切换到设计视图。

（2）单击“设计”选项卡“页眉/页脚”选项组中的“日期和时间”按钮，打开“日期和时间”对话框，如图 6.45 所示。选中“包含日期”和“包含时间”复选框，并设置其显示格式，然后单击“确定”按钮即可。

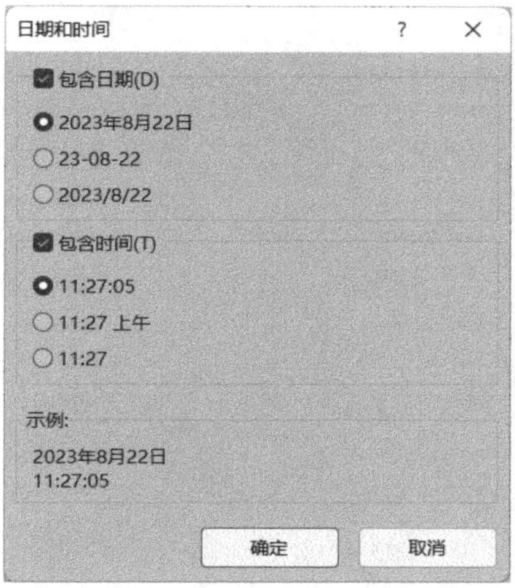

图 6.45　“日期和时间”对话框

4. 添加页码

添加页码的操作步骤如下。

（1）打开数据库，在导航窗格中双击要打开的报表，切换到设计视图。

（2）单击“设计”选项卡“页眉/页脚”选项组中的“页码”按钮，打开“页码”对话框，如图 6.46 所示。设置页码的格式、位置、对齐及首页是否显示页码，然后单击“确定”按钮即可。

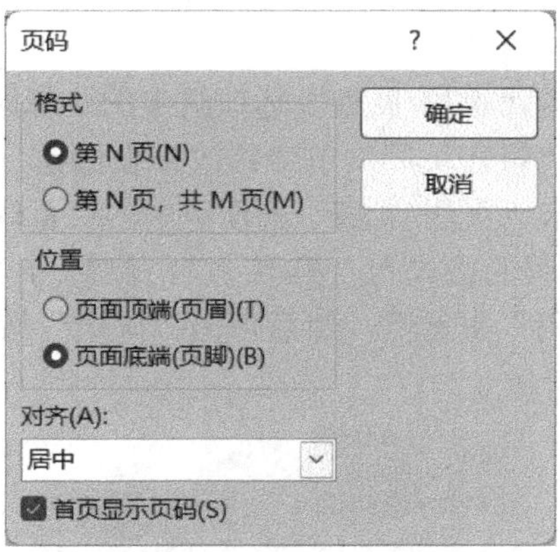

图 6.46　“页码”对话框

【例 6.7】修改例 6.2 中的“学生选课情况”报表，为报表添加标题“学生选课情况”，添加背景，为报表添加页码，格式为“第 N 页”，位置为“页面底端（页脚）”，对齐为“居中”，首页显示页码；为报表添加日期，格式为“××××/××/××”；在“报表页脚”节添加一个“标签”控件，标题为“日期:”，将“报表页眉”节中插入的日期对象“=Date()”剪切并粘贴到“报表页脚”节。修改后报表的预览效果如图 6.47 所示，将报表另存为“学生选课情况-修改”。

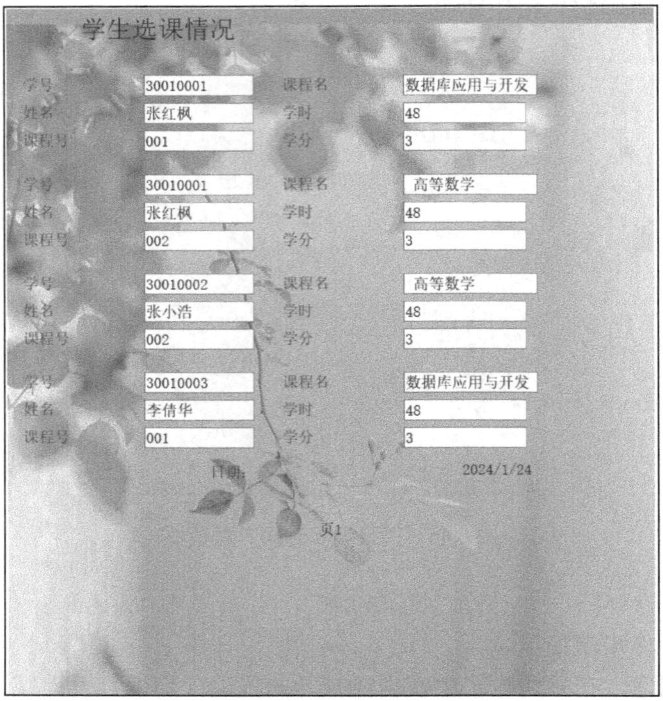

图 6.47　修改后报表的预览效果 1

操作步骤如下。

（1）打开“教学管理”数据库，在导航窗格中双击打开报表“学生选课情况”，切换到设计视图。

（2）单击“设计”选项卡“页眉/页脚”选项组中的“标题”按钮，添加“报表页眉”和“报表页脚”节，可以在“报表页眉”节中修改报表标题。

（3）单击“设计”选项卡“页眉/页脚”选项组中的“页码”按钮，打开“页码”对话框，如图 6.48 所示。设置页码的格式为“第 N 页”，位置为“页面底端（页脚）”，对齐为“居中”，选中“首页显示页码”复选框，然后单击“确定”按钮。

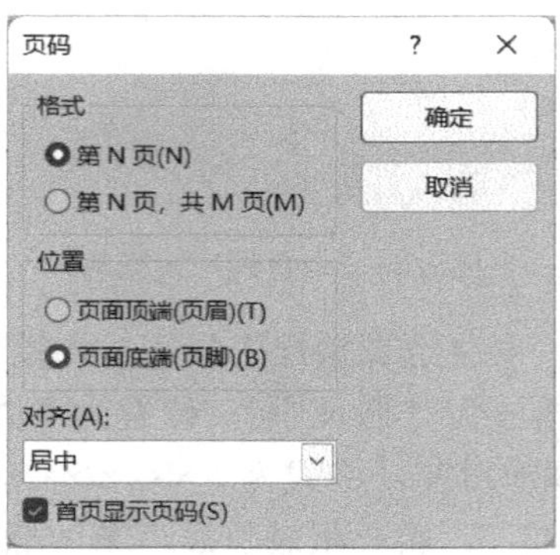

图 6.48　设置页码

（4）单击“设计”选项卡“页眉/页脚”选项组中的“日期和时间”按钮，打开“日期和时间”对话框，如图 6.49 所示。选中“包含日期”复选框，设置日期格式为“2023/8/22”，取消选中“包含时间”复选框，然后单击“确定”按钮即可。

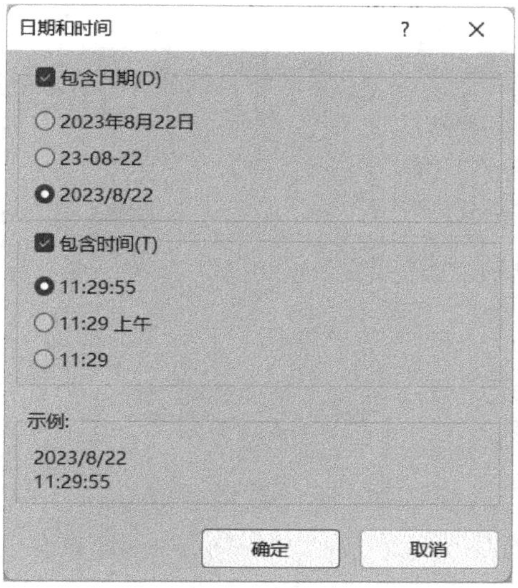

图 6.49　设置日期

（5）单击“报表设计”选项卡“控件”选项组中的“标签”按钮，在“报表页脚”节中单击，插入一个“标签”控件，在标签中输入“日期:”。

（6）将“报表页眉”节中插入的日期对象“Date()”剪切并粘贴到“报表页脚”节。适当调整报表布局，设计视图下报表的完成效果如图 6.50 所示。

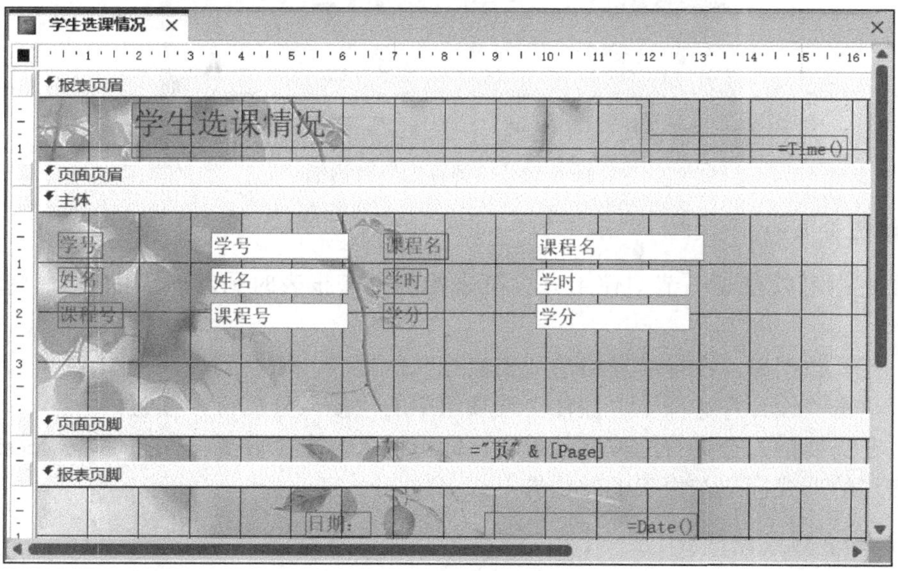

图 6.50　设计视图下报表的完成效果 2

（7）选择“文件”→“另存为”选项，打开“另存为”界面，如图 6.51 所示。选择数据库文件类型为“将对象另存为”，然后单击“另存为”按钮，打开“另存为”对话框，如图 6.52 所示。输入报表的名称为“学生选课情况-修改”，然后单击“确定”按钮。将报表切换到打印预览视图。

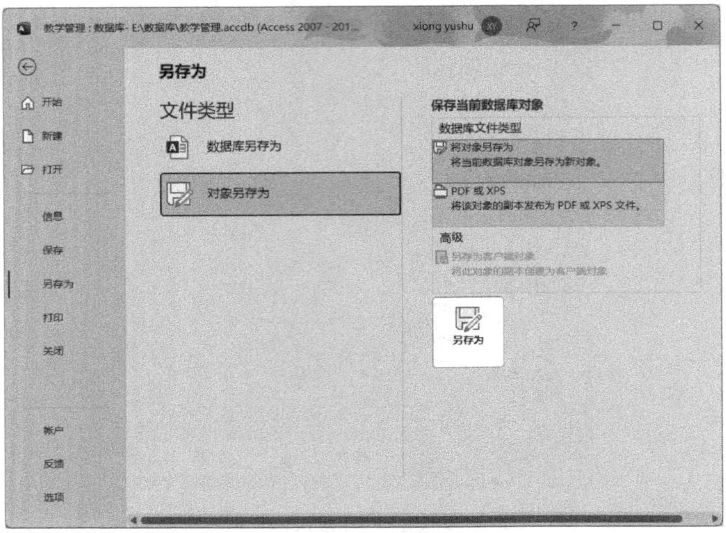

图 6.51 “另存为”界面

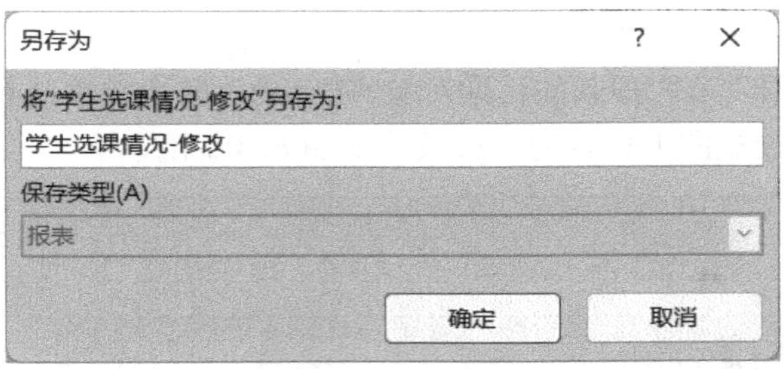

图 6.52 “另存为”对话框

5. 设置分页

在报表中可以在某一节中使用分页符来控制打印报表时另起一页的位置，操作步骤如下。

（1）打开数据库，在导航窗格中双击要打开的报表，切换到设计视图。

（2）单击“设计”选项卡“控件”选项组中的“插入分页符”按钮。

（3）在需要插入分页符的位置处单击，即可插入一个“分页符”控件，Access 将分页符以短虚线的形式标记在报表的左边界上。

6. 添加直线或矩形

添加直线或矩形的操作步骤如下。

（1）打开数据库，在导航窗格中双击打开报表，切换到设计视图。

（2）单击“设计”选项卡“控件”选项组中的“其他”按钮，展开控件列表框，如图 6.53 所示。

图 6.53　控件列表框

（3）在控件列表框中单击“直线”按钮或“矩形”按钮，在需要插入直线或矩形的位置处单击，即可插入一个“直线”或“矩形”控件。

6.2.3　报表排序与分组

使用 Access 的“分组和排序”功能，可以将报表中具有相同特征的记录进行分组或排序。

1. 记录排序

排序是指将报表中的输出数据按照指定字段或字段表达式的顺序进行排列。

【例 6.8】将例 6.1 的“课程”报表中的记录先按照“学分”字段升序排列，再按照“学时”字段降序排列，将报表另存为“课程-排序”。报表完成效果如图 6.54 所示。

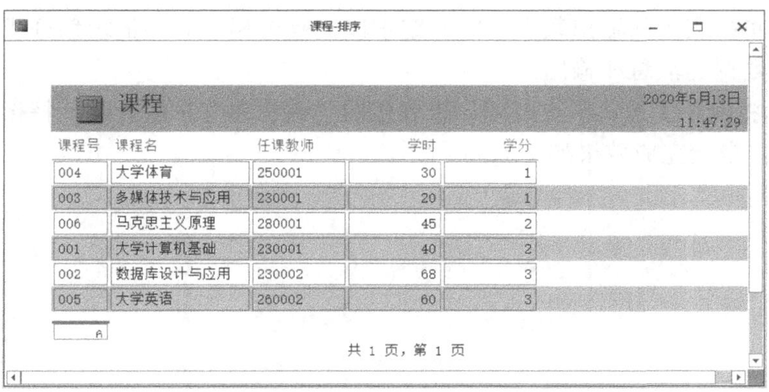

图 6.54　报表完成效果

操作步骤如下。

（1）打开“教学管理”数据库，在导航窗格中双击打开“课程”报表，切换到设计视图。

（2）单击“报表设计”选项卡“分组和汇总”选项组中的“分组和排序”按钮，在报表设计视图的下方显示“分组、排序和汇总”区域，如图 6.55 所示。

图 6.55　“分组、排序和汇总”区域

（3）单击“添加排序”按钮，打开“字段列表”窗格，如图 6.56 所示，单击“学分”字段，会在“分组、排序和汇总”区域添加排序依据“学分”。

（4）再次单击“添加排序”按钮，打开“字段列表”窗格，单击“学时”字段，会在“分组、排序和汇总”区域添加排序依据“学时”，并设置该字段的排序方式为“降序”，如图 6.57 所示。

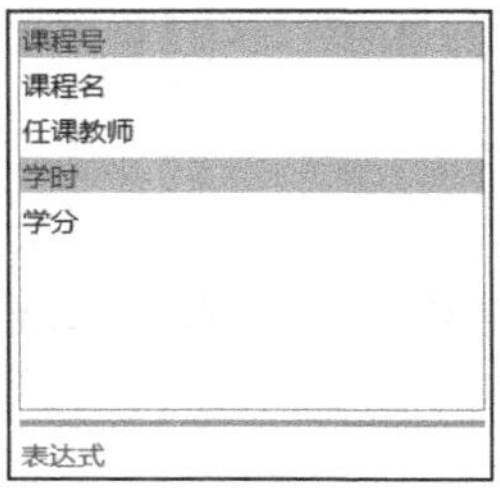

图 6.56　“字段列表”窗格

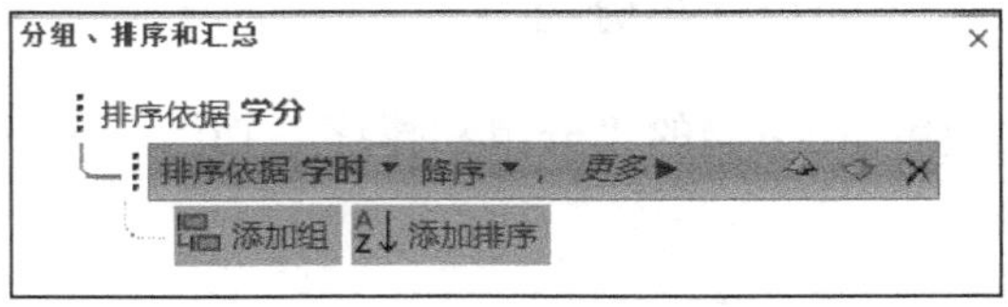

图 6.57　设置字段排序方式

（5）将报表另存为“课程-排序”，并切换到报表视图。

2. 记录分组

分组是指将报表中的输出数据按照选定字段值是否相等而将记录划分成组，通过分组可以实现同组数据的汇总和输出。

【例 6.9】 将例 6.3 的“学生成绩”报表按照“课程名”字段分组，将报表另存为“学生成绩-分组”。报表完成效果如图 6.58 所示。

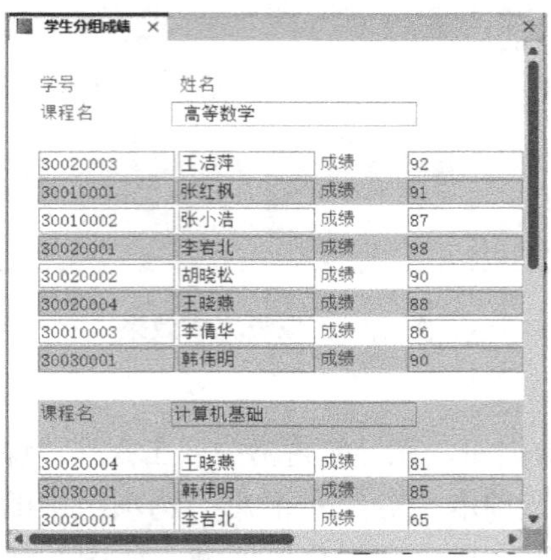

图 6.58　报表完成效果（部分数据）

操作步骤如下。

（1）打开“教学管理”数据库，在导航窗格中双击打开报表“学生成绩”，切换到设计视图。

（2）单击“报表设计”选项卡“分组和汇总”选项组中的“分组和排序”按钮，在报表设计视图的下方显示“分组、排序和汇总”区域。

（3）单击“添加组”按钮，打开“字段列表”窗格，单击“课程名”字段，会在“分组、排序和汇总”区域添加分组形式“课程名”，在报表设计视图添加“组页眉”节（课程名页眉），如图 6.59 所示。

（4）单击“更多”按钮，设置“有页脚节”，会在报表的设计视图中添加“组页脚”节（课程名页脚），如图 6.60 所示。

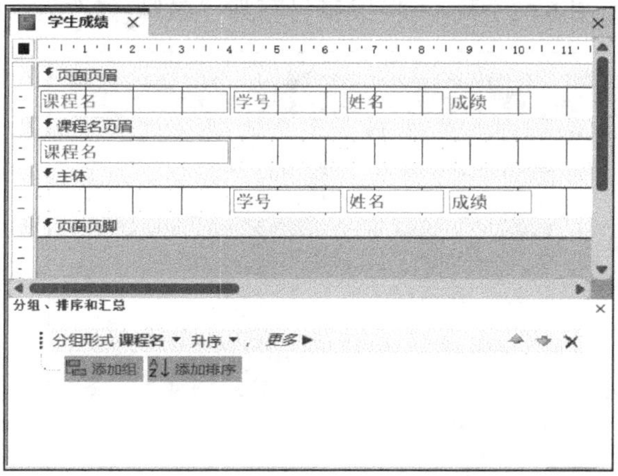

图 6.59　添加“课程名”分组

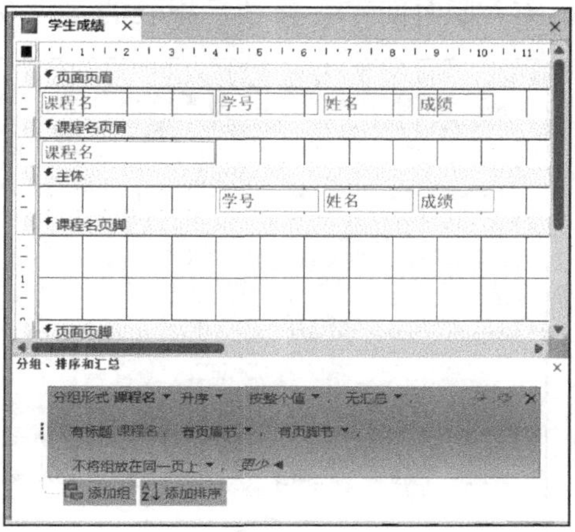

图 6.60　设置有页脚节

（5）将“页面页眉”节中的“课程名”标签剪切并粘贴到“课程名页眉”节，再将“主体”节中的“课程名”文本框剪切并粘贴到“课程名页眉”节中“课程名”标签的右侧。适当调整报表布局，设计视图下报表的完成效果如图 6.61 所示。

（6）将报表另存为“学生成绩-分组”，并切换到报表视图。

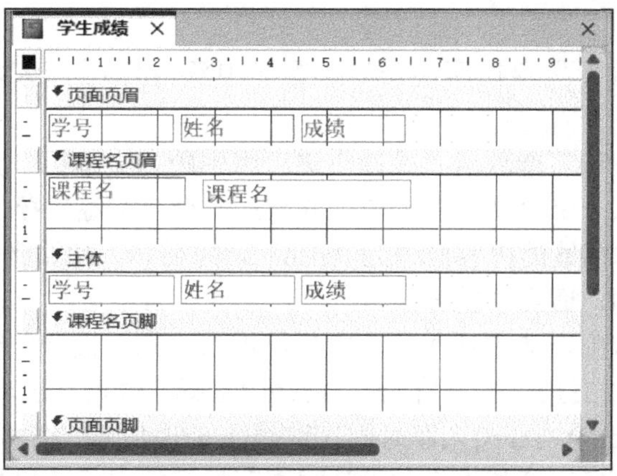

图 6.61　设计视图下报表的完成效果 3

6.2.4 使用计算控件

在报表中，除可以显示字段数据外，还可以显示通过计算得到的数据。计算控件可以显示计算表达式的结果。文本框是最常用的计算控件。

1. 在报表中添加计算控件

要在计算控件上显示计算表达式的结果，只需要将计算控件的“控件来源”属性值设置为相应的计算表达式即可。

【例 6.10】 修改“教师”报表，在“页面页眉”节右侧添加一个“标签”控件，标题为“工龄”，在主体节右侧添加一个计算控件，用于计算教师的工龄（工龄=Year(Date())-Year([入职时间])）。修改后报表的完成效果如图 6.62 所示，将报表另存为“教师-修改”。

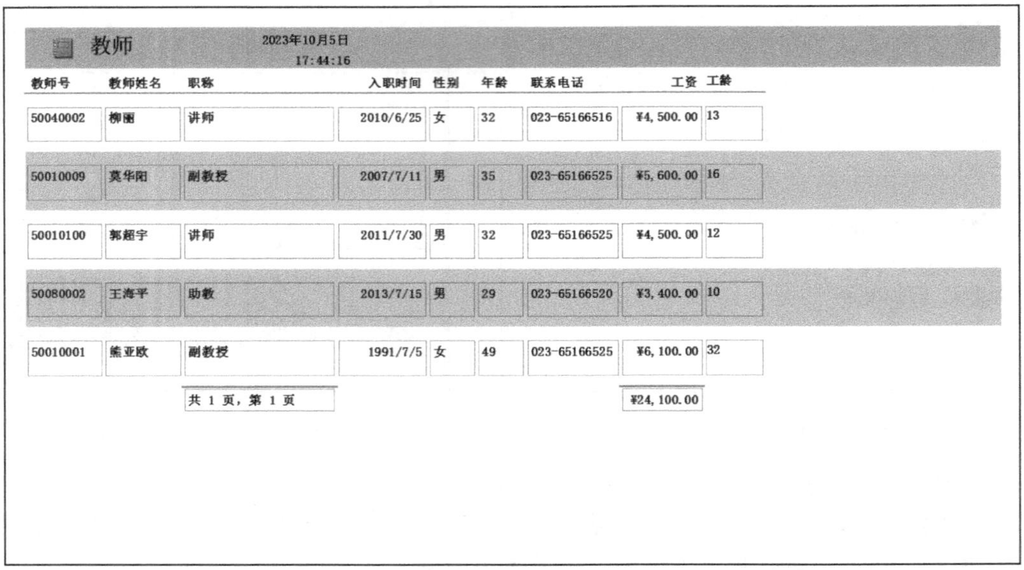

图 6.62 报表的完成效果

操作步骤如下。

（1）打开“教学管理”数据库，在导航窗格中双击打开“教师”报表，切换到设计视图。

（2）单击“报表设计”选项卡“控件”选项组中的“文本框”按钮，在“主体”节的空白位置处单击，插入一个“文本框”控件并附加一个“标签”控件。

（3）将文本框附加标签的内容修改为“工龄”，并剪切、粘贴到“页面页眉”节，拖放至“工资”标签的右侧，适当调整大小。

（4）在“主体”节中，选中插入的文本框，单击“报表设计”选项卡“工具”选项组中的“属性表”按钮，在打开的“属性表”窗格中选择“数据”选项卡，设置“控件来源”的属性值为“=Year(Date())-Year([入职时间])”，如图 6.63 所示。将插入的文本框拖放至“工资”文本框的右侧，并适当调整大小，设计视图下报表的完成效果如图 6.64 所示。

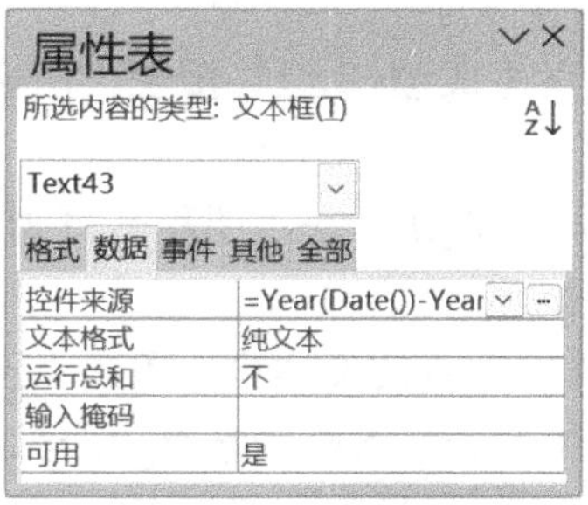

图 6.63　设置“控件来源”的属性

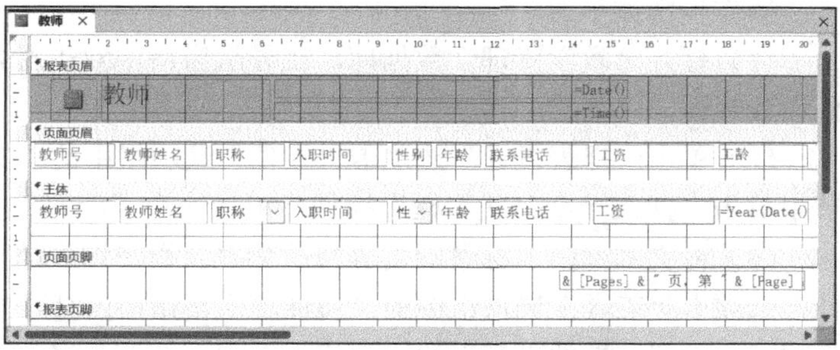

图 6.64　设计视图下报表的完成效果 4

（5）将报表另存为“教师-工龄”，并切换到报表视图。

【例 6.11】 修改例 6.9 中的“学生成绩-分组”报表，在“课程名页脚”节添加一个计算控件，用于计算每门课程的平均成绩，“标准”格式，2 位小数，并将附加标签的标题设置为“课程平均成绩”。修改后报表的预览效果如图 6.65 所示，将报表另存为“学生成绩-分组-修改”。

图 6.65　修改后报表的预览效果 2

操作步骤如下。

（1）打开“教学管理”数据库，在导航窗格中双击打开“学生成绩-分组”报表，切换到设计视图。

（2）单击“报表设计”选项卡“控件”选项组中的“文本框”按钮，在“课程名页脚”节中单击，插入一个“文本框”控件并附加一个“标签”控件。

（3）将文本框附加标签的内容修改为“课程平均成绩”。选中插入的文本框，单击“设计”选项卡“工具”选项组中的“属性表”按钮，在打开的“属性表”窗格中选择“全部”选项卡，设置“控件来源”的属性值为“=Avg([成绩])”，“格式”的属性值为“标准”，“小数位数”的属性值为“2”，如图 6.66 所示。

（4）适当调整报表布局，设计视图下报表的完成效果如图 6.67 所示。

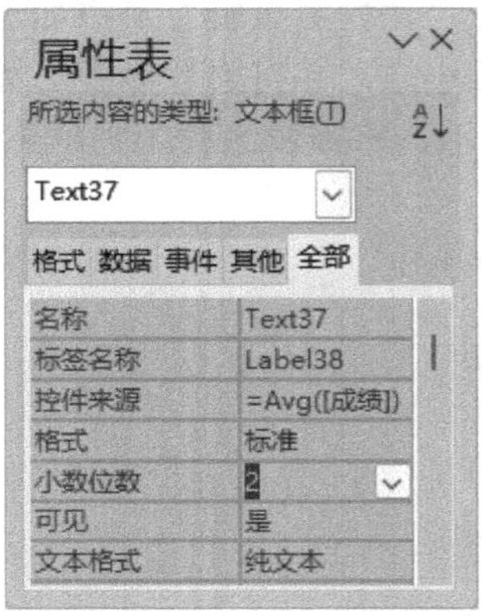

图 6.66　设置文本框的属性

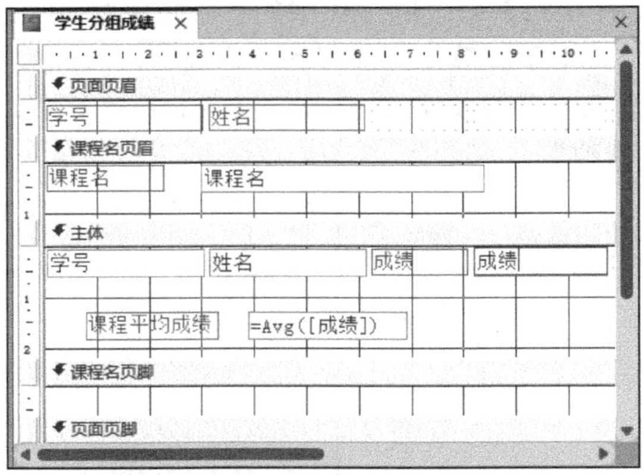

图 6.67　设计视图下报表的完成效果 5

（5）将报表另存为“学生成绩-分组-修改”，并切换到打印预览视图。

2. 报表统计计算

在 Access 中，利用计算控件进行统计计算并输出结果，有以下两种操作形式。

1）在“主体”节中添加计算控件

在“主体”节中添加计算控件，一般是对报表的每条记录的指定字段值进行统计计算。例如，例 6.10 中根据教师的“入职时间”字段计算教师的工龄。

2）在“组页眉/组页脚”节或“报表页眉/报表页脚”节中添加计算控件

在“组页眉/组页脚”节或“报表页眉/报表页脚”节中添加计算控件，一般是对报表的每组记录或所有记录的指定字段值进行纵向统计计算，需要使用 Access 内置的统计函数完成相应的计算。例如，例 6.11 中统计每门课程的平均成绩和所有课程的平均成绩。

6.2.5　创建子报表

将一个报表插入另一个报表中，从而形成报表的嵌套，被插入的报表称为子报表，包含子报表的报表称为主报表。主报表显示的是一对多关系表中“一”方的数据，子报表显示的是“多”方的数据。

创建子报表的方法有以下两种。

方法 1：在已有报表中创建子报表。

方法 2：将已有子报表拖动到主报表中。

1. 在已有报表中创建子报表

【例 6.12】 修改例 6.4 的“教师主要信息”报表，在其中创建子报表，显示当前教师的开课信息，修改后报表的预览效果如图 6.68 所示。

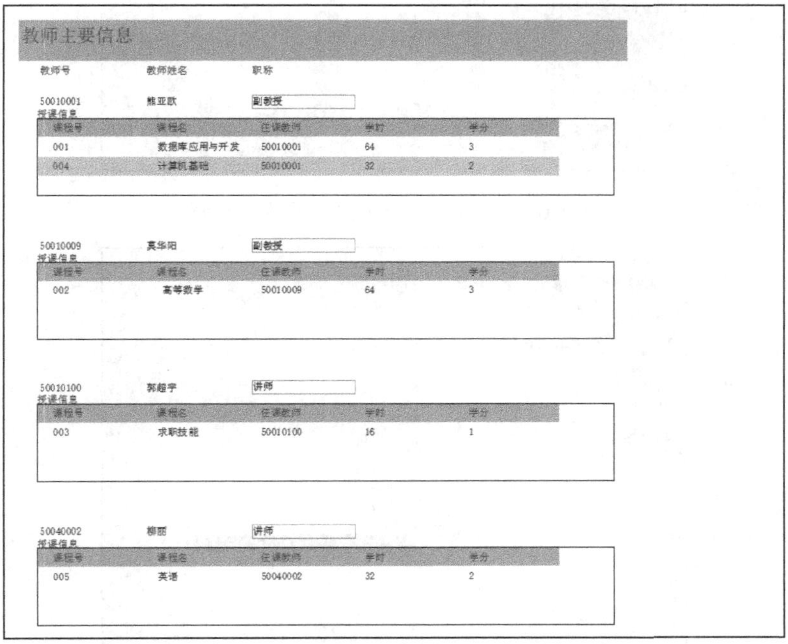

图 6.68　修改后的报表的预览效果 3

操作步骤如下。

（1）打开“教学管理”数据库，在导航窗格中双击打开“教师主要信息”报表，切换到设计视图。

（2）在“主体”节中选中所有的对象，单击“排列”选项卡“表”选项组中的“表格”按钮。

（3）单击“报表设计”选项卡“控件”选项组中的“控件”按钮，展开控件列表框，单击“子窗体/子报表”按钮，在“主体”节中单击，插入一个“子窗体/子报表”控件，并打开“子报表向导”对话框，如图 6.69 所示。使用默认设置。

（4）单击“下一步”按钮，打开如图 6.70 所示的“子报表向导”对话框，在“表/查询”下拉列表中选择“表: 课程”选项。在“可用字段”列表框中，依次双击“任课教师”“课程号”“课程名”“学时”“学分”字段，将它们添加到“选定字段”列表框中。

（5）单击“下一步”按钮，打开如图 6.71 所示的“子报表向导”对话框，使用默认设置。

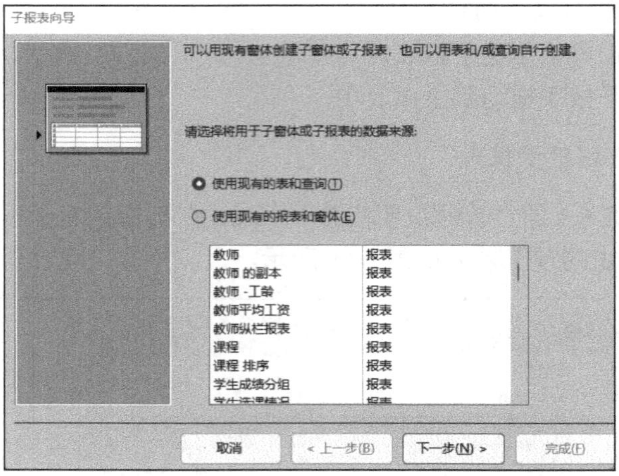

图 6.69　选择将用于子报表的数据来源

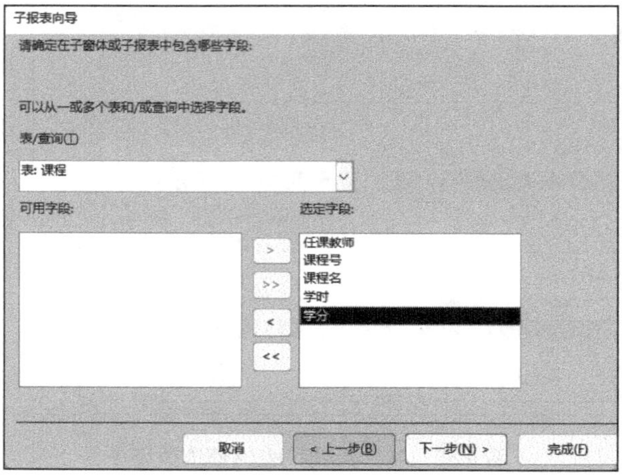

图 6.70　确定子报表中包含的字段

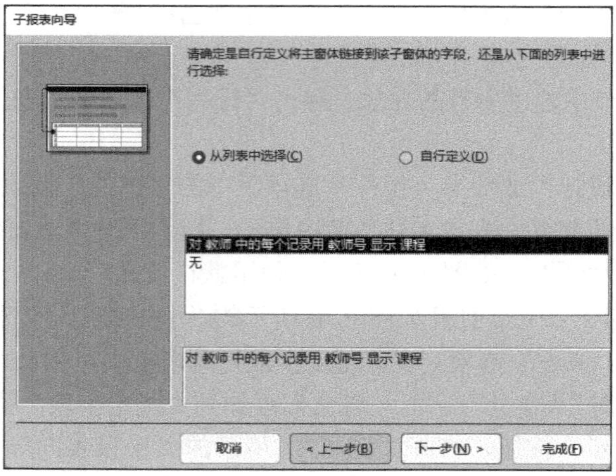

图 6.71　确定将主报表链接到该子报表的字段

（6）单击“下一步”按钮，打开如图 6.72 所示的“子报表向导”对话框，输入子报表的名称为“授课信息”。

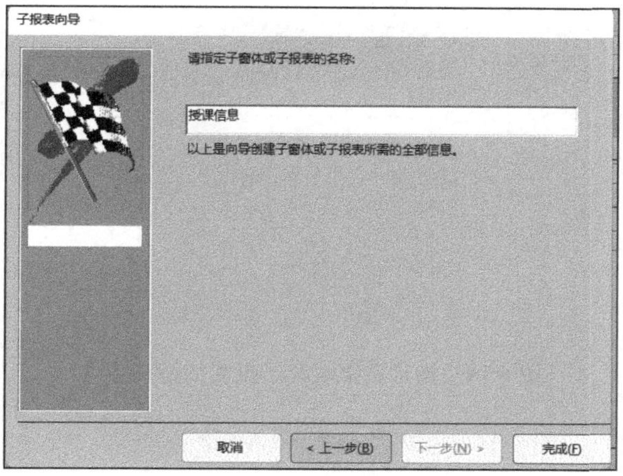

图 6.72　指定子报表的名称

（7）单击“完成”按钮，完成子报表的创建。适当调整报表布局，设计视图下报表的完成效果如图 6.73 所示。

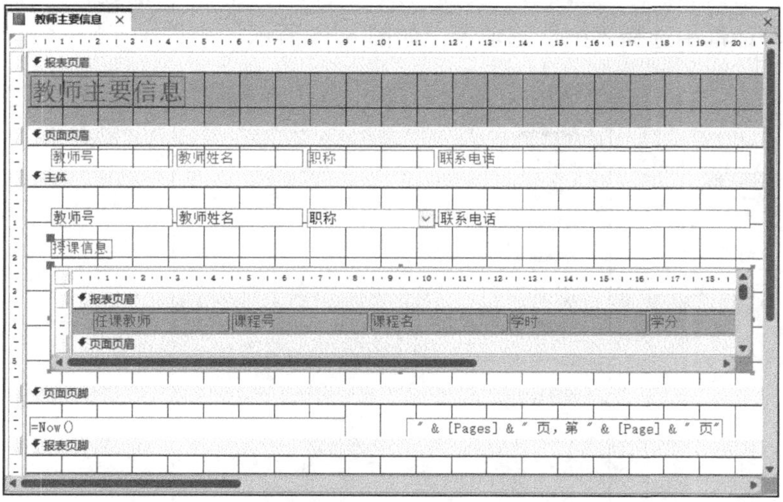

图 6.73　设计视图下报表的完成效果 6

（8）将报表另存为“教师主要信息-修改”，并切换到打印预览视图。

2. 将已有子报表拖动到主报表中

如果要将已有报表添加到主报表中来创建子报表，则操作方法如下。

（1）打开数据库，在导航窗格中双击打开主报表，切换到设计视图。

（2）在导航窗格中拖动子报表到主报表的“主体”节。

（3）选中“子报表”控件，单击“报表设计”选项卡“工具”选项组中的“属性表”按钮，在打开的“属性表”窗格中选择“数据”选项卡，设置“链接主字段”和“链接子字段”的属性，通常为主报表和子报表共有字段的字段名，如图 6.74 所示。

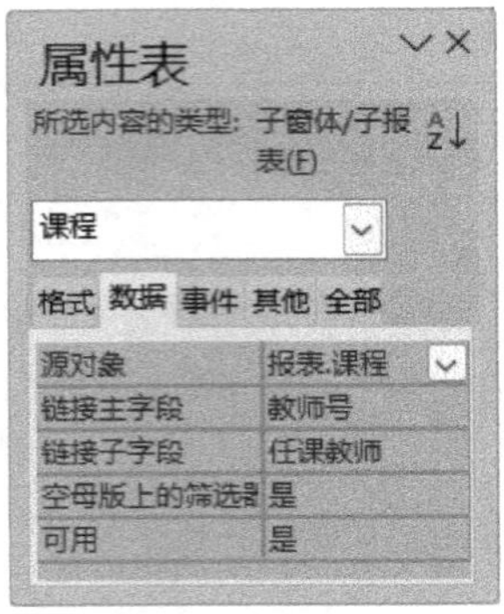

图 6.74　指定主报表和子报表的链接条件

6.2.6　创建多列报表

利用“页面设置”对话框中的“列”选项卡，可以更改报表的外观，将报表设置成多列报表，操作方法如下。

（1）打开数据库，在导航窗格中双击要打开的报表，切换到打印预览视图。

（2）单击“打印预览”选项卡“页面布局”选项组中的“页面设置”按钮，在打开的“页面设置”对话框中选择“列”选项卡，如图 6.75 所示。

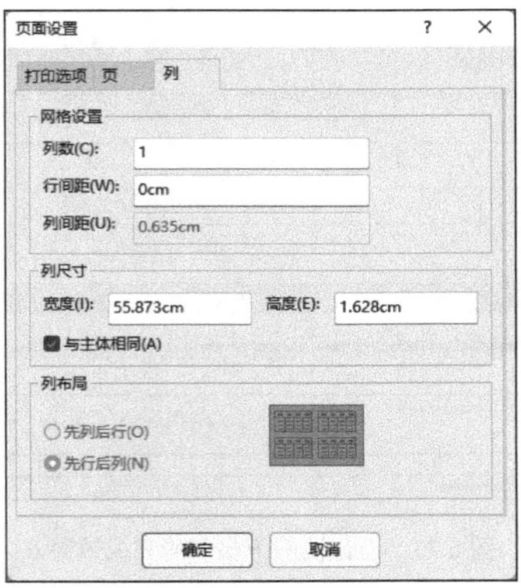

图 6.75　“页面设置”对话框

（3）在“网格设置”选项组中，设置列数、行间距和列间距；在“列尺寸”选项组中，设置列的宽度和高度；在“列布局”选项组中，设置页面的布置顺序。

（4）单击“确定”按钮。

在例 6.5 中的“学生选课证”报表中，设置“列数”为“4”。如果设置“列布局”为“先行后列”，则预览效果如图 6.76 所示；如果设置“列布局”为“先列后行”，则预览效果如图 6.77 所示。

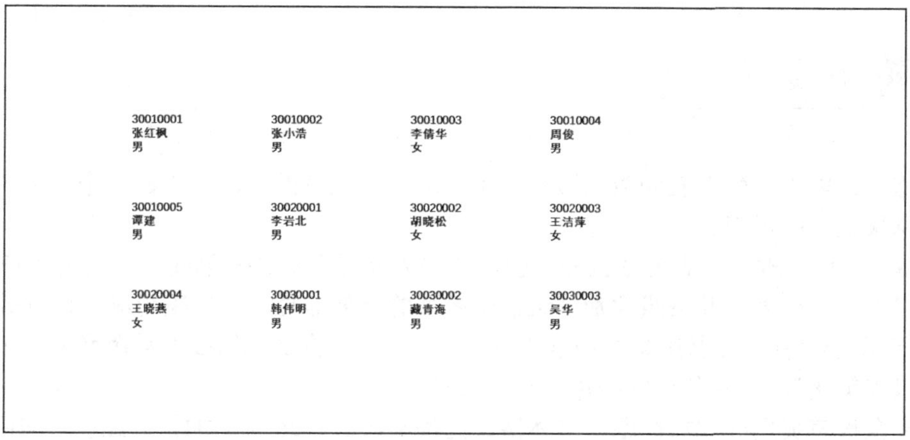

图 6.76　“先行后列”的预览效果

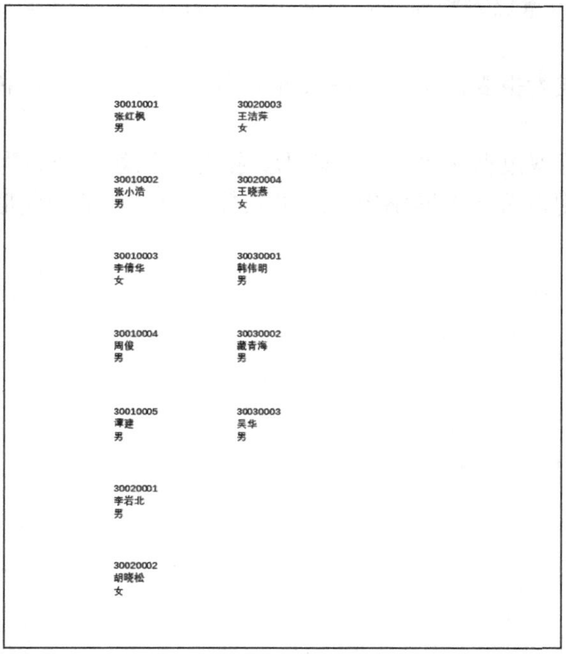

图 6.77　“先列后行”的预览效果

思考与练习

1．报表中的页眉是用来做什么的？
2．在报表的“设计”选项卡中，用于修饰版面以达到良好输出效果的控件是什么？
3．在报表中添加什么控件才能设计出带表格线的报表？

拓展训练

训练 1：以“学生”表为数据源，使用自动创建报表的方法，创建一个名为“任务 1 学生信息报表”的报表。

训练 2：以“教师”表为数据源，使用“报表向导”对话框创建一个名为“任务 2 教师信息报表”的报表，并按照性别分组输出教师的全部信息，布局采用纵向递阶式。

训练 3：将“任务 2 教师信息报表”报表进行复制，将复制的报表重命名为“任务 3 教师信息报表美化”，并对其进行编辑，具体要求如下。

（1）在报表页眉处添加标题，字体格式为华文彩云、26 号、加粗、红色、居中，页面页眉处的标签字体格式为宋体、12 号、加粗、黑色，主体节的字体格式为仿宋、玫红色、12 号，报表页眉节的背景色为浅蓝色，页面页眉节的背景色为浅黄色，主体节的背景色为鲜绿色。

（2）以平铺的方式为报表添加一张图片作为背景，图片的缩放模式为拉伸，要求美观清爽。

训练 4：以公关管理数据库“员工”表为数据源，创建一个名为“任务 4 员工人数统计图报表”的报表，用以统计不同学历的雇员人数。图表类型为柱形图。

7 项目 宏的创建与使用

学习目标

知识目标

- 了解什么是宏。
- 理解宏的分类。
- 掌握创建宏的方法。

技能目标

- 会熟练创建宏。
- 会对宏进行删除、重命名等常见操作。
- 会调试宏。
- 会触发宏。

素养目标

- 培养学生踏实严谨的工作作风。
- 培养学生精益求精的工作态度。

情景导入

某学校需要完成教学管理数据库的各种表和窗口之间的连接，以方便查看与操作，这需要使用宏来完成。

7.1 知识准备——了解宏

Access 作为一个数据库系统，不仅具有数据存储、数据查询和报表输出等功能，还拥有强大的程序设计能力。它提供了功能强大却容易使用的宏，通过宏可以在不编写任何代码的情况下，自动帮助用户完成一些任务。灵活地运用宏操作可以使系统功能更加强大。本章主要介绍宏的基本概念、宏的创建、宏的编辑和调试、通过事件触发宏等内容。

宏是 Access 数据库重要的对象之一，是一种特殊的编程语言。使用宏非常方便，无须编写复杂的代码，也不需要记住语法。通过执行宏可以完成许多烦琐的人工操作。

7.1.1 宏的基本概念

1. 宏的定义

宏是一个或多个操作的集合，其中每个操作都能实现特定的功能。用户可以将一组需要系统执行的操作按顺序排列，并定义成一个宏。当运行宏时，系统将自动执行宏中包含的操作。所以，使用宏能使系统自动执行一系列指定的操作或完成一些重复性的工作。

例如，创建一个宏，包含打开一个消息框和打开一个报表两个操作，如图 7.1 所示。当运行该宏时，先打开“欢迎”对话框，如图 7.2 所示，然后单击“确定”按钮，打开“教师”报表，如图 7.3 所示。

图 7.1　宏设计示例

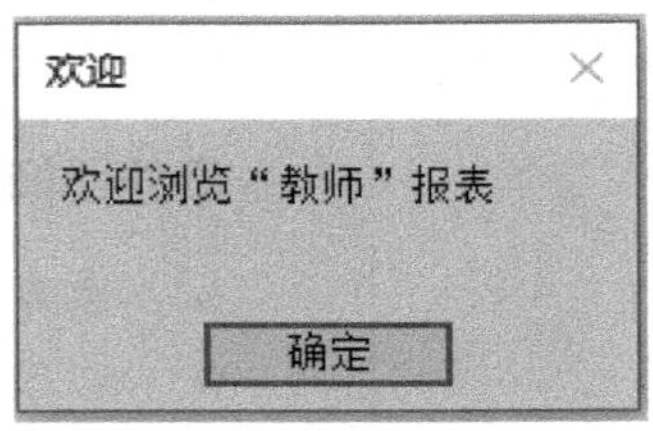

图 7.2　“欢迎”对话框

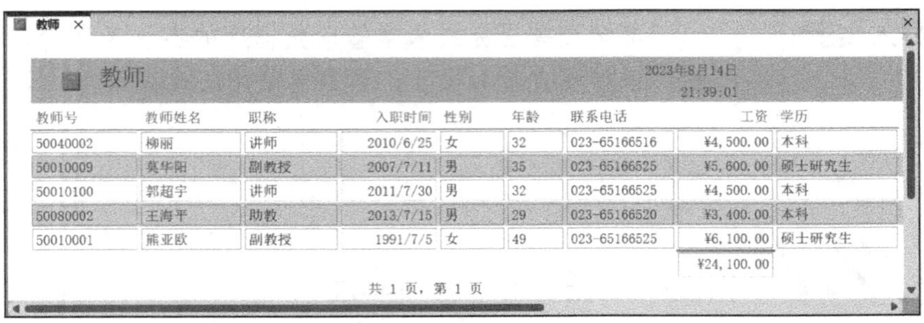

图 7.3　“教师”报表

2. 宏的类型

宏有多种分类方法。按照宏的保存方式的不同分类，宏可分为独立宏和嵌入宏；按照宏的功能的不同分类，宏可分为用户界面宏和数据宏；按照宏的结构和执行条件的不同分类，宏可分为操作序列宏、宏组和条件宏。

（1）独立宏：与数据表、查询、窗体或报表一样，拥有独立的宏名，并显示在导航窗格的“宏”列表下。

（2）嵌入宏：在数据表、窗体、报表或控件中使用，存储在某个对象的相关事件属性中，是所属对象的一部分，没有独立的宏名。

（3）用户界面宏：附加到窗体、报表或控件的相关事件属性中，当所属对象发生相应事件时，执行相关操作。

（4）数据宏：附加到数据表的相关事件属性中，通常当数据表发生更改、插入或删除数据等事件时，执行相关操作。

（5）操作序列宏：由一个或多个宏操作组成。运行宏时，按照操作的先后顺序逐个执行，直到所有操作都执行完毕。

（6）宏组：由一个或多个操作序列宏组成。宏组中的一个操作序列宏就是一个子宏。子宏能单独运行，互相没有影响。

（7）条件宏：宏中含有“If”程序流程。运行宏时，需要满足指定的条件，才能执行相应的操作。

7.1.2　宏的设计视图

在 Access 2021 中，宏的创建和编辑都是在宏的设计视图，即“宏生成器”中完成的，如图 7.4 所示。

图 7.4　宏的设计视图

宏的设计视图主要由“操作目录”窗格、宏操作编辑区和“宏设计”选项卡 3 部分组成。

（1）“操作目录”窗格包含了创建或编辑宏时所需的程序流程和所有宏操作。添加宏操作时，可以在“操作目录”窗格中双击相应宏操作或拖动相应宏操作到编辑区。

（2）在宏操作编辑区可以插入或编辑宏操作。添加宏操作时，可以从“添加新操作”下拉列表中选择相应的宏操作。

（3）“宏设计”选项卡提供了两种宏设计的辅助工具。

打开宏的设计视图的方法有以下两种。

（1）单击“创建”选项卡“宏与代码”选项组中的“宏”按钮。

（2）在导航窗格的“宏”列表中右击宏名，在弹出的快捷菜单中选择“设计视图”选项。

7.2 实践操作——创建与编辑宏

7.2.1 创建宏

在 Access 中，可以将宏看成一种简化的编程语言，用户可以打开宏的设计视图，根据宏要完成的功能，选择一系列需要执行的操作，并输入或选择相应的参数，完成宏的创建。

如果在应用程序的很多位置重复使用宏，则可以选择创建独立宏。通过调用独立宏，可以避免在应用程序的多个位置重复执行或调用相同的代码。

【例 7.1】创建一个独立宏，用来打开“查询学生”窗体，窗体左侧距屏幕左侧 500 像素，窗体上方距屏幕上方 1000 像素。

操作步骤如下。

（1）打开“教学管理”数据库，单击“创建”选项卡“宏与代码”选项组中的“宏”按钮，打开宏的设计视图。

（2）在宏操作编辑区中，单击“添加新操作”右侧的下拉按钮，在弹出的下拉列表中选择“OpenForm”选项，用来打开窗体，如图 7.5 所示，在“窗体名称”下拉列表中选择“查询学生”选项。

（3）再次单击“添加新操作”右侧的下拉按钮，在弹出的下拉列表中选择“MoveAndSizeWindow”选项，用来指定窗体在屏幕上的显示位置和大小，如图 7.6 所示，在“右”文本框中输入“500”，在“向下”文本框中输入“1000”。

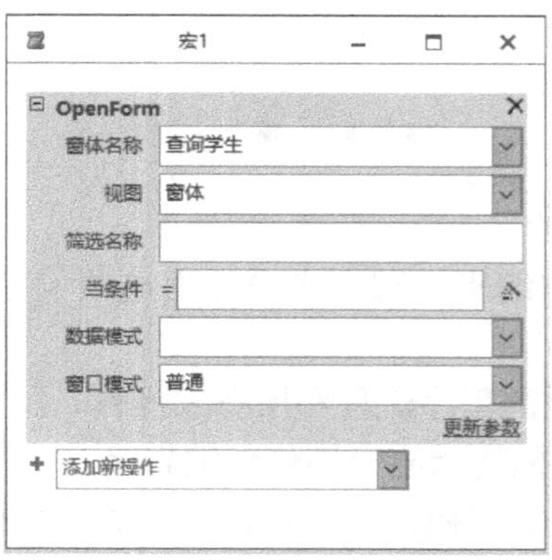

图 7.5　添加宏操作“OpenForm”

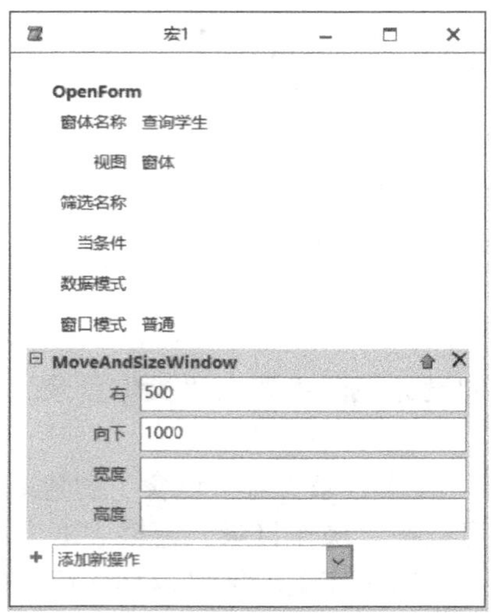

图 7.6　添加宏操作“MoveAndSizeWindow”

（4）单击快速访问工具栏中的“保存”按钮，打开“另存为”对话框，如图 7.7 所示，在“宏名称”文本框中输入“学生信息查询”，然后单击“确定”按钮。

如果将导航窗格中的表、查询、窗体、报表或模块拖拽到宏的设计视图的宏操作编辑区中，Access 2021 会自动添加一个打开该表、查询、窗体、报表或模块的操作。如果将导航窗格中的宏拖拽到宏的设计视图的宏操作编辑区中，Access 2021 会自动添加一个运行该宏的操作。

运行独立宏的方法有以下几种。

（1）在导航窗格的“宏”列表下，双击宏名。

（2）单击“数据库工具”选项卡“宏”选项组中的“运行宏”按钮，打开“执行宏”对话框，如图 7.8 所示，输入宏名称，然后单击“确定”按钮。

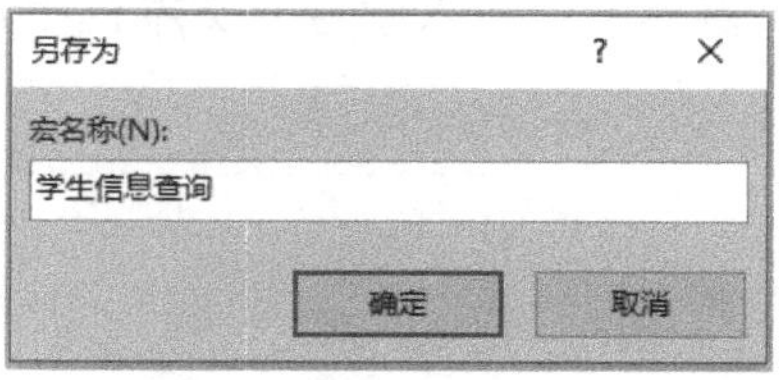

图 7.7　“另存为”对话框

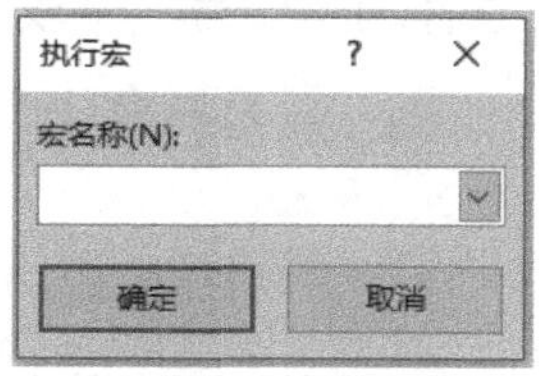

图 7.8　“执行宏”对话框

（3）在宏的设计视图中，单击“宏设计”选项卡“工具”选项组中的“运行”按钮。

（4）使用“RunMarco”宏操作。

（5）Access 将在打开数据库时自动运行名为“AutoExec”的宏。若要取消自动运行，则可在打开数据库时，按住 Shift 键。

1. 创建子宏

在实际的应用程序开发过程中，往往将同一个系统中使用的宏都集合在一起，保存在一个宏对象中。

【例 7.2】将例 7.1 的“学生信息查询”宏中添加的两个宏操作生成一个子宏，名称为“启动查询”。

操作步骤如下。

（1）打开“教学管理”数据库，在导航窗格的“宏”列表下右击“学生信息查询”，在弹出的快捷菜单中选择“设计视图”选项，打开宏的设计视图。

（2）在宏操作编辑区中，先单击选中宏操作“OpenForm”，按住 Ctrl 键，再单击选中宏操作“MoveAndSizeWindow”，右击选中的宏操作，在弹出的快捷菜单中选择“生成子宏程序块”选项，然后在“子宏”文本框中输入“启动查询”，如图 7.9 所示。

（3）保存宏。

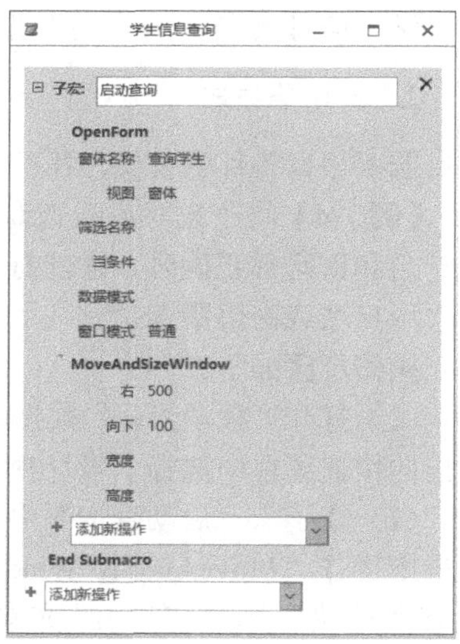

图 7.9　创建子宏“启动查询”

【例 7.3】在“学生信息查询”宏中，创建一个子宏，名称为“进入查询”，用来按“查询学生”窗体中输入的学号来查询该学生的信息。

操作步骤如下。

（1）打开“教学管理”数据库，在导航窗格的“宏”列表下右击“学生信息查询”，在弹出的快捷菜单中选择“设计视图”选项，打开宏的设计视图。

（2）在宏操作编辑区中，单击最下面的“添加新操作”右侧的下拉按钮，在弹出的下拉列表中选择“Submacro”选项，用来在宏中创建一个子宏，然后在“子宏”文本框中输入“进入查询”，如图 7.10 所示。

（3）在子宏“进入查询”中，单击最下面的“添加新操作”右侧的下拉按钮，在弹出的下拉列表中选择“ApplyFilter”选项，然后在“当条件=”文本框中输入“Forms![查询学生]![输入学号]=[学生]![学号]”，如图 7.11 所示，用来在“学生”表中筛选出满足条件的记录，筛选条件为“学号”字段值等于“查询学生”窗体上“输入学号”文本框中输入的学号。

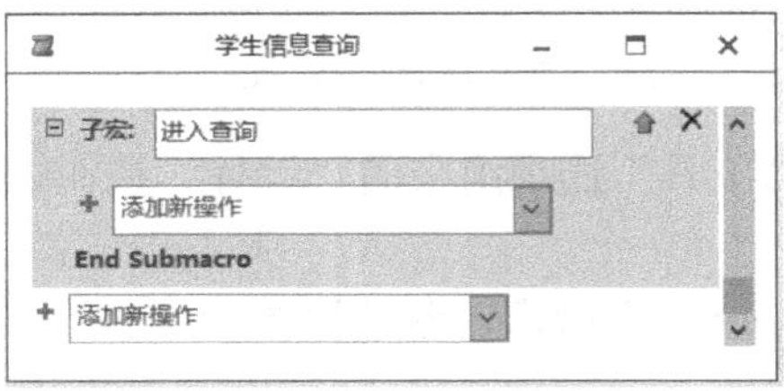

图 7.10 创建子宏“进入查询”

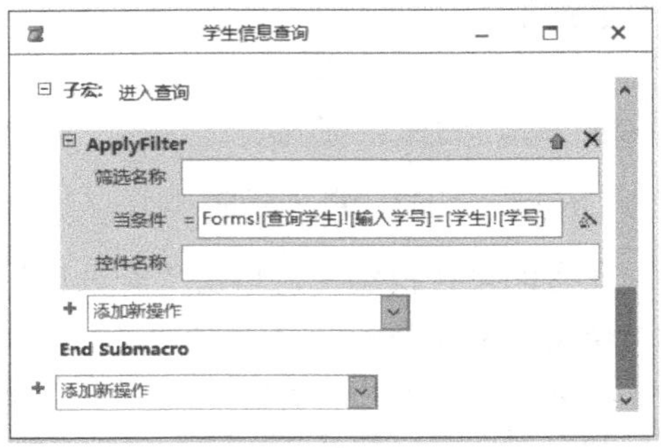

图 7.11 在子宏“进入查询”中添加宏操作“ApplyFilter”

（4）保存宏。子宏的调用格式为宏名.子宏名。例如，若想在如图 7.8 所示的“执行宏”对话框中运行“学生信息查询”宏中的“进入查询”子宏，则在“宏名称”下拉列表中选择“学生信息查询.进入查询”选项即可。

2. 创建条件宏

若要根据条件的真假，执行不同的宏操作，则可以创建条件宏。

【例 7.4】将子宏“启动查询”修改成一个条件宏，要求在“登录界面”窗体中输入的用户名和密码都正确时，才能打开“查询学生”窗体，否则弹出一个“注意”消息框，提示“用户名或密码错误！”。

操作步骤如下。

（1）打开“教学管理”数据库，在导航窗格的“宏”列表下右击“学生信息查询”，在弹出的快捷菜单中选择“设计视图”选项，打开宏的设计视图。

（2）在子宏“启动查询”中，先单击选中宏操作“OpenForm”，按住 Ctrl 键，再单击选中宏操作“MoveAndSizeWindow”，右击选中的宏操作，在弹出的快捷菜单中选择“生成 If 程序块”选项，在“If”文本框中输入条件表达式“Forms![登录界面]![用户名]= "abc" AND Forms![登录界面]![密码]= "123"”，如图 7.12 所示。

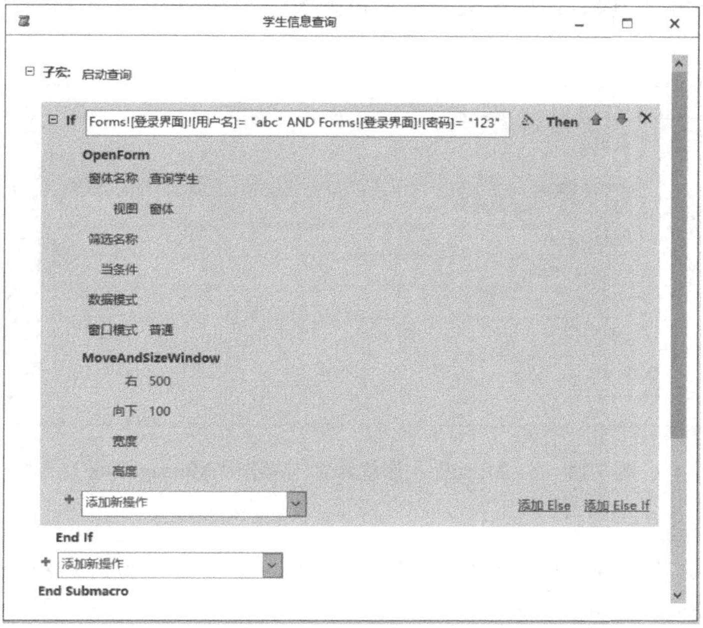

图 7.12　添加“If”程序块

（3）在“If”程序块中，单击“添加 Else”链接，添加“Else”程序块，如图 7.13 所示。

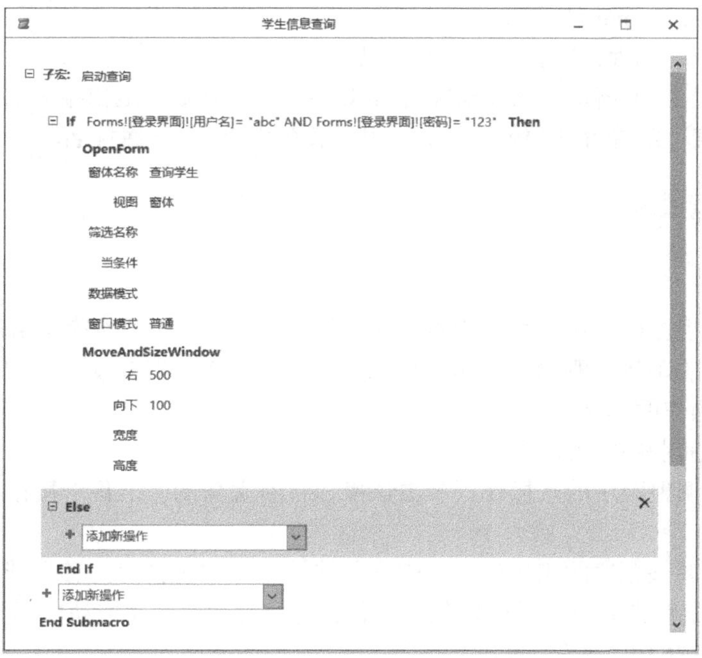

图 7.13　添加“Else”程序块

（4）在“Else”程序块中，单击“添加新操作”右侧的下拉按钮，在弹出的下拉列表中选择“MessageBox”选项，用来显示一个消息框，如图 7.14 所示。在“消息”文本框中输入“用户名或密码错误！”，在“类型”下拉列表中选择“警告！”选项，在“标题”文本框中输入“注意”。

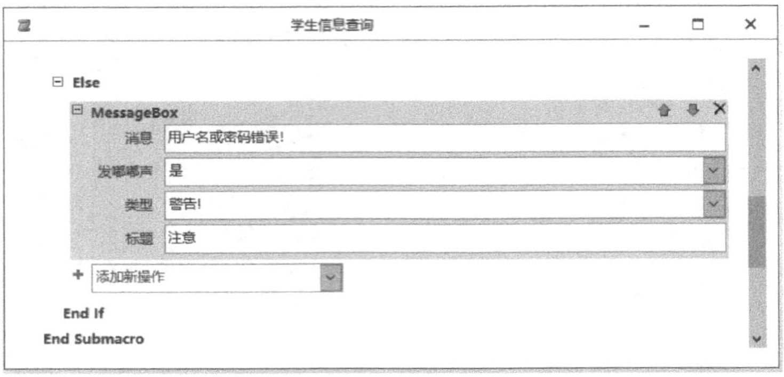

图 7.14　在“Else”程序块添加宏操作“MessageBox”

（5）保存宏。

在输入条件表达式时，可能会引用窗体、报表或控件，引用格式如下。

① 引用窗体：Forms![窗体名]。

② 引用窗体的属性：Forms![窗体名].属性名。

③ 引用窗体上的控件：Forms![窗体名]![控件名]或[Forms]![窗体名]![控件名]。

④ 引用窗体上的控件的属性：Forms![窗体名]![控件名].属性名。

⑤ 引用报表：Reports![报表名]。

⑥ 引用报表的属性：Reports![报表名].属性名。

⑦ 引用报表上的控件：Reports![报表名]![控件名]或[Reports]![报表名]![控件名]。

⑧ 引用报表上的控件的属性：Reports![报表名]![控件名].属性名。

7.2.2　编辑与调试宏

1. 编辑宏

在宏的设计视图中，用户可以根据需要对已经建立的宏进行编辑。编辑宏的操作主要包括调整宏操作的顺序、删除宏操作、移动或复制宏操作、展开或折叠宏操作等。

1）调整宏操作的顺序

调整宏操作的顺序的方法有以下几种。

（1）选中要调整顺序的宏操作，单击该操作行右上角的“上移”按钮或“下移”按钮。

（2）右击要调整顺序的宏操作，在弹出的快捷菜单中选择“上移”或“下移”选项。

（3）将鼠标指针指向要调整顺序的宏操作的标题栏，按住并拖动鼠标指针到目标位置，然后释放鼠标左键即可。

2）删除宏操作

删除宏操作的方法有以下几种。

（1）选中要删除的宏操作，单击该操作行右上角的“删除”按钮×。

（2）右击要删除的宏操作，在弹出的快捷菜单中选择“删除”选项。

（3）选中要删除的宏操作，按 Delete 键。

3）移动或复制宏操作

右击要移动或复制的宏操作，在弹出的快捷菜单中选择“剪切”或“复制”选项，再右击目标位置，在弹出的快捷菜单中选择“粘贴”选项即可。

4）展开或折叠宏操作

展开或折叠宏操作的方法有以下几种。

（1）将鼠标指针指向要展开或折叠的宏操作，单击该操作行左上角的⊞按钮或⊟按钮。

（2）选中要展开或折叠的宏操作，单击“宏设计”选项卡“折叠/展开”组中的“展开操作”或“折叠操作”按钮。

（3）右击一个宏操作，在弹出的快捷菜单中选择“展开操作”或“折叠操作”选项。

2. 调试宏

单步执行是 Access 用来调试宏的主要工具。使用单步执行，可以观察宏的流程和每个操作的结果，从而排除导致错误或产生非预期结果的操作，以帮助用户正确设计宏。

操作步骤如下。

（1）打开宏的设计视图。

（2）单击“宏设计”选项卡“工具”选项组中的“单步”按钮，使其处于选中状态。

（3）单击“宏设计”选项卡“工具”选项组中的“运行”按钮，打开“单步执行宏”对话框，如图 7.15 所示。

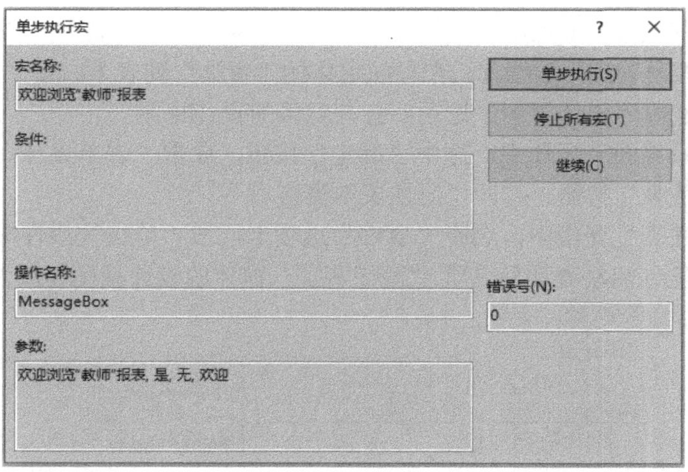

图 7.15　“单步执行宏”对话框

（4）每单击一次“单步执行”按钮，将按照宏的流程执行一个宏操作。如果正在执行的宏操作存在错误，则会打开“操作失败”对话框，如图 7.16 所示。单击“停止所有宏”按钮，将停止宏的执行，并关闭“单步执行宏”对话框。单击“继续”按钮，将关闭“单步执行宏”对话框，并直接执行宏的流程中未被执行的宏操作。

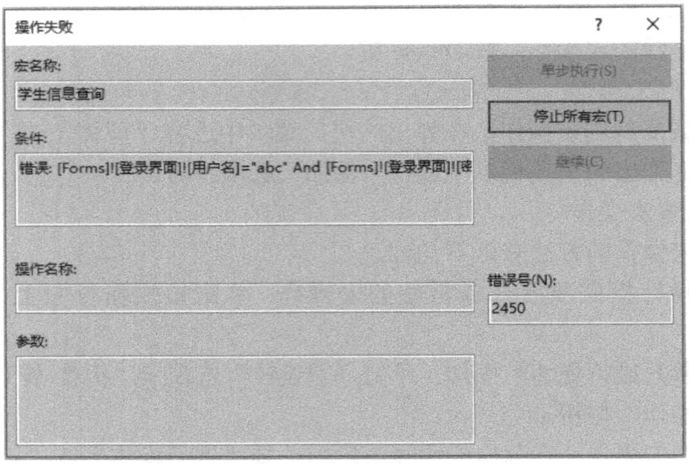

图 7.16 “操作失败”对话框

7.2.3 通过事件触发宏

在实际的应用系统中，主要是通过触发窗体、报表或控件的事件来运行宏的。

事件是一种预先定义好的、能被对象识别和响应的动作，由用户或系统触发。例如，用户单击某个命令按钮，就会触发该命令按钮的单击事件。如果已经给某个对象的某个事件创建了嵌入宏或绑定了独立宏，那么当该对象发生该事件时，就会运行指定的宏。

【例 7.5】修改“登录界面”窗体，单击“确定”按钮，运行“学生信息查询”宏中的“启动查询”子宏。

操作步骤如下。

（1）打开“教学管理”数据库，在导航窗格的“窗体”列表下右击“登录界面”，在弹出的快捷菜单中选择“设计视图”选项，打开窗体的设计视图。

（2）在“登录界面”窗体中，选中“确定”按钮，单击“表单设计”选项卡“工具”选项组中的“属性表”按钮，打开“属性表”窗格。

（3）在“属性表”窗格中，选择“事件”选项卡，在“单击”事件右侧的下拉列表中选择“学生信息查询.启动查询”选项。“登录界面”窗体的设计视图和属性设置，如图 7.17 所示。

图 7.17 “登录界面”窗体的设计视图和属性设置

（4）将“登录界面”窗体切换到窗体视图，输入用户名和密码，单击“确定”按钮。如果输入正确的用户名（abc）和密码（123），则打开“查询学生”窗体；如果输入错误的用户名或密码，则弹出一个“注意”消息框，提示“用户名或密码错误！”，如图7.18所示。

（5）保存窗体。

图7.18 “注意”消息框

【例7.6】修改“查询学生”窗体，单击“查询”按钮，运行“学生信息查询”宏中的“进入查询”子宏。

操作步骤如下。

（1）打开“教学管理”数据库，在导航窗格的“窗体”列表下右击“查询学生”，在弹出的快捷菜单中选择“设计视图”选项，打开窗体的设计视图。

（2）在“查询学生”窗体中，选中“查询”按钮，单击“表单设计”选项卡“工具”选项组中的“属性表”按钮，打开“属性表”窗格。

（3）在“属性表”窗格中，选择“事件”选项卡，在“单击”事件右侧的下拉列表中选择“学生信息查询.进入查询”选项。“查询学生”窗体的设计视图和属性设置，如图7.19所示。

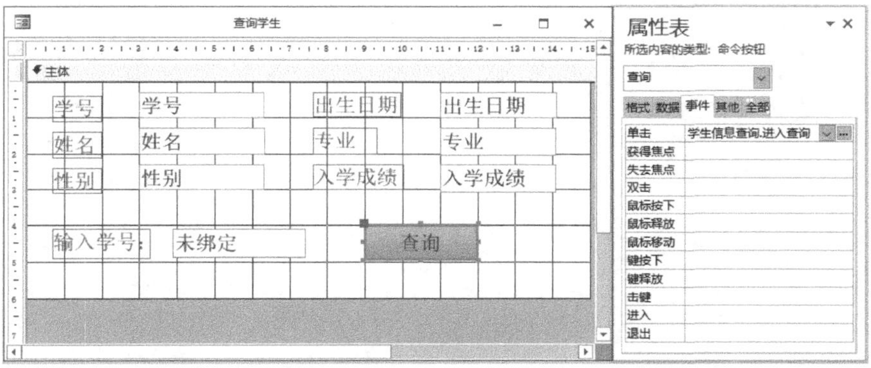

图7.19 “查询学生”窗体的设计视图和属性设置

（4）将“查询学生”窗体切换到窗体视图，输入学号，单击“查询”按钮。在窗体中会显示学生的信息。

（5）保存窗体。

思考与练习

1．运行宏不能修改的是什么？

2．创建宏时至少要定义一个宏操作，并要设置相应的什么？

3．运行宏时能修改窗体吗？

拓展训练

训练 1：在“公关管理”数据库中，根据“员工信息”表，创建一个名为“员工信息 1”的窗体，打开窗体的“属性表”窗格，在“确认删除前”事件中嵌入宏操作，要求在删除数据操作之前，进行警告提示，提示信息为“请确认是否进行该删除操作”。

训练 2：在“教学管理”数据库中，创建“学生信息系统”窗体，利用子宏创建一个菜单“成绩查询”。

项目 8

安全共享

学习目标

知识目标

- 掌握将不同数据库的数据导入或导出为一定格式的数据的方法。
- 了解 Access 数据库安全的概念。
- 了解优化数据的作用并掌握优化的方法。

技能目标

- 会对数据文件进行导入及导出。
- 会基本的安全设置，能对数据库进行加密处理。
- 会熟练完成数据的优化。

素养目标

- 培养合理利用资源的工作习惯。
- 增强安全意识及社会责任感。

情景导入

某学校需要完成教学管理数据库的备份和加密的处理，并要将“教学管理”数据库中不同的表导出给学生处、教务处等各部门并进行优化分析的处理，最后需要将成绩表打印出来。

8.1 知识准备——导入、导出数据及安全

Access 数据库界面友好、操作方便，因此具有大量的企业用户，在开发数据库的过程中或完成时，时常会遇到数据库的移动，或者不同数据库文件之间的格式转换等操作。数据库完成后，还会涉及资料的保密工作和优化工作。

在数据库中，有效地利用外部数据，可以提高工作效率。Access 作为典型的开放式数据库，支持与其他类型的外部数据进行交互和共享，其可以使用导入、导出和链接等方法。

导入是指将 Excel 电子表格数据、文本文件数据等格式复制到 Access 中，被导入的数据使用 Access 数据库的格式。导出数据可以对 Access 数据库中现有的数据进行备份，并以指定的数据形式进行存储。备份数据可以保证数据的安全及共享。

8.2 实践操作——导入、导出数据及安全优化

8.2.1 导入、导出数据

1. 数据的导入

在 Access 中，通过导入或链接操作，可以将外部文件（如文本文件、Excel 文件、XML 文件或其他 Access 数据库文件等）中的数据导入当前数据库中并转换成数据表。

1）导入 Excel 数据

【例 8.1】将已经建立的 Excel 文件“考试成绩.xlsx”中的全部数据导入“教学管理”数据库的新表中，设置“学号”为主键，并将新表命名为“考试成绩”。

微课：Access 数据的导入

操作步骤如下。

（1）打开“教学管理”数据库。

（2）在“外部数据”选项卡“导入并链接”选项组中选择“新数据源”→“从文件”→“Excel”选项，打开“获取外部数据-Excel 电子表格”对话框，如图 8.1 所示。

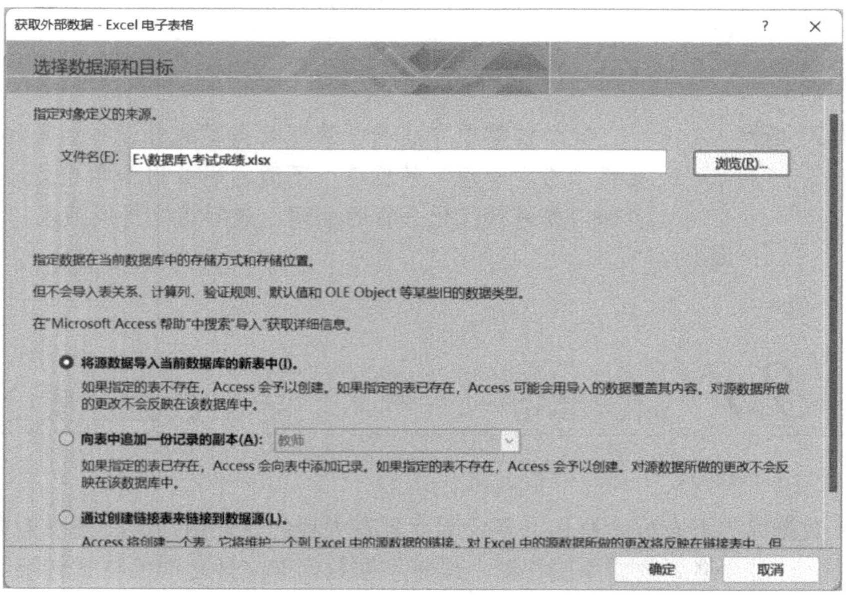

图 8.1 “获取外部数据-Excel 电子表格”对话框

（3）单击“浏览”按钮，在打开的“打开”对话框中，选中要导入的“考试成绩.xlsx”文件，单击“打开”按钮。

（4）选中“将源数据导入当前数据库的新表中”单选按钮，然后单击“确定”按钮，打开“导入数据表向导”对话框，如图 8.2 所示，本例保持默认设置。

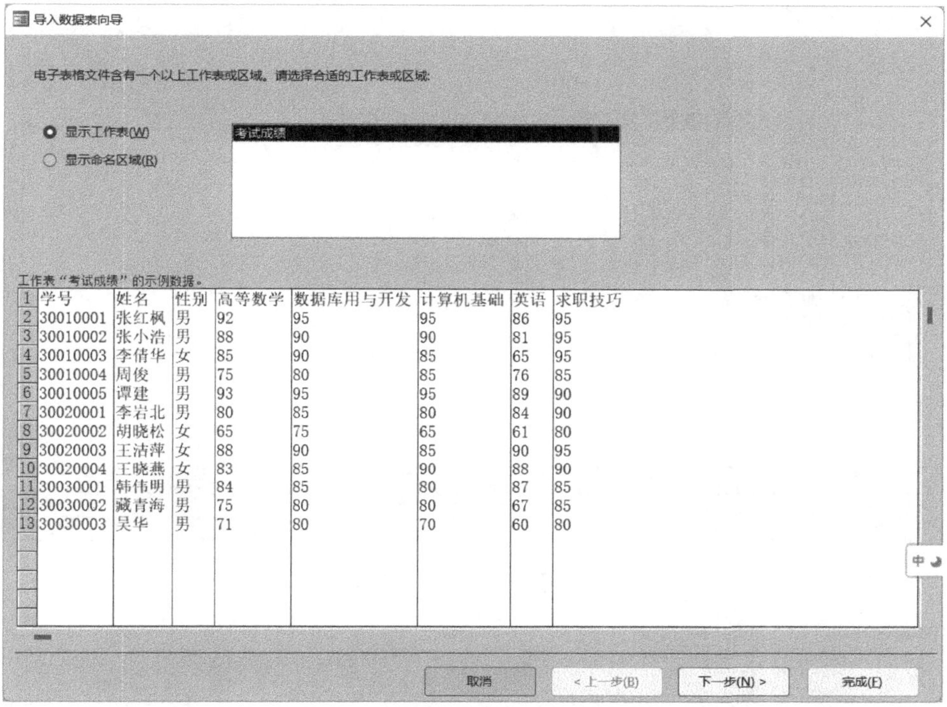

图 8.2 “导入数据表向导”对话框 1

说 明

若选中“将源数据导入当前数据库的新表中”单选按钮，则将外部数据作为一个新表导入当前数据库中；若选中“向表中追加一份记录的副本”单选按钮，则将外部数据追加到当前数据库的现有表中；若选中“通过创建链接表来链接到数据源”单选按钮，则创建一个链接表。

（5）单击“下一步”按钮，打开如图 8.3 所示的“导入数据表向导”对话框，选中“第一行包含列标题”复选框。

（6）单击“下一步”按钮，打开如图 8.4 所示的“导入数据表向导”对话框（可对每个字段进行数据类型、索引等设置），本例保持默认设置。

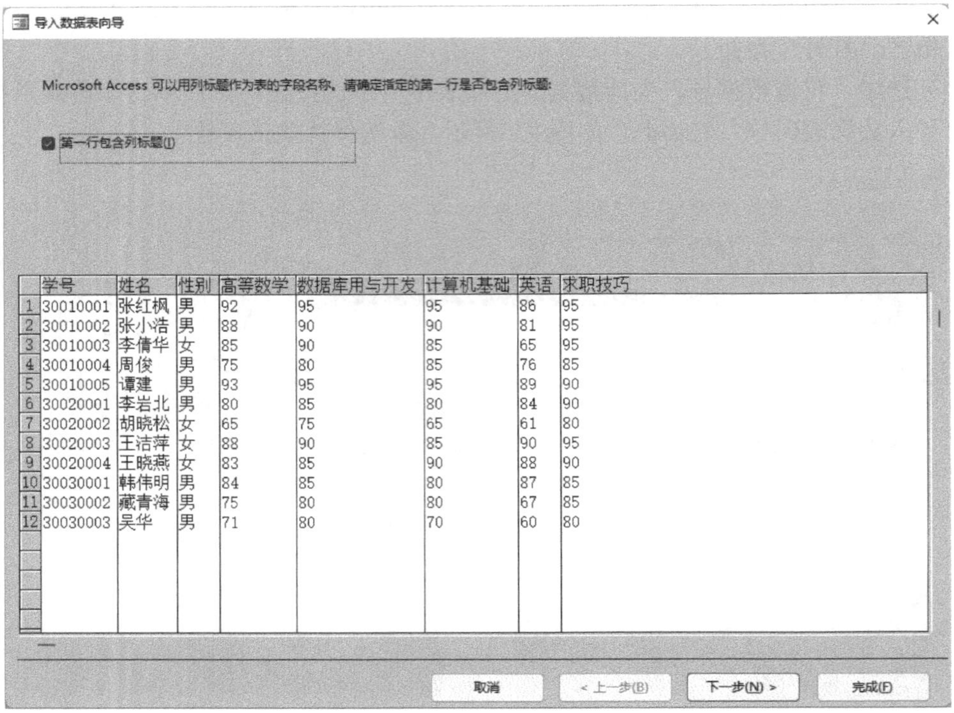

图 8.3　“导入数据表向导”对话框 2

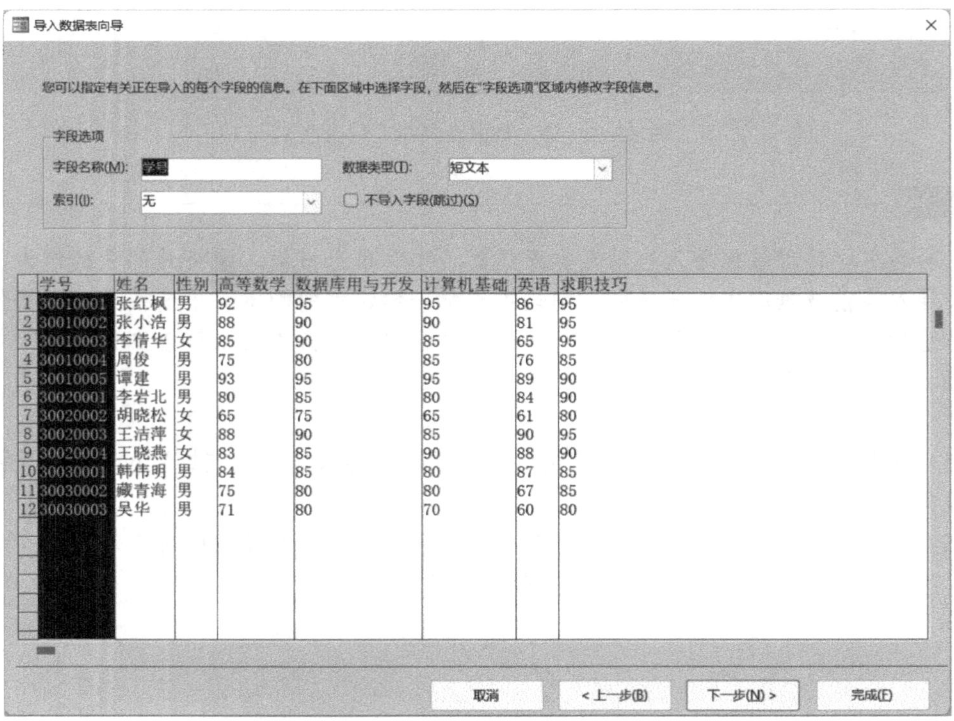

图 8.4　“导入数据表向导”对话框 3

说 明

若某字段不需要导入，则可选中该字段，然后在“字段选项”选项组中取消选中“不导入字段（跳过）”复选框。

（7）单击“下一步”按钮，打开如图 8.5 所示的“导入数据表向导”对话框，若选中“让 Access 添加主键”单选按钮，则系统自动创建主键；若选中“不要主键”单选按钮，则导入的表不创建主键。本例选中“我自己选择主键”单选按钮，在右侧下拉列表中选择“学号”选项。

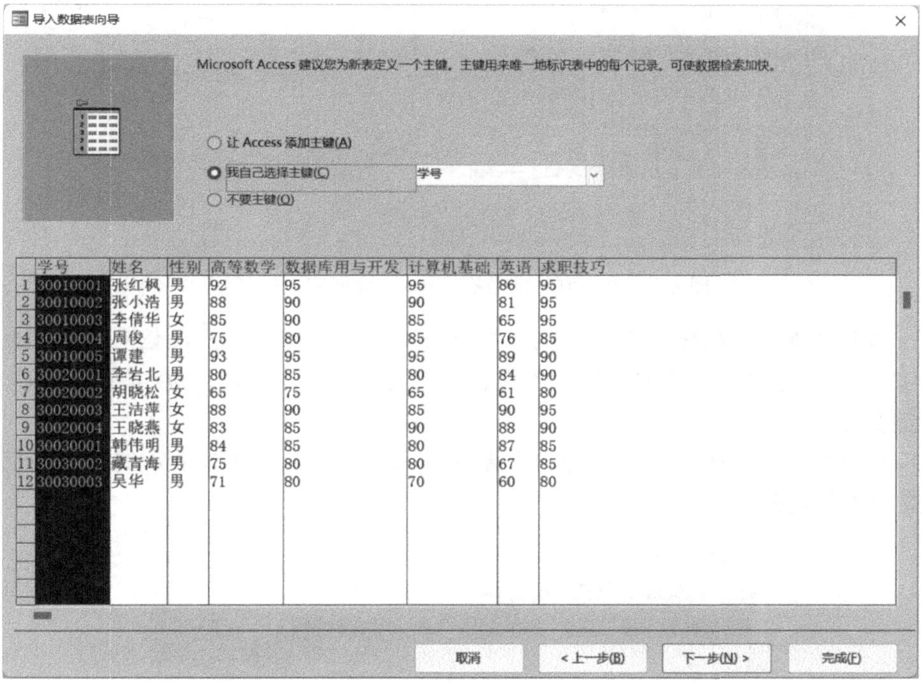

图 8.5 “导入数据表向导”对话框 4

（8）单击“下一步”按钮，在打开的“导入数据表向导”对话框中，为导入的表命名，本例使用默认表名“考试成绩”。

（9）单击“完成”按钮，打开“获取外部数据-Excel 电子表格”对话框，本例取消选中“保存导入步骤”复选框，单击“关闭”按钮，完成外部数据的导入，并且在左侧导航窗格中可以查看生成的新表“考试成绩”。

2）导入 Access 数据

【例 8.2】 将已经建立的 Access 文件“产品信息”中的全部数据导入“公关管理”数据库的新表中，设置“产品代号”为主键，并将新表命名为“产品信息”。

（1）打开“公关管理”数据库。

（2）在“外部数据”选项卡“导入并链接”选项组中选择“新数据源”→“从数据库”→“Access”选项，打开“获取外部数据-Access 数据库”对话框，如图 8.6 所示。

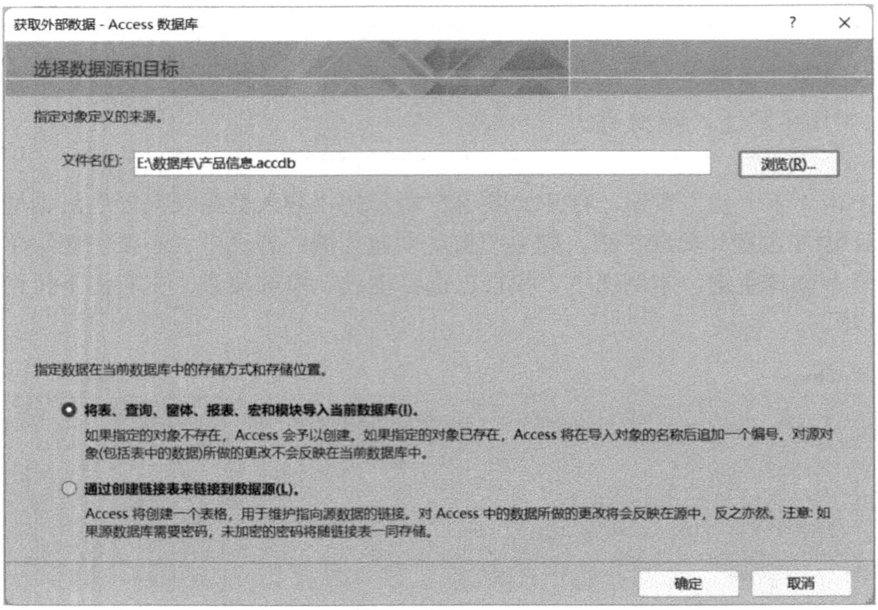

图 8.6　“获取外部数据-Access 数据库”对话框

（3）单击“浏览”按钮，在打开的“打开”对话框中选择“产品信息”数据库，单击“打开”按钮，在返回的对话框中选中“将表、查询、窗体、报表、宏和模块导入当前数据库”单选按钮。

（4）单击“确定”按钮，在打开的“导入对象”对话框中选择所需的“产品信息表”，相关设置如图 8.7 所示。

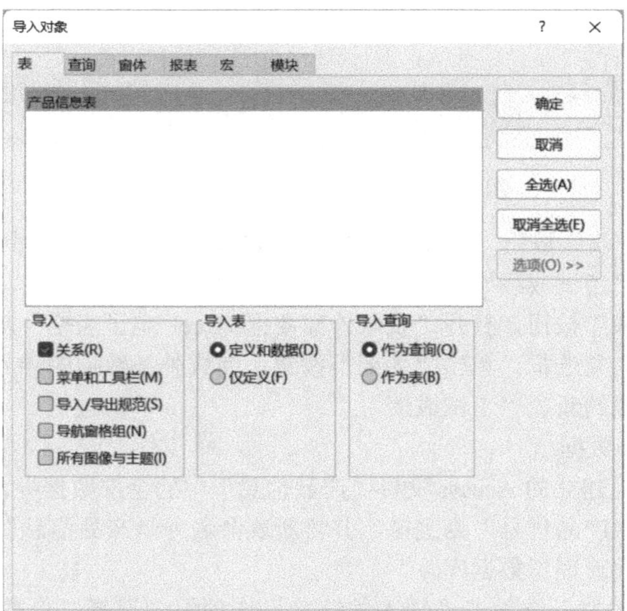

图 8.7　“导入对象”对话框

说明

导入对象说明如下。

（1）关系：导入选定表之间的关系。

（2）菜单和工具栏：导入源数据库中存在的所有自定义菜单和工具栏。这些菜单和工具栏会显示在“加载宏”选项卡中。

（3）导入/导出规范：导入源数据库中存在的全部已经保存的导入、导出规格。

（4）导航窗格组：导入源数据库中存在的全部自定义导航窗格组。

（5）所有图像与主题：导入所有选定的图像及主题。

（6）定义和数据：导入所有选定表的结构和数据。

（7）仅定义：只导入选定表的字段，不导入源记录。

（8）作为查询：将选定的查询作为查询导入。

（9）作为表：将选定的查询作为表导入。

（5）在“导入对象”对话框中，单击“确定”按钮，将返回“获取外部数据-Access 数据库”对话框中，取消选中“保存导入步骤”复选框，然后单击“关闭”按钮。

（6）在导航窗格中，双击导入的“产品信息”表可以查看其数据集结构及内容。

2. 数据的导出

在 Access 中，可以通过导出操作将表中的数据导出到外部文件，如文本文件、Excel 文件、XML 文件、PDF 或 XPS 文件、Access 数据库等。

微课：Access 数据导出

1）导出文本文件

【例 8.3】将“教学管理”数据库中的“课程”表导出到文本文件“课程.txt”中，包含格式和布局，文本文件的保存路径为“E:\数据库”。

操作步骤如下。

（1）打开“教学管理”数据库，在左侧导航窗格中选中“课程”表。

（2）单击“外部数据”选项卡“导出”选项组中的“文本文件”按钮，打开“导出-文本文件”对话框，如图 8.8 所示。

（3）单击“浏览”按钮，在打开的“保存文件”对话框中选择“E:\数据库”文件夹，设置文件名为“课程.txt”，单击“保存”按钮，返回“导出-文本文件”对话框。

（4）选中“导出数据时包含格式和布局”复选框，单击“确定”按钮。打开“对'课程'的编码方式”对话框，如图 8.9 所示，选中“Windows（默认）”单选按钮。

（5）单击“确定”按钮，在打开的“导出-文本文件”对话框中取消选中“保存导出步骤”复选框，单击“关闭”按钮，完成数据的导出。

（6）在“E:\数据库”文件夹中，双击“课程.txt”，结果如图 8.10 所示。

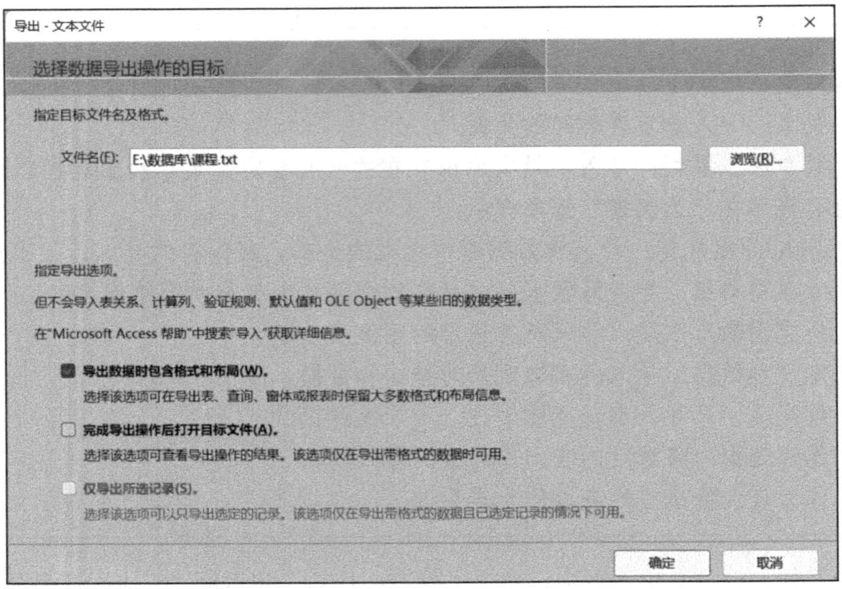

图 8.8　“导出-文本文件”对话框

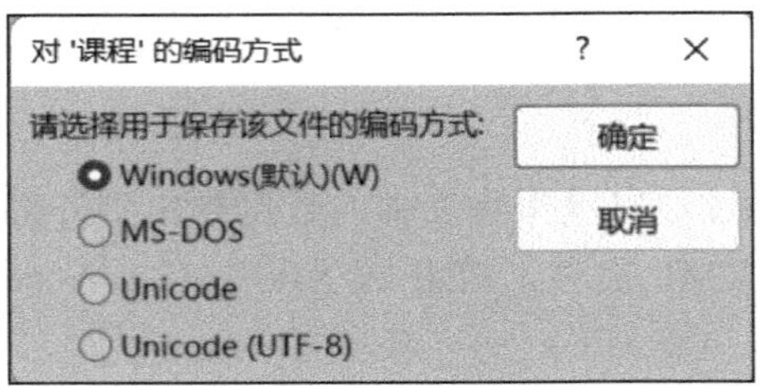

图 8.9　“对'课程'的编码方式”对话框

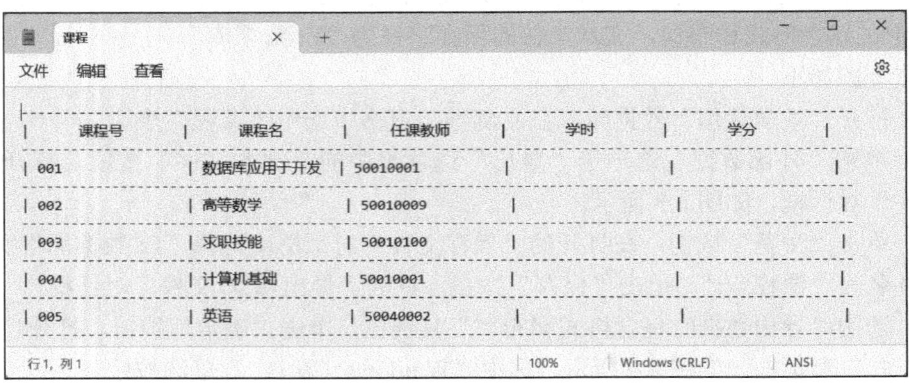

课程号	课程名	任课教师	学时	学分
001	数据库应用于开发	50010001		
002	高等数学	50010009		
003	求职技能	50010100		
004	计算机基础	50010001		
005	英语	50040002		

图 8.10　“课程.txt”内容

2）导出 Excel 数据

【例 8.4】将“公关管理”数据库中的“行政前台”表导出到 Excel 文件“行政前台.xlsx”中，不包含格式和布局，Excel 文件的保存路径为“E:\数据库”。

操作步骤如下。

（1）打开“公关管理”数据库，在左侧导航窗格中选中“行政前台”表。

（2）单击“外部数据”选项卡“导出”选项组中的“Excel”按钮，打开“导出-Excel电子表格”对话框，如图8.11所示。

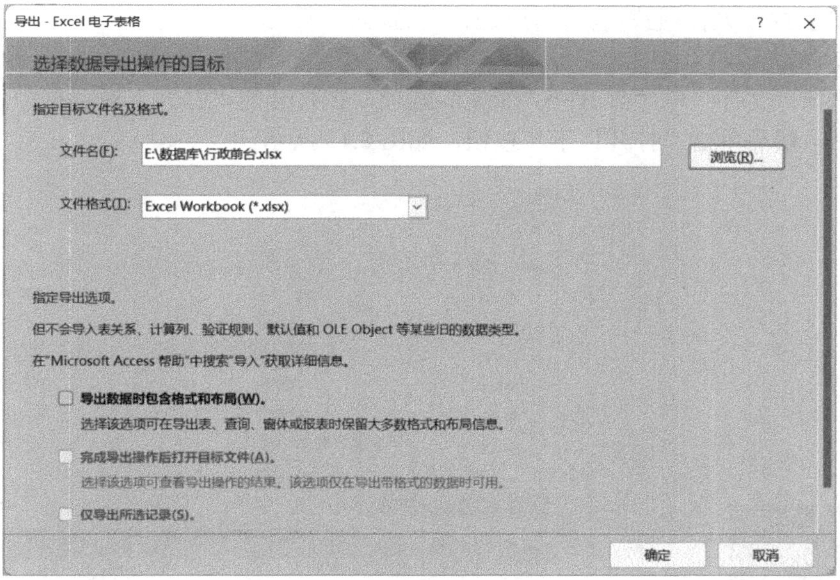

图8.11 “导出-Excel电子表格”对话框

（3）单击“浏览”按钮，在打开的“保存文件”对话框中选择“E:\数据库”文件夹，设置文件名为“行政前台.xlsx”，单击“保存”按钮，返回“导出-Excel电子表格”对话框。

（4）单击“确定”按钮，在打开的“导出-Excel 电子表格”对话框中取消选中“保存导出步骤”复选框，单击“关闭”按钮，完成数据的导出。

（5）在“E:\数据库”文件夹中，双击“行政前台.xlsx”，结果如图8.12所示。

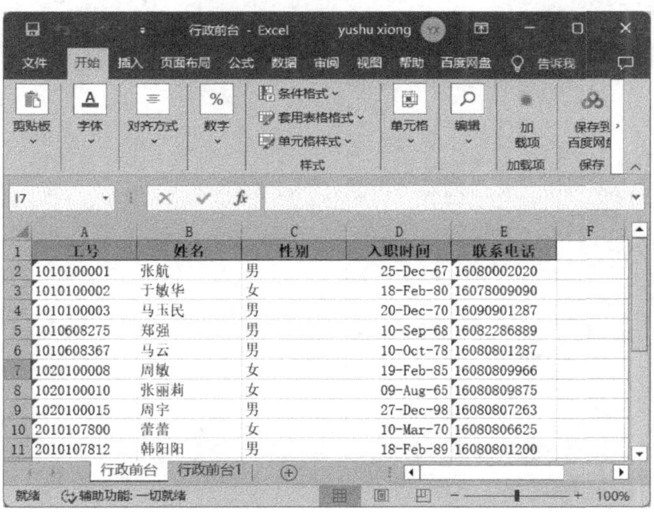

图8.12 “行政前台.xlsx”内容

8.2.2　保护数据库的相关操作

1. 设置数据库的密码

【例 8.5】对公关管理数据库进行加密，设置其密码为 123。

操作步骤如下。

（1）选择“文件”→“打开→“浏览”选项，在打开的“打开”对话框中，选择公关管理数据库，然后单击“打开”下拉按钮，如图 8.13 所示。

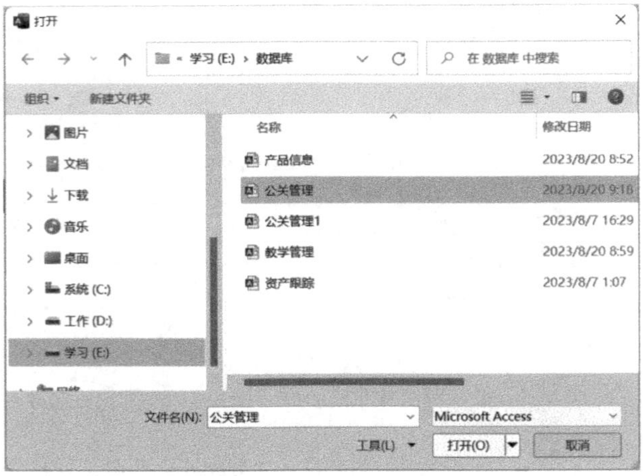

微课：如何保护数据库

图 8.13　“打开”对话框

（2）在弹出的下拉列表中选择“以独占方式打开”选项，打开公关管理数据库。

（3）选择“文件”→“信息”选项，在打开的“信息”界面中单击“用密码进行加密”按钮，如图 8.14 所示。

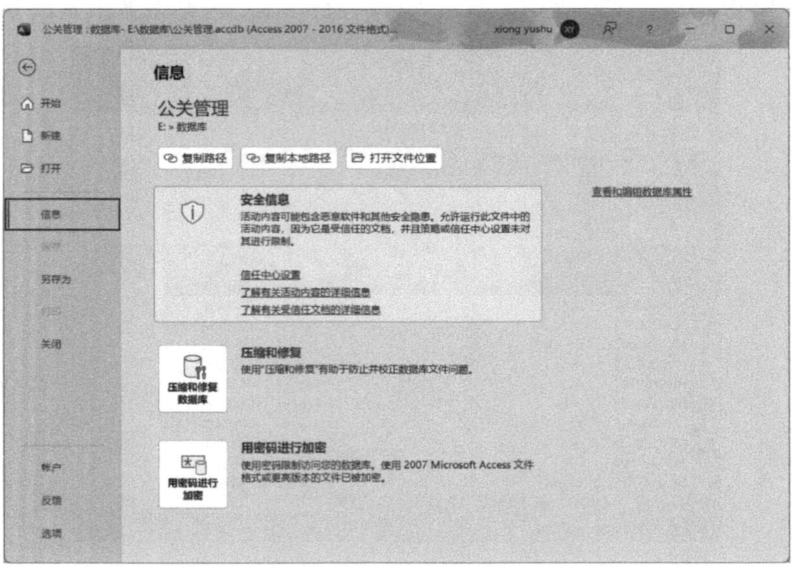

图 8.14　用密码进行加密

（4）打开“设置数据库密码”对话框，输入“123”，单击“确定”按钮，即可完成密码设置的操作。

2. 信任中心

在 Access 2021 中，所有可能不安全的代码或组件都会被 Access 预先设置为禁用，若要改变禁用状态，则可以通过修改设置受信任的文件夹来解除这种状态。

（1）选择“文件”→“选项”选项，在打开的“Access 选项”对话框中，选择“信任中心”选项卡，单击“信任中心设置”按钮，如图 8.15 所示。

图 8.15 “信任中心”选项卡

（2）在打开的“信任中心”对话框中选择“受信任位置”选项卡，单击“添加新位置”按钮，如图 8.16 所示。

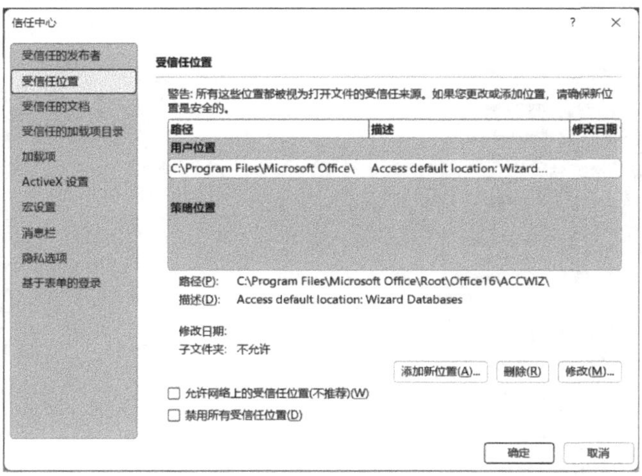

图 8.16 “受信任位置”设置

（3）在打开的“Microsoft Office 受信任位置”对话框中选择受信任源的位置的文件路径和文件夹名称，然后单击“确定”按钮即可。

说 明

如果需要添加允许受信任的网络位置，在“信任中心”对话框中选中“允许网络上的受信任位置（不推荐）”复选框即可。

3. 对数据包进行打包和签名

使用 Access 可以方便快速地对数据库进行签名和分发。在创建.accdb 文件或.accde 的文件后，可以对该文件进行打包处理，并将数字签名应用于打包文件，再把已经签名的包分发给其他用户。

操作如下：选择“文件”→“另存为”→“数据库另存为”选项，同时选择“打包并签名”选项，单击“另存为”按钮，在打开的确认证书对话框中单击“单击此处查看证书属性”链接进行处理，最后单击“确定”按钮即可。

4. 压缩和修复数据库

定期压缩和修复 Access 文件可以确保 Access 保持最佳性能，压缩和修复的过程即是数据库的编码/解码过程。其方法有以下两种。

（1）单击“数据库工具”选项卡“工具”选项组中的“压缩和修复数据库”按钮即可实现，如图 8.17 所示。

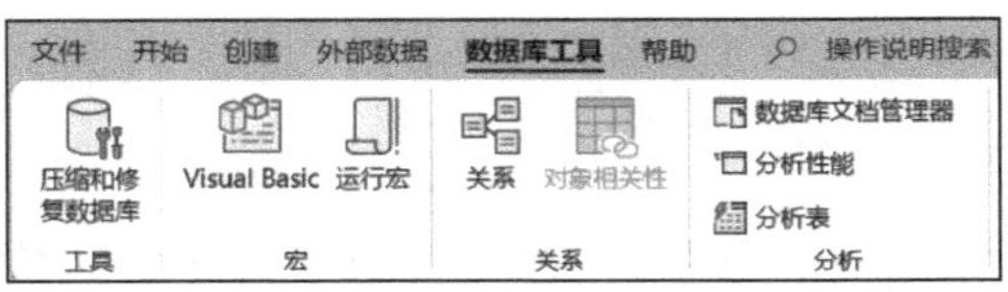

图 8.17 “压缩和修复数据库”命令

（2）提前设置为每次关闭 Access 都自动执行压缩功能。具体的操作为，选择“文件”→“选项”选项，在打开的“Access 选项”对话框中选择“当前数据库”选项卡，选中“关闭时压缩”复选框，如图 8.18 所示，然后单击“确定”按钮即可。

图 8.18 选中“关闭时压缩”复选框

说 明

如果需要压缩位于服务器或共享文件夹上的 Access 数据库，则必须在没有其他用户打开它的前提下进行。

5. 备份数据库

【例 8.6】将“公关管理”数据库进行备份，以“公关管理备份”的名称保存到“E:/数据库”中。

操作步骤如下。

（1）选择“文件”→“另存为”选项，在打开的“另存为”界面中选择“数据库另存为”→“备份数据库”选项，如图 8.19 所示。

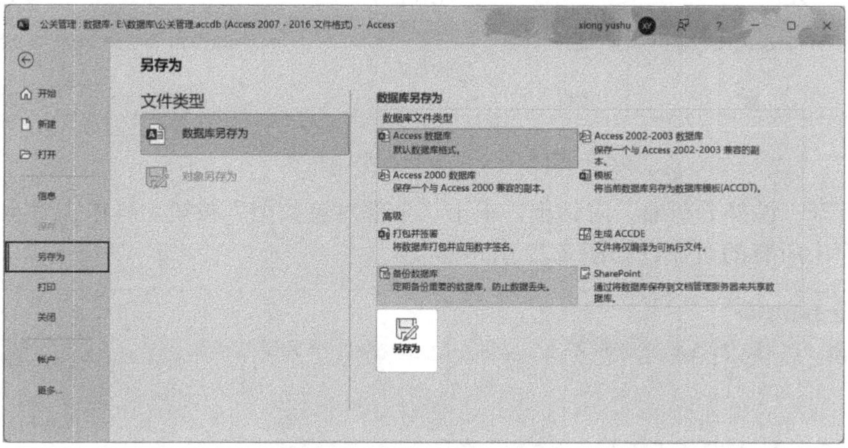

图 8.19 “另存为”对话框

（2）单击下方的“另存为”按钮，在打开的“另存为”对话框中设置保存位置为“E:/数据库”，修改名称为“公关管理备份”，如图 8.20 所示。

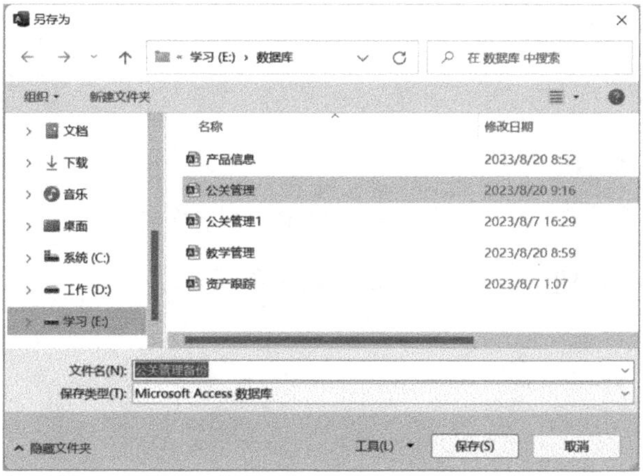

图 8.20 修改储存路径及文件名

（3）单击“保存”按钮即可。

8.2.3 优化

1．优化数据库

在 Access 中，通过“性能分析器”对话框可以优化数据库的性能。

【例 8.7】优化“教学管理”数据库。

操作步骤如下。

（1）单击“数据库工具”选项卡“分析”选项组中的“分析性能”按钮，如图 8.21 所示。

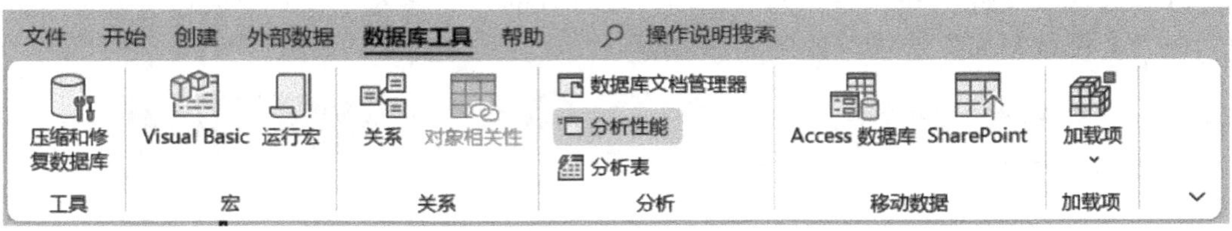

图 8.21　“分析性能”按钮

（2）打开“性能分析器”对话框，单击“全部对象类型”按钮，再单击“全选”按钮，选择数据库中所有的对象，如图 8.22 所示。

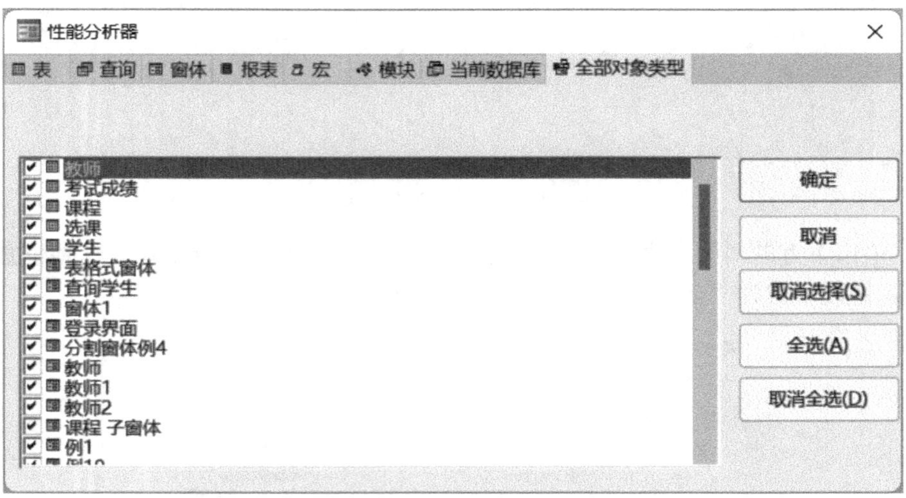

图 8.22　“性能分析器”对话框

（3）单击“确定”按钮，分析结果如图 8.23 所示。

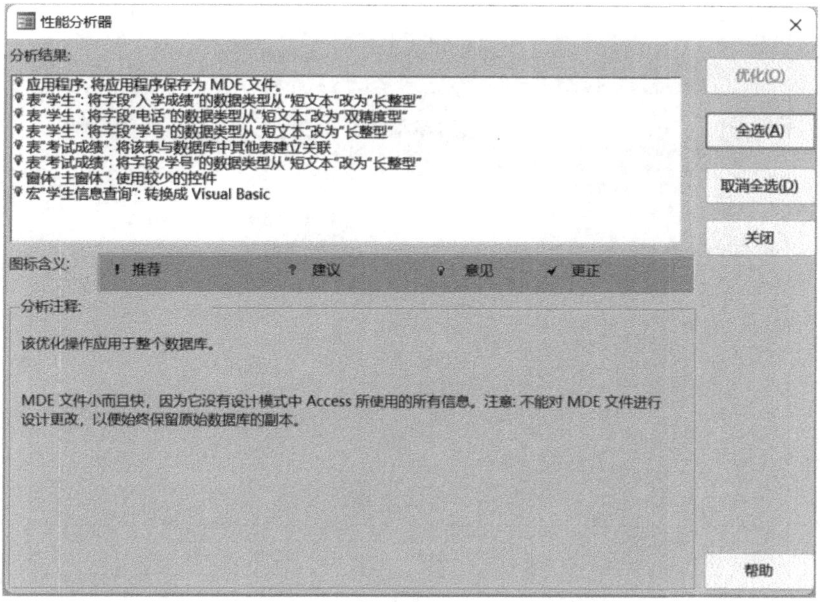

图 8.23 “性能分析器”对话框中的分析结果

说 明

在“性能分析器”对话框中，会显示分析结果。其分析结果中的内容将被划分为推荐、建议、意见和更正等 4 种分析结果。而当用户选择“分析结果”列表中的任何一个项目时，在列表下部的“分析注释”选项组中会显示建议优化的相关信息。

2. 优化分析数据库对象

在 Access 中，还可以通过“分析表”和“数据库文档管理器”，对数据库中的对象进行优化操作。

微课：如何优化、分析数据库

1）分析表

在将数据输入 Access 表之后，可以使用“表分析器向导”对话框快速标识出重复的数据。

（1）单击“数据库工具”选项卡“分析”选项组中的“分析表”按钮。

（2）打开“表分析向导”对话框，可以单击“显示范例”按钮来了解简短教程，如图 8.24 所示。

（3）单击“下一步”按钮，在打开的对话框中，进入向导将拆分初始表并创建新表的页面。

（4）单击“下一步”按钮，在打开的对话框中，选择需要分析的表，如图 8.25 所示，然后单击“下一步”按钮。

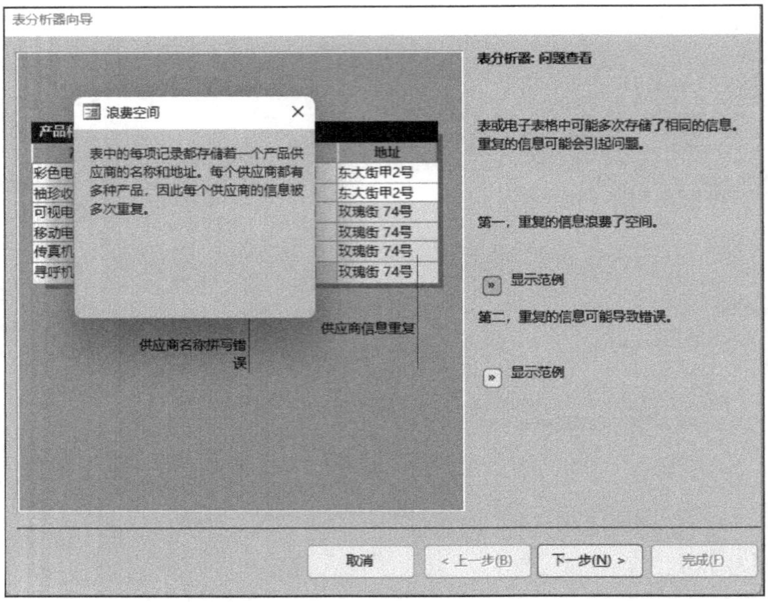

图 8.24 “表分析器向导”对话框 1

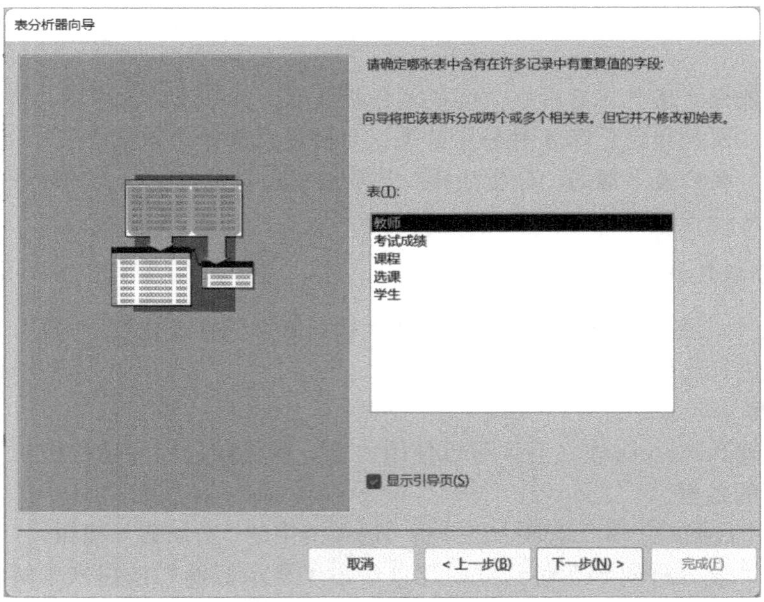

图 8.25 “表分析器向导”对话框 2

（5）在打开的对话框中会提供两个选项来确定检查表是否有不符合规则的内容，选中“否，自行决定”单选按钮，如图 8.26 所示。单击“下一步”按钮，打开如图 8.27 所示的对话框。

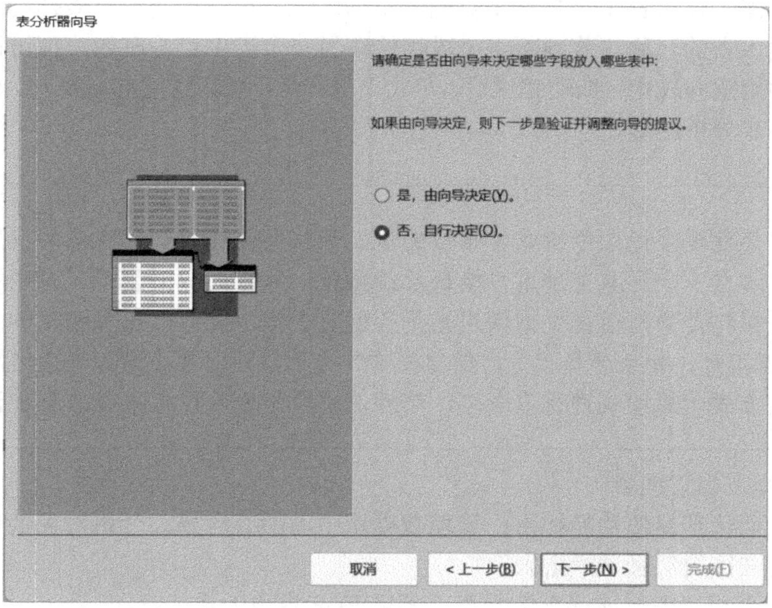

图 8.26 “表分析器向导”对话框 3

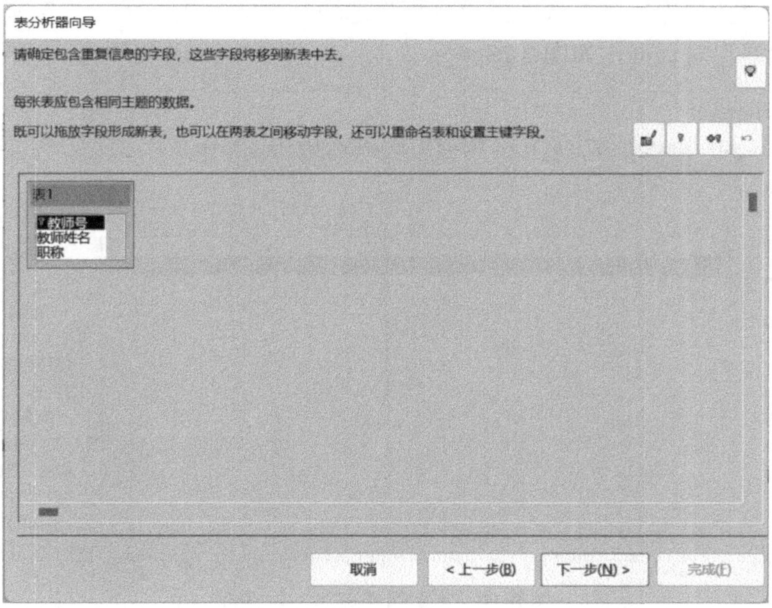

图 8.27 “表分析器向导”对话框 4

说 明

由于该操作属于手动决定，所以 Access 会只创建一个包含所有字段的表。如果选中“是，由向导决定”单选按钮，则会出现通过关系线连接的多个表。

（6）将所需字段从表 1 中拖动至页面的空白区域，用以创建包含被拖动字段的新表，并按照提示输入表的名称。若判断将字段存储在另一个表中更为有效，则可以将字段从当前表直接拖动到意向表中，拖动完成后，单击“下一步”按钮继续向导操作。最后单击“确定”按钮，生成分析结果。

说 明

如果向导发现在记录中有非常相似的值，则这些值会被认作可能的排版错误标识出来，并显示在一个屏幕上供用户确认后续操作；如果向导未发现记录中有非常相似的值，则会在打开的对话框中询问用户是否创建查询。此时，选择相应的选项，单击“完成”按钮即可。如果选择“是，创建查询”选项，则向导会通过在表名称后面追加“_OLD”的方式对原始表进行重命名，然后使用原始表的名称来命名新查询。

2）数据库文档管理器

数据库文档管理器的功能如下：管理数据库中的所有对象；分析对象的性能，同时以报表的形式将文档的信息显示出来。

【例 8.8】 分析“考试成绩”数据表，并以 PDF 报表的形式打印。

操作步骤如下。

（1）单击“数据库工具”选项卡“分析”选项组中的“数据库文档管理器”按钮，打开“文档管理器”对话框，如图 8.28 所示。

图 8.28 “文档管理器”对话框

（2）选中“考试成绩”复选框，并单击“选项”按钮。

（3）在打开的“打印表定义”对话框中，设置表包含的内容、字段包含的内容，索引包含的内容，本例保持默认设置即可，如图 8.29 所示，然后单击“确定”按钮。

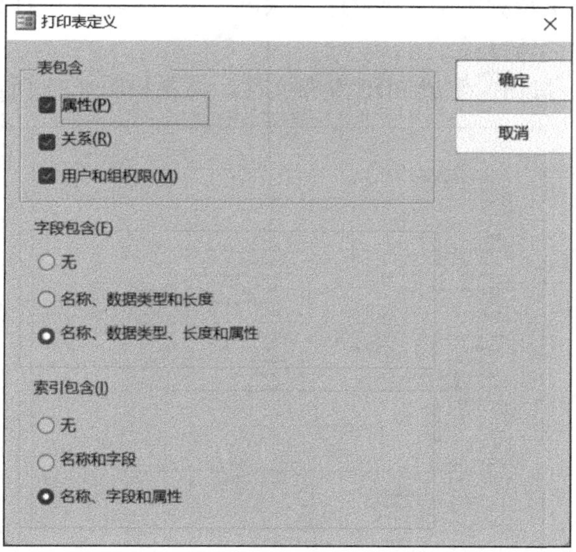

图 8.29　“打印表定义”对话框

（4）在以“打印预览”方式打开的“对象定义”报表中，对纸张大小、页边距、页面布局、显示比例进行设定，如图 8.30 所示。

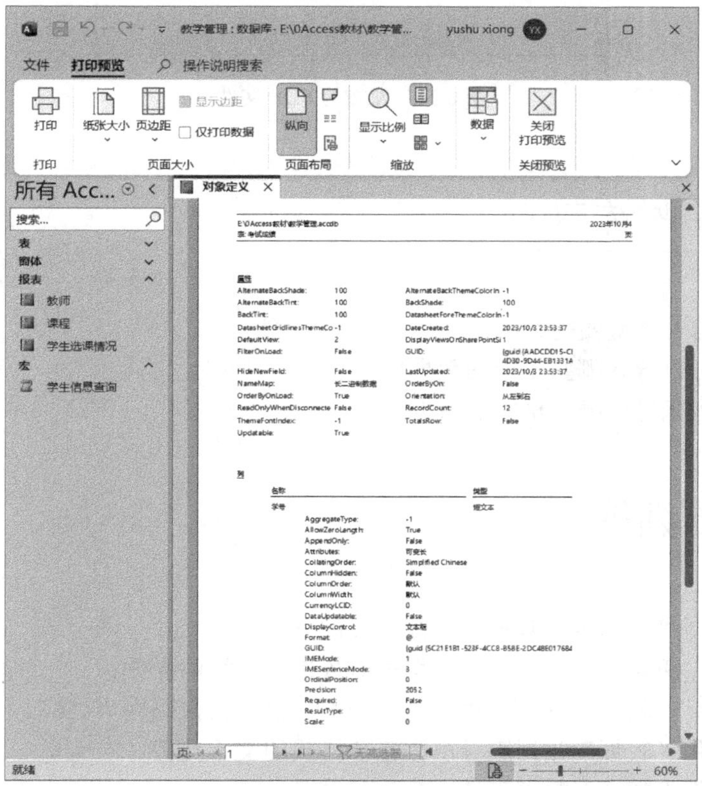

图 8.30　“打印预览”选项卡

（5）选择“数据”下拉列表中的“PDF 或 XPS”选项，在打开的“发布为 PDF 或 XPS”对话框中修改文件名和存储路径。

（6）单击“发布”按钮，生成 PDF 发布文件，结果如图 8.31 所示。

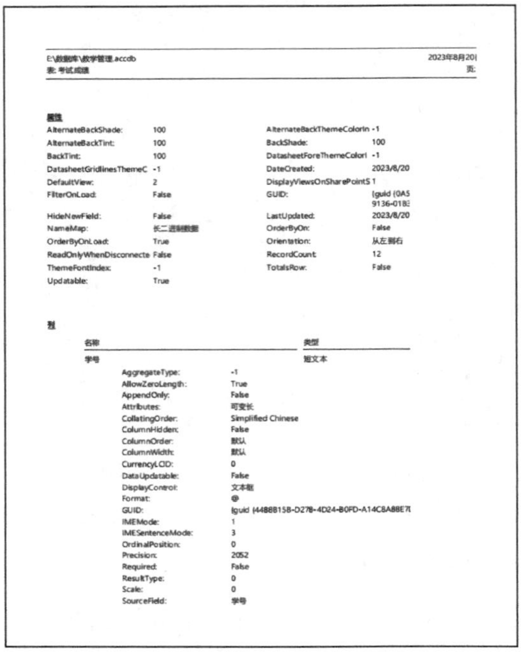

图 8.31　发布的 PDF 文件

思考与练习

1. 数据库的安全重要吗？
2. Access 可以导入哪些不同的数据库？
3. Access 可以导出哪些格式的数据库？

拓展训练

训练 1：请完成“学生”数据表重复字段的分析。

训练 2：请完成对“行政前台”数据表对象进行分析的操作。

训练 3：请对“教学管理”数据库进行加密，设置其密码为“456”。

训练 4：请将“教师”数据表导出为包含格式的文本文件。

训练 5：请将“学生”数据表进行打包和签名。

训练 6：将“公关管理”数据库通过备份的方式重命名为“公关部门信息管理”数据库。

项目 9 扩展学习——MySQL

学习目标

知识目标

- 了解 MySQL 数据库的基本知识。
- 掌握 MySQL 语句的分类和使用方法。
- 掌握 MySQL 内置工具的使用方法。

技能目标

- 会安装 MySQL 数据库。
- 会创建数据库。
- 会在数据库中创建表。
- 会新增、删除、查询表中的信息。

素养目标

- 培养勤于思考、勇于探索的科学精神。
- 培养创新意识和创新思维。

情景导入

网络公司计划开发 Web 程序，所用数据库选择 MySQL，现在首先需要了解 MySQL 数据库的相关知识，并通过图形化工具在 MySQL 数据库中创建数据库，以便与其他系统相配合，实现 Web 程序开发。

9.1 知识准备——MySQL 数据库简介

9.1.1 MySQL 的特点

MySQL 是一个关系数据库管理系统（relational database management system，RDBMS），

微课：MySQL 简介

由瑞典 MySQL AB 公司开发，目前属于 Oracle 公司。MySQL 是一个真正多用户、多线程的结构化查询语言（structure query language，SQL）数据库服务器。其所使用的 SQL 语言是世界上最流行的、标准化的数据库语言，每个关系型数据库都可以使用。在 Web 应用方面，MySQL 是较好的关系数据库管理系统应用软件之一。MySQL 的运行速度快、执行效率与稳定性高、操作简单、非常易于使用，是目前流行的数据库管理系统软件之一。

MySQL 是数据库的一种，具有数据库的通用特征，同时，比起其他类型的数据库，它还具有自己鲜明的特点。

MySQL 是一个小型的开源关系数据库管理系统，与其他大型数据库管理系统，如 Oracle、DB2、SQL Server 等相比，MySQL 规模小、功能有限，但是它体积小、速度快、成本低，且它提供的功能对稍微复杂的应用已经够用，这些特性使 MySQL 成为世界上最受欢迎的开放源代码数据库。对于一般的个人使用者和中小型企业来说，MySQL 提供的功能已经绰绰有余，而且由于 MySQL 是开放源码软件，可以大大降低总体拥有成本，任何人都可以在 General Public License 的许可下下载并根据个性化的需要对其进行修改。MySQL 因为其速度、可靠性和适应性而备受关注。大多数人认为在不需要事务化处理的情况下，MySQL 是管理内容最好的选择。MySQL 对 PHP 有很好的支持，PHP 很适合用于 Web 程序开发，目前 Internet 上流行的网站构架方式是 LAMP（Linux+Apache+MySQL+PHP），即使用 Linux 作为操作系统，Apache 作为 Web 服务器，MySQL 作为数据库，PHP 作为服务器端脚本解释器。

MySQL 支持大型的数据库，支持 5000 万条记录的数据仓库，32 位系统表文件最大可支持 4GB，64 位系统支持最大的表文件为 8TB，可以处理拥有上千万条记录的大型数据库，可以运行在多个系统上，并且支持多种语言。这些编程语言包括 C、C++、Python、Java、Perl、PHP、Eiffel、Ruby 和 Tcl 等。

9.1.2 MySQL 语句的分类

MySQL 语言分为五大类：数据定义语言（data definition language，DDL）、数据查询语言（data query language，DQL）、数据操作语言（data manipulation language，DML）、数据控制语言（data control language，DCL）、事务控制语言（transaction control language，TCL）。

1. 数据定义语言

数据定义语言用于创建、修改、删除数据库中的数据结构。

（1）创建和删除数据库（CREATE DATABASE || DROP DATABASE）。

（2）创建、修改、重命名、删除表（CREATE TABLE || ALTER TABLE || RENAME TABLE || DROP TABLE）。

（3）创建、删除索引（CREATE INDEX || DROP INDEX）。

2. 数据查询语言

数据查询语言的基本结构是由 SELECT 子句、FROM 子句、WHERE 子句组成的查询块。

```
SELECT <字段名表> FROM <表或视图名> WHERE <查询条件>
```

3. 数据操作语言

数据操作语言主要有以下 3 种形式（即增、删、改）。

（1）插入：INSERT。

（2）删除：DELETE。

（3）更新：UPDATE。

4. 数据控制语言

数据控制语言用于授予或收回访问数据库的某种特权。

（1）授予：给用户授予访问权限（GRANT）。

（2）取消权限：收回用户访问权限（REMOKE）。

5. 事务控制语言

事务控制语言用于控制数据库操纵事务发生的事件及效果，对数据库进行实时监视等。

（1）回滚，即 ROLLBACK [WORK] TO [SAVEPOINT]，回退到某一点。

使用回滚命令可以使数据库状态回到上次最后提交的状态。

（2）提交，即 COMMIT 提交事务。

6. MySQL 语句示例

1）管理数据库和表

（1）创建数据库，其一般格式如下。

```
CREATE  DATABASE  数据库名
```

例如：

```
CREATE DATABASE Demo1
```

（2）创建表，其一般格式如下。

```
CREATE TABLE 表名 (列名 列数据类型 <列约束条件>);
```

例如：

```
CREATE TABLE Student (Id INT PRIMART KEY, Name VARCHAR(50));
```

（3）创建索引，其一般格式如下。

```
CREATE INDEX 索引名 ON 表名 (列名);
```

例如：

非唯一索引：

```
CREATE INDEX NameIndex ON Student(name);
```

唯一索引：

```
CREATE UNIQUE INDEX NameIndex ON Student(name);
```

（4）连接数据库，其一般格式如下。

```
USE 数据库名
```

例如：

```
USE Demo1;
```

（5）删除数据库，其一般格式如下。

```
DROP DATABASE 数据库名
```

例如：

```
DROP DATABASE Demo1;
```

（6）删除表，其一般格式如下。

```
DROP TABLE 表名
```

例如：

```
DROP TABLE Student;
```

（7）删除索引，其一般格式如下（需指定表名和索引名）。

```
DROP INDEX 表名.索引名;
```

例如：

```
DROP INDEX Student.NameIndex;
```

（8）修改表。
添加新列：

```
ALTER TABLE 表名 ADD 列名 列数据类型 <列约束条件>;
```

例如：

```
ALTER TABLE Student ADD Address VARCHAR(50);
```

删除列，其一般格式如下。

```
ALTER TABLE 表名 DROP COLUMN 列名;
```

例如：

```
ALTER TABLE Student DROP COLUMN Address;
```

2）使用 DML 语句更改数据
（1）插入数据，其一般格式如下。

```
INSERT INTO 表名 列名 VALUES 列值;
```

例如：

```
INSERT INTO Student (id,name) VALUES (1,'张三');
```

（2）表复制，其一般格式如下。

```
SELECT 列名 INTO 新表名  FROM 表名;
```

例如：

```
SELECT * INTO Student2 FROM Student;
```

（3）更新数据，其一般格式如下。

```
UPDATE 表名 SET 列名=新值 WHERE (过滤条件);
```

例如：

```
UPDATE Student SET id = 2,age =20 WHERE name = '张三';
```

利用更新操作来删除数据，其一般格式如下。

```
UPDATE Student age= NULL WHERE name = '张三';
```

（4）删除数据，其一般格式如下。

```
DELETE FROM 表名 WHERE (过滤条件);
```

例如：

```
DELETE FROM Student WHERE name = '张三';
```

注意：删除全表数据的另外一个 SQL 语句是 TRUNCATE TABLE 表名。

3）简单数据查询

（1）查询，其一般格式如下。

```
SELECT 列名 FROM 表名;
```

例如：

```
SELECT id FROM Student;
```

查询全表数据，其一般格式如下。

```
SELECT * FROM Student;
```

（2）查询表名前缀，其一般格式如下。

```
SELECT Student.id FROM Student;
```

（3）查询列表别名，其一般格式如下。

```
SELECT T.列A  AS  A,T.列B  AS  B,T.列C  AS  C FROM 表名 AS  T;
```

（4）排除重复数据，其一般格式如下。

```
SELECT DISTINCT 列名 FROM 表名;
```

例如：

```
SELECT DISTINCT name FROM Student;
```

（5）限定行数查询，其一般格式如下。

```
SELECT  TOP 列名A,列名B  FROM 表名;
```

例如：

```
SELECT TOP5 id, name FROM Student;
```

（6）空值数据控制，其一般格式如下。

```
SELECT 列名A,列名B FROM 表名 WHERE 列名C  IS  NOT  NULL;
```

或

```
SELECT 列名A,列名B  FROM 表名 WHERE 列名C  IS  NULL;
```

9.2 实践操作——MySQL的安装、配置与基础操作

9.2.1 MySQL 安装

1. 获取MySQL数据库软件安装包

可以在MySQL官方网站上免费下载到MySQL最新版本的安装包和各种技术资料，本书截稿时发布的MySQL最新版本是8.0.30。下面将详细介绍MySQL数据库软件安装包的下载步骤。

说　明

MySQL软件采用了双授权政策，它分为社区版和商业版。

（1）社区版：该版本完全免费，但是官方不提供技术支持。用户可以自由下载使用。

（2）商业版：该版本为用户提供数据库应用，支持ACID事务处理，提供完整的提交、回滚、崩溃恢复功能。需要付费使用，官方提供技术支持。

本书以社区版为例进行讲解。

微课：MySQL安装教程（Windows）

（1）在MySQL官方网站上，选择“DOWNLOADS”选项，进入下载界面，如图9.1和图9.2所示。

（2）在MySQL下载界面，单击“MySQL Community (GPL) Downloads”链接，打开MySQL社区版下载界面，如图9.3所示。

图 9.1　MySQL 官网首页

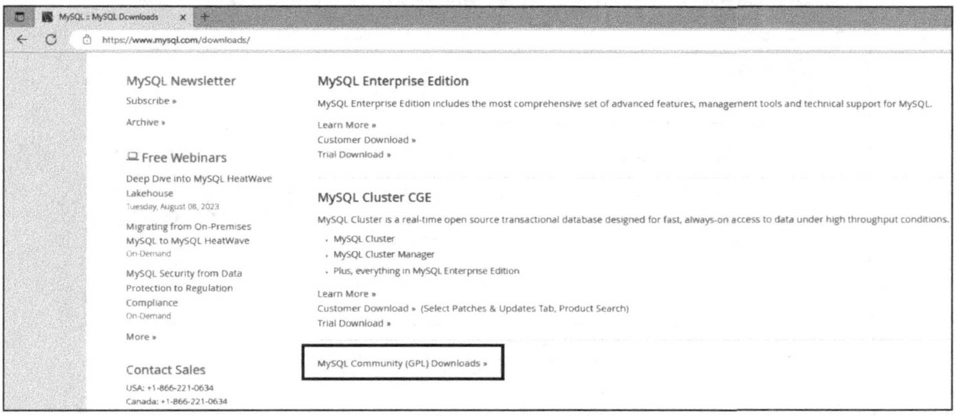

图 9.2　MySQL 下载界面

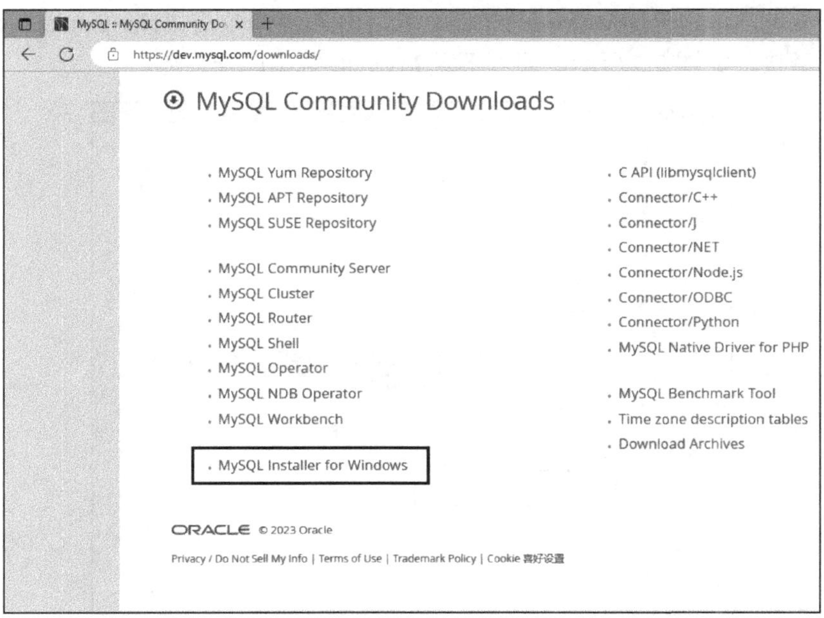

图 9.3　MySQL 社区版下载界面

（3）在 MySQL 社区版下载界面，选择“MySQL Installer for Windows”选项，打开 MySQL Installer 下载界面，如图 9.4 所示。

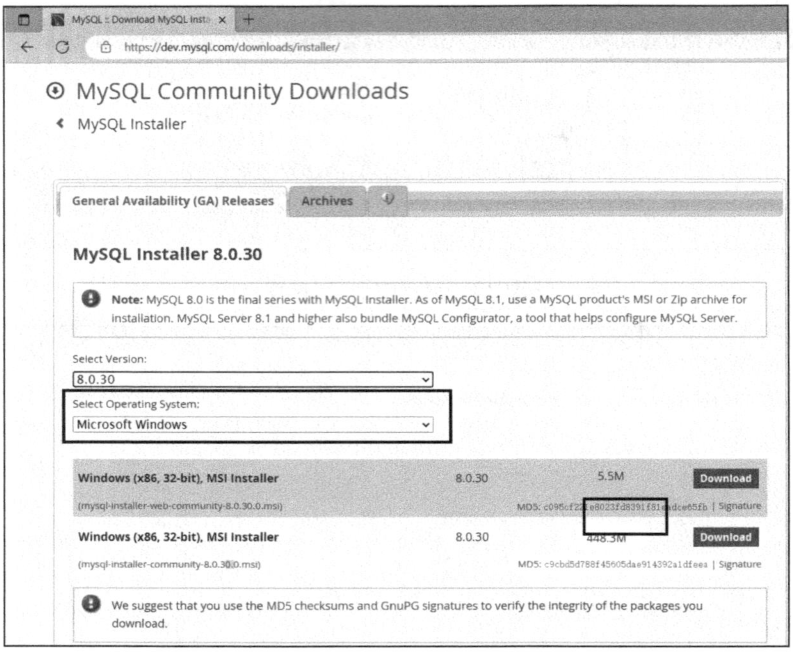

图 9.4　MySQL Installer 下载界面

（4）在 MySQL Installer 下载界面，操作系统选择“Microsoft Windows”选项，截至目前，发布的 MySQL 最新版本是 8.0.30，选择第二个离线安装，该安装包同时包含了 32 位和 64 位安装包，单击“Download”按钮，在打开的界面单击“No thanks, just start my download.”链接，如图 9.5 所示，即可下载 MySQL 数据库安装包。

图 9.5　下载界面

2. MySQL 安装

下面以在 Windows 操作系统中通过安装包安装 MySQL 8.0.30 版本为例，介绍安装的全过程。

（1）双击通过 MySQL 官网下载的“mysql-installer-community-8.0.30.0.msi”安装包，运行后进行软件安装，打开“MySQL Interaller”窗口的选择设置类型界面，如图 9.6 所示。

选择设置类型有 4 个选项，分别是：“Server only”，仅作为服务器安装；“Client only”，仅作为客户端安装；“Full”，完整安装；“Custom”，自定义安装。

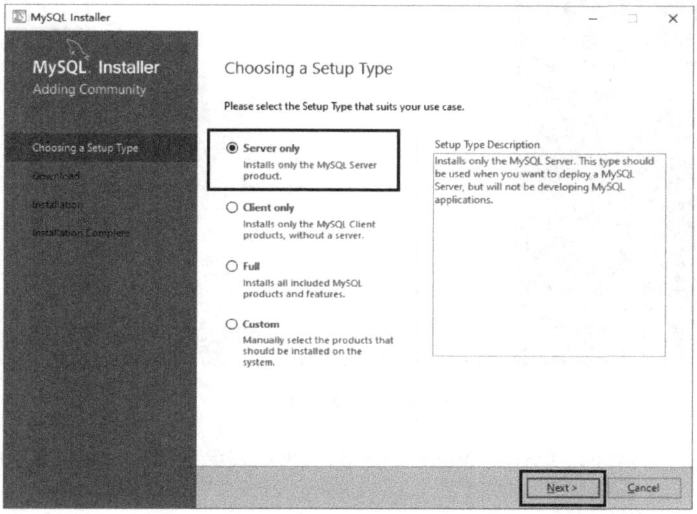

图 9.6　选择设置类型界面

（2）在选择设置类型界面，选中“Server only”单选按钮，然后单击“Next”按钮，进入需求检查界面，如图 9.7 所示。

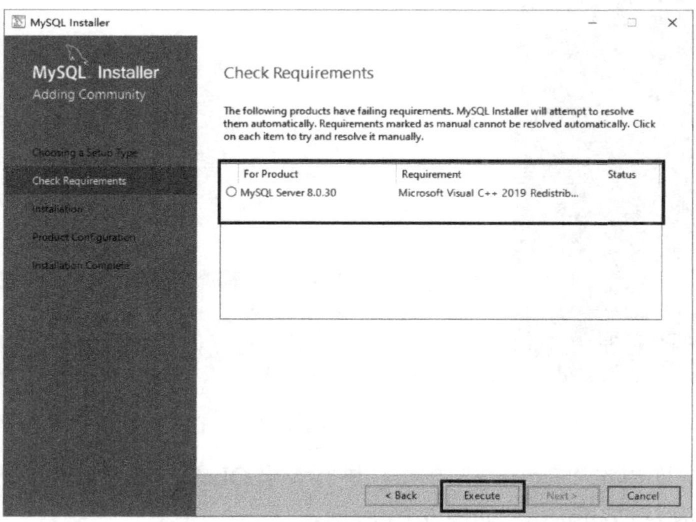

图 9.7　需求检查界面

（3）在需求检查界面，直接单击“Excute”按钮，安装对应的需要安装的组件包，安装完成后，状态为 INSTL DONE，如图 9.8 所示。如果计算机上没有需要安装的组件包，则安装流程会自动跳过需求检查这一步骤，直接进入安装界面。

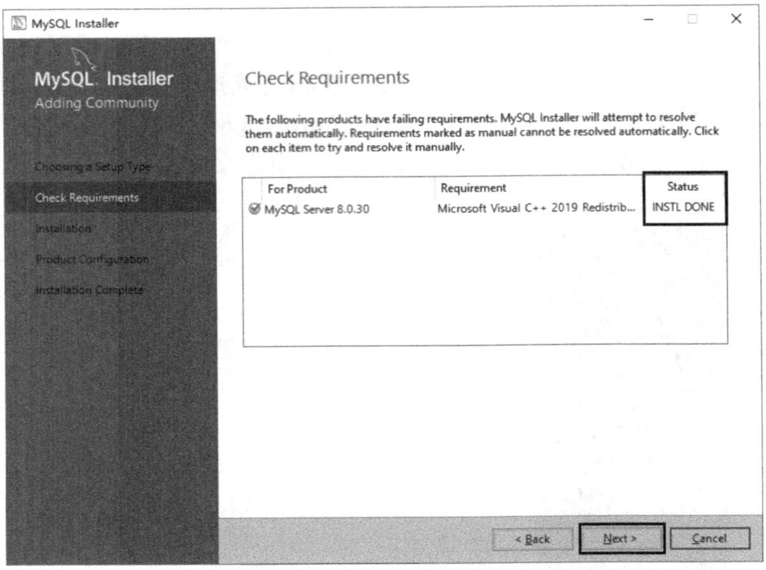

图 9.8　需求完成界面

（4）在需求完成界面，单击“Next”按钮，进入安装界面，如图 9.9 所示。

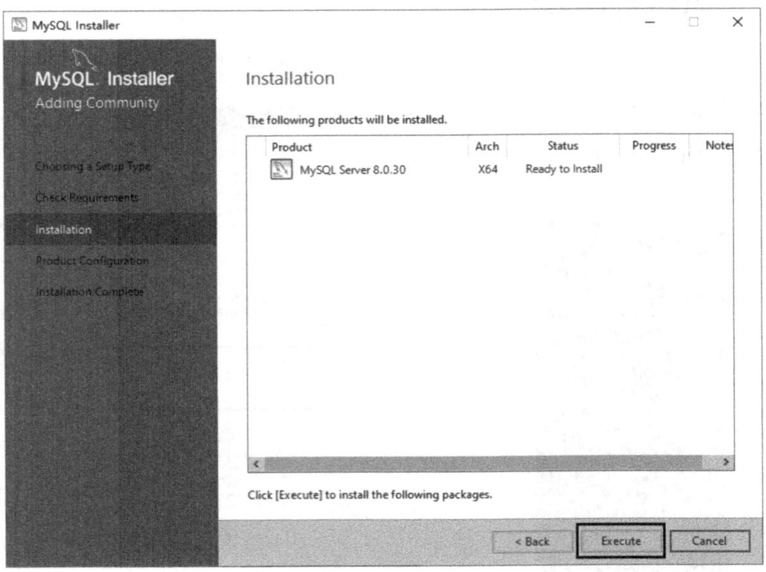

图 9.9　安装界面

（5）在安装界面单击“Execute”按钮，进行 MySQL Server 8.0.30 版本的安装，安装完成以后状态会显示为 Complete，如图 9.10 所示。

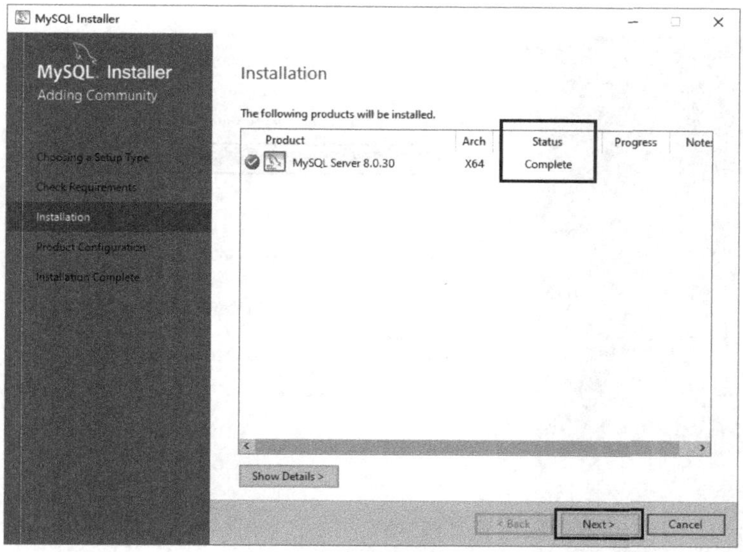

图 9.10　安装完成

（6）单击“Next”按钮，进入产品配置界面，如图 9.11 所示。

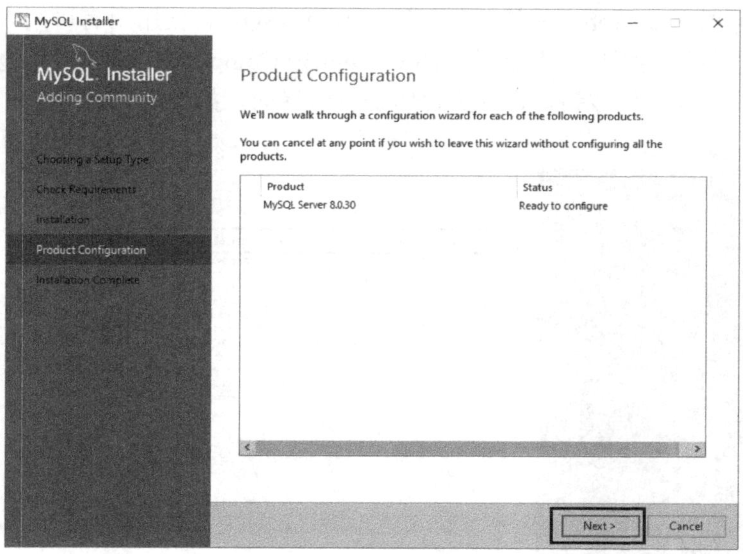

图 9.11　产品配置界面

（7）在产品配置界面，单击“Next”按钮，进入配置服务器类型和网络界面，如图 9.12 所示。

在“Config Type”（配置类型）下拉列表中有以下 3 种选择。

Development Computer（开发者用机）：需要运行许多其他应用，MySQL 仅使用最少的内存。

Server Computer（服务器用机）：多个服务器需要在本机运行。为 Web、应用服务器选择这个选项，使用中等数量的内存。

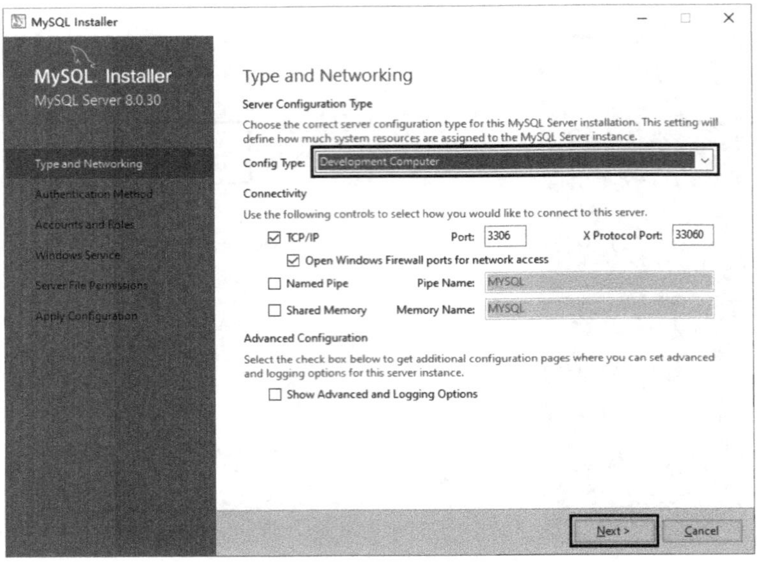

图 9.12　配置服务器类型和网络界面

Dedicated Computer（专用 MySQL 服务器用机）：本机专用于运行 MySQL 数据库服务器，无其他服务器（如 Web、邮件服务器运行），MySQL 将使用所有可用内存。

（8）配置服务器类型选择默认的“Development Computer”类型，其他配置保持默认设置，然后单击“Next”按钮，进入身份验证方法界面，如图 9.13 所示。

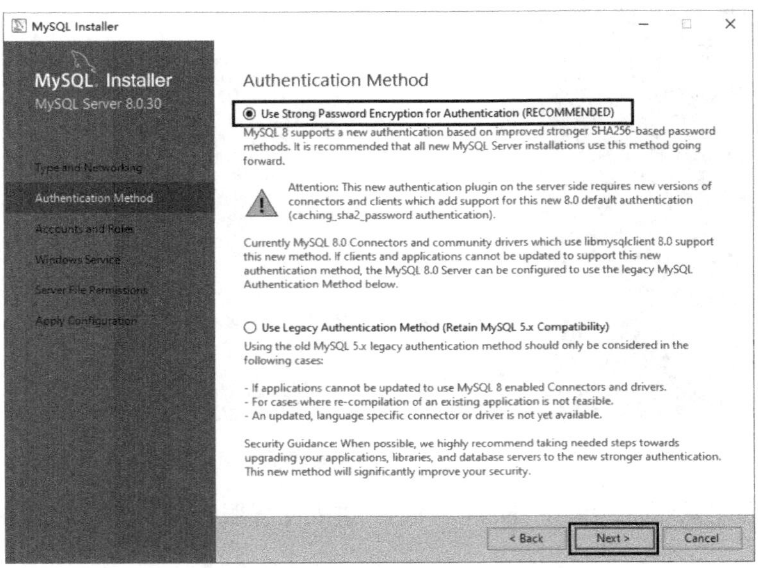

图 9.13　身份验证方法界面

在身份验证方法界面有两种方法可以选择。

Use Strong Password Encryption for Authentication（RECOMMENDED）：使用强密码加密进行身份验证。

Use Legacy Authentication Method（Retain MySQL 5.x Compatibility）：使用传统身份验证方法。

（9）身份验证方法选中“Use Strong Password Encryption for Authentication（RECOMMENDED）”单选按钮，然后单击“Next”按钮，进入设置账号和角色界面，如图 9.14 所示。

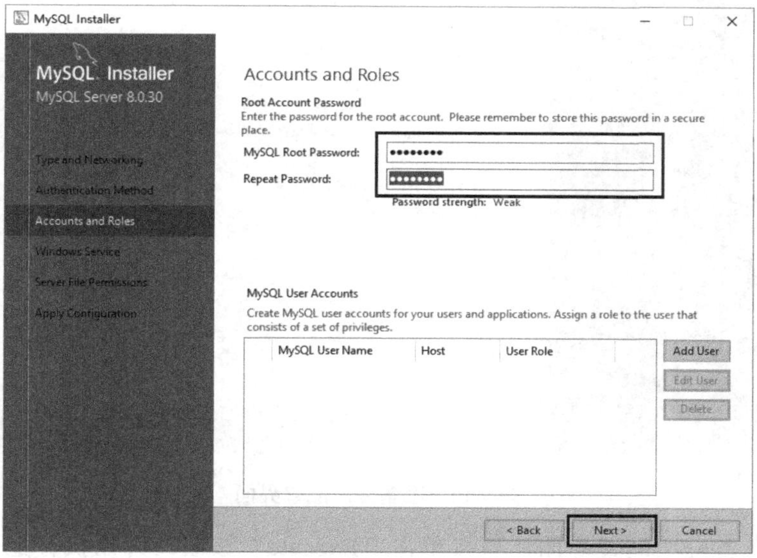

图 9.14　设置账号和角色界面

（10）设置系统管理员账号 root 的密码（在此设置密码为“mysql123”，后续也可以根据需要进行修改），然后单击“Next”按钮，进入设置 Windows 服务界面，如图 9.15 所示。

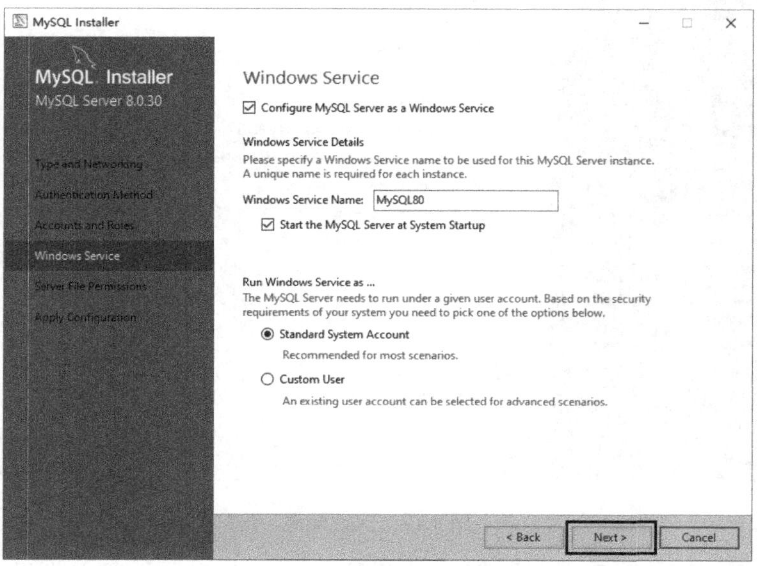

图 9.15　设置 Windows 服务界面

（11）在设置 Windows 服务界面保持默认设置，直接单击“Next”按钮，进入准备应用配置界面，如图 9.16 所示。

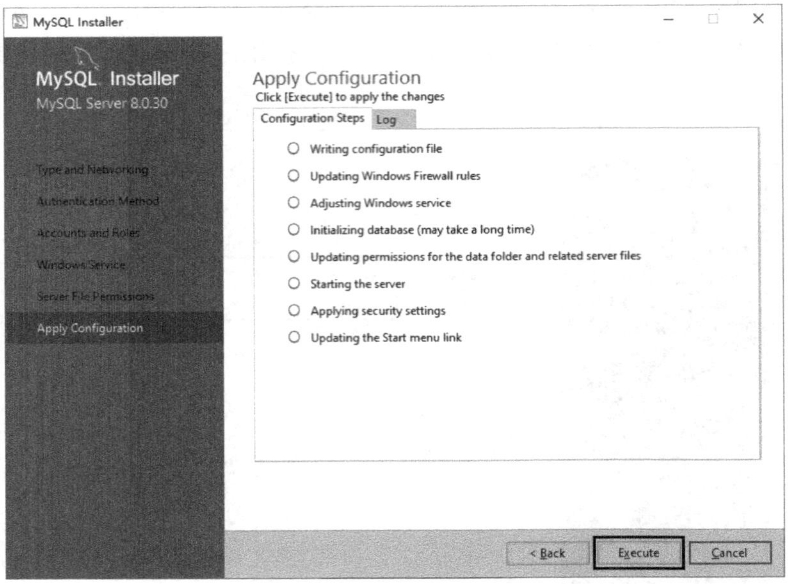

图 9.16　准备应用配置界面

（12）在准备应用配置界面，直接单击“Execute”按钮，开始执行配置，如图 9.17 所示。

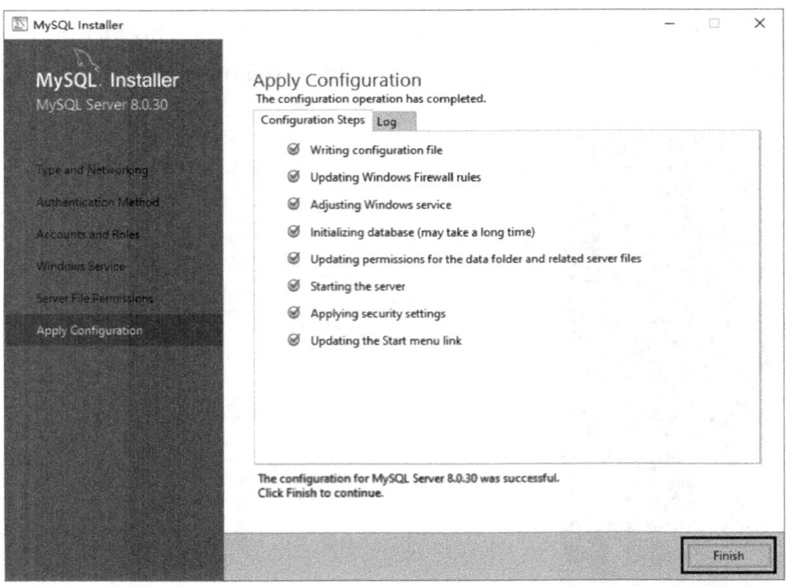

图 9.17　执行配置

（13）执行配置结束后，单击“Finish”按钮，进入产品位置完成界面，如图 9.18 所示。

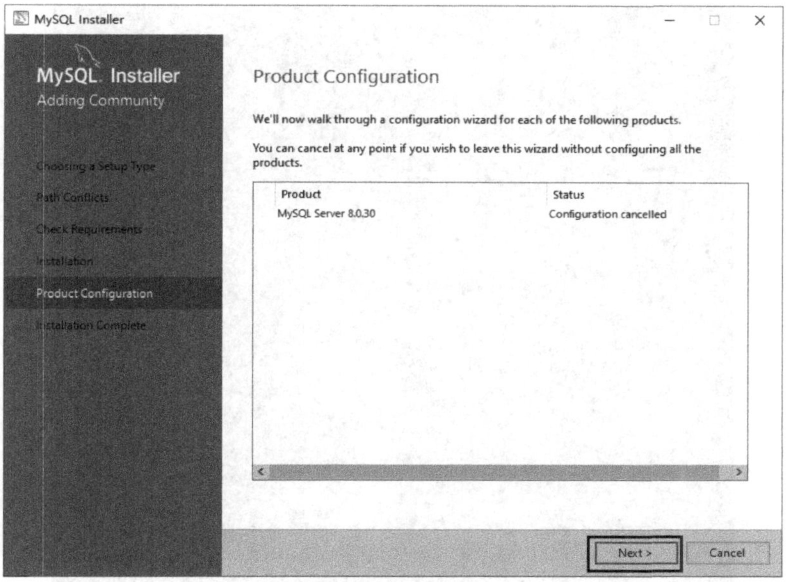

图 9.18　产品配置完成界面

（14）在产品配置完成界面单击“Next”按钮，进入 MySQL 安装成功界面，如图 9.19 所示。单击“Finish”按钮，完成 MySQL 数据库的安装。

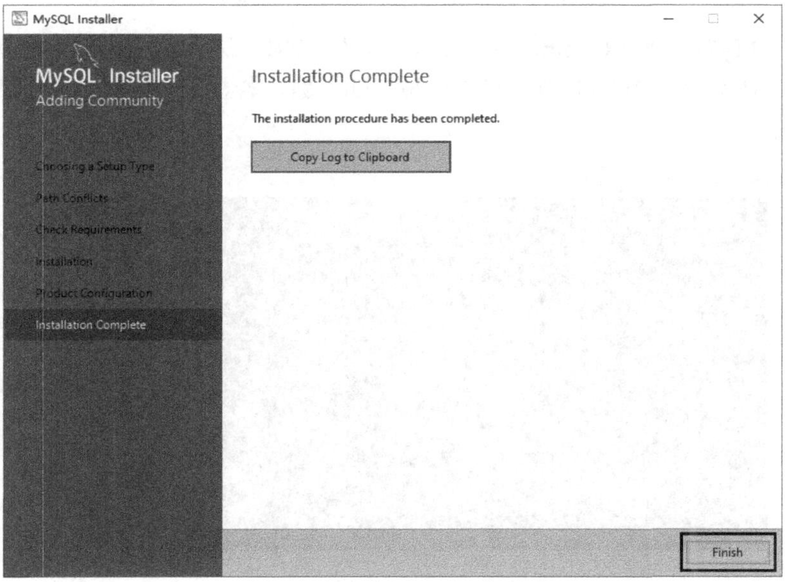

图 9.19　MySQL 安装成功界面

（15）接下来验证 MySQL 是否安装成功。

① 在“开始”菜单中找到 MySQL 命令行客户端（MySQL 8.0 Command Line Client），如图 9.20 所示。

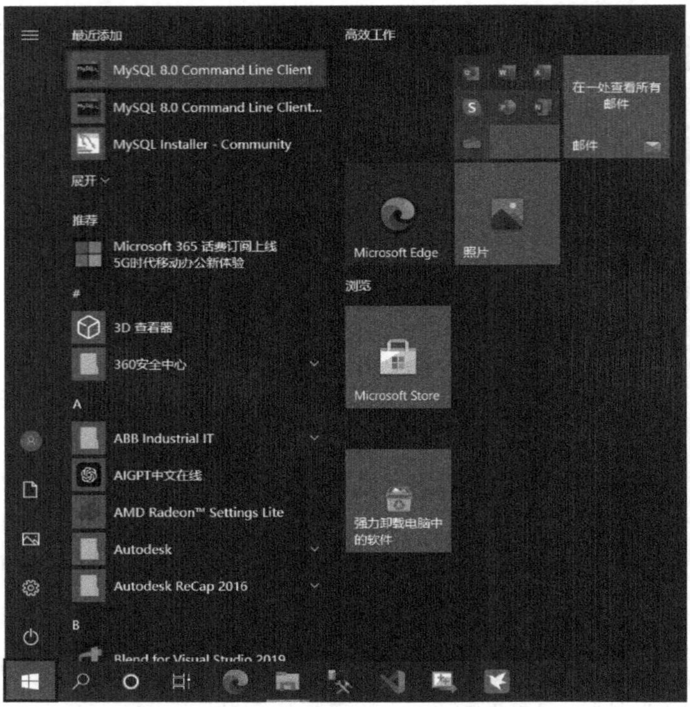

图 9.20　“开始”菜单中的“MySQL 8.0 Command Line Client”

② 选择“MySQL 8.0 Command Line Client”选项，进入 MySQL 命令行客户端，如图 9.21 所示。在命令行窗口中输入密码后按 Enter 键，若显示 MySQL 数据库的版本号，则表示安装成功。

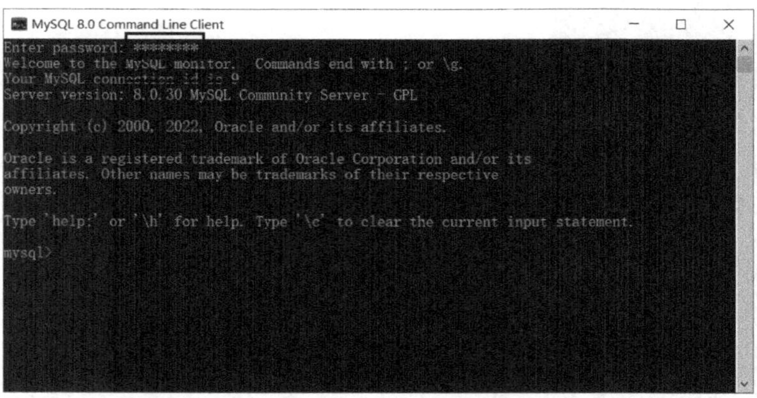

图 9.21　MySQL 命令行窗口

9.2.2　MySQL 环境配置与服务启停

1. MySQL 服务器的启动和停止

要正常使用 MySQL 数据库，则需要启动 MySQL 服务器。可以通过 Windows 中的“计算机管理”窗口和命令行窗口程序这两种方式实现服务器的启动与停止。

微课：MySQL 的配置

1）使用 Windows 中的“计算机管理”窗口启动服务器

（1）右击“此电脑”，在弹出的快捷菜单中选择“管理”选项，打开“计算机管理”窗口。

（2）双击“服务和应用程序”选项，在打开的界面中双击“服务”选项，在打开的界面中选择服务名称 MySQL80，然后单击“启动此服务”链接，即可启动 MySQL 数据库服务器，如图 9.22 所示。

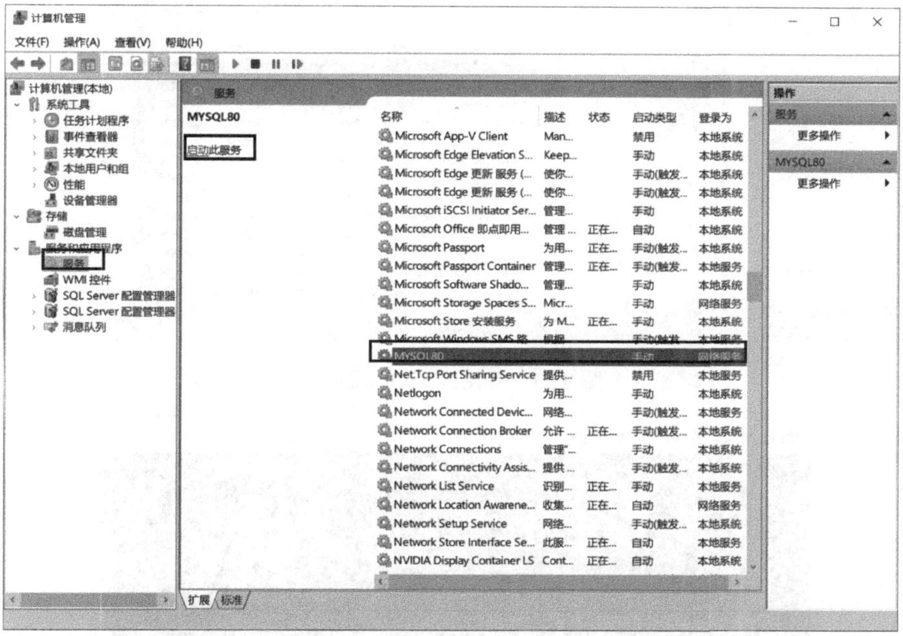

图 9.22　启动 MySQL 服务器

2）使用 Windows 中的“计算机管理”窗口停止服务器

（1）右击“此电脑”，在弹出的快捷菜单中选择“管理”选项，打开“计算机管理”窗口。

（2）双击“服务和应用程序”选项，在打开的界面中双击“服务”选项，在打开的界面中选择服务名称 MySQL80，单击“停止此服务”链接，即可停止 MySQL 数据库服务器，如图 9.23 所示。

3）使用命令行窗口程序启动服务器

使用命令窗口启动服务器所使用的语法格式为“net start 服务名称”，步骤如下。

（1）右击“开始”菜单中的“Windows 系统”→“命令提示符”选项，在弹出的快捷菜单中选择“更多”→“以管理员身份运行”选项。

（2）在打开的命令提示符窗口中输入“net start mysql80”，然后按 Enter 键，启动 MySQL 服务器，如图 9.24 所示。

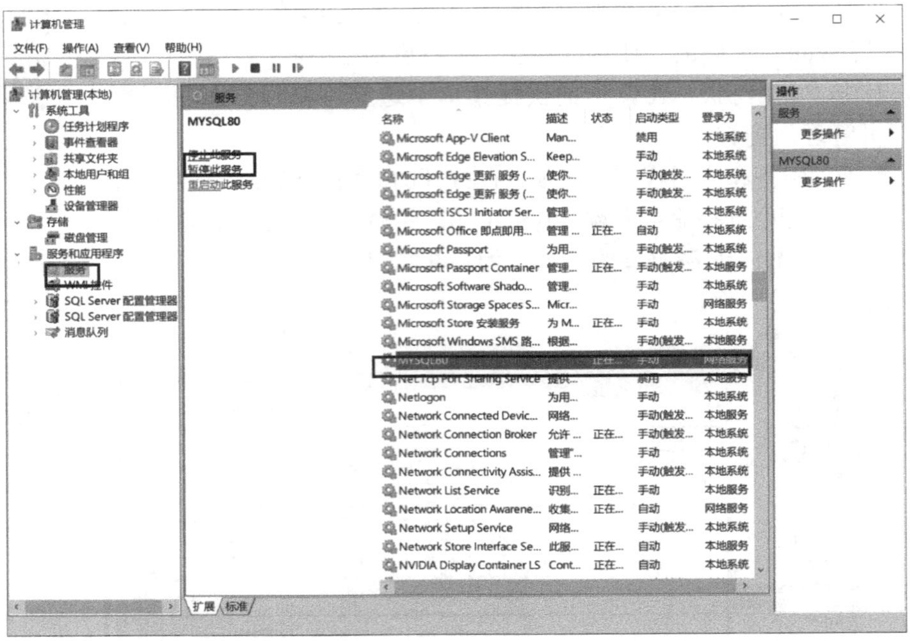

图 9.23　停止 MySQL 服务器

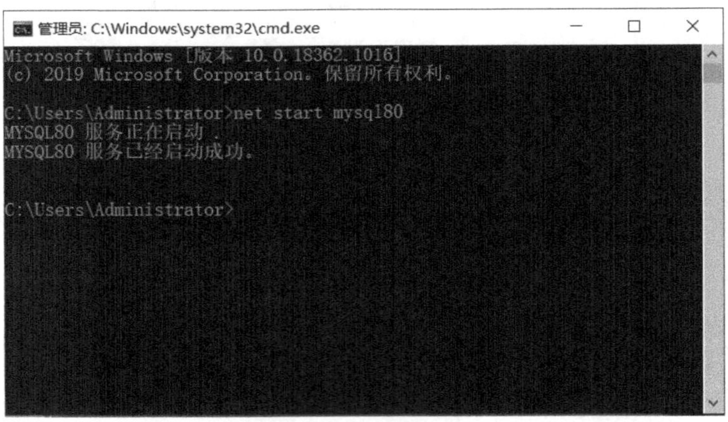

图 9.24　使用命令行窗口启动 MySQL 服务器

4）使用命令行窗口程序停止服务器

使用命令窗口停止服务器所使用的语法格式为“net stop 服务名称”，步骤如下。

（1）右击“开始”菜单中的“Windows 系统”→“命令提示符”选项，在弹出的快捷菜单中选择“更多”→“以管理员身份运行”选项。

（2）在打开的命令提示符窗口中输入“net stop mysql80”，然后按 Enter 键，停止 MySQL 服务器，如图 9.25 所示。

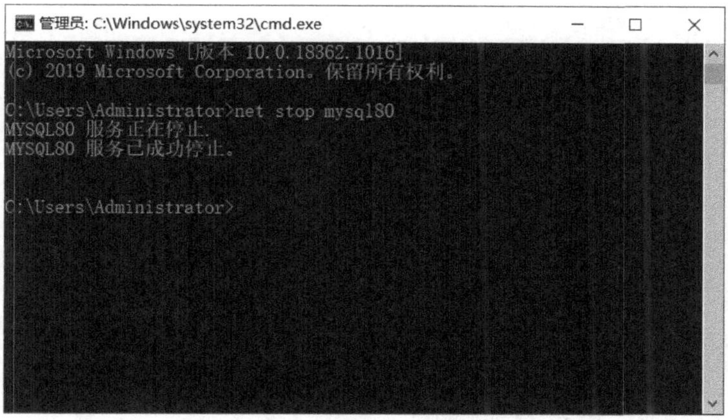

图 9.25　使用命令行窗口停止 MySQL 服务器

2. MySQL 数据库运行环境的配置

为方便 MySQL 数据库的使用，还需要对 MySQL 数据库的运行环境进行配置。在 Windows 操作系统的环境变量中进行 MySQL 运行环境的配置，操作步骤如下。

（1）找到 MySQL 的执行文件路径，在“开始”菜单中右击“MySQL 8.0 Command Line Client”选项，在弹出的快捷菜单中选择“更多”→“打开文件位置”选项，在打开的窗口中右击该文件夹下的 MySQL 命令行客户端快捷方式，在弹出的快捷菜单中选择“打开文件所在的位置”选项，则该文件路径就为 MySQL 的执行文件路径，然后复制地址栏中的路径，如图 9.26 所示。本书 MySQL 的执行文件路径为 C:\Program Files\MySQL\MySQL Server 8.0\bin。

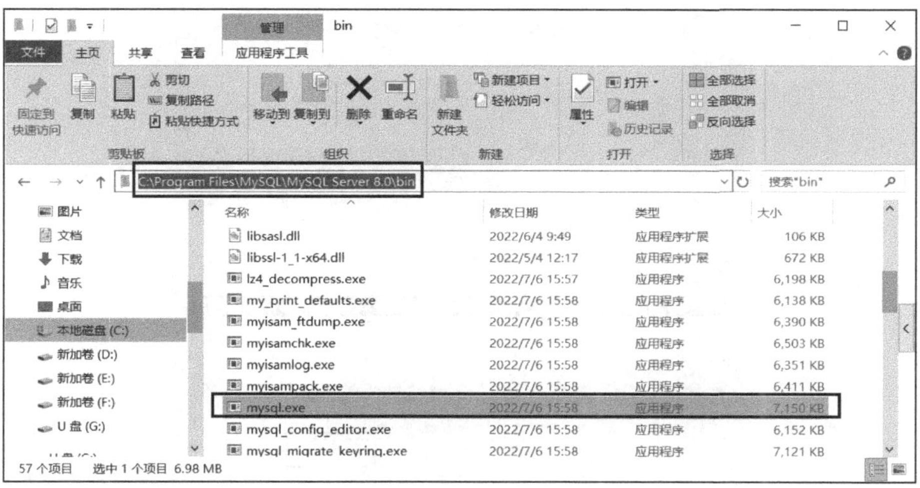

图 9.26　MySQL 的执行文件路径

（2）在“此电脑”上右击，在弹出的快捷菜单中选择“属性”选项，打开“系统”窗口，单击左侧的“高级系统设置”链接，打开“系统属性”对话框，如图 9.27 所示。

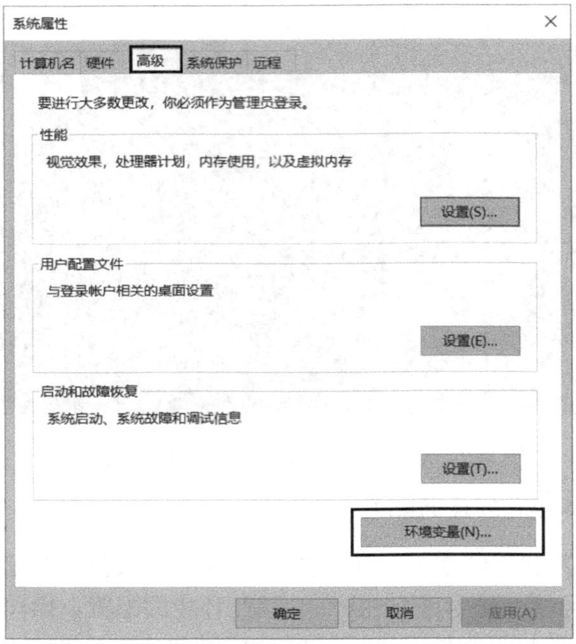

图 9.27　“系统属性”对话框

（3）切换到“高级”选项卡，单击“环境变量”按钮，打开“环境变量”对话框，如图 9.28 所示。

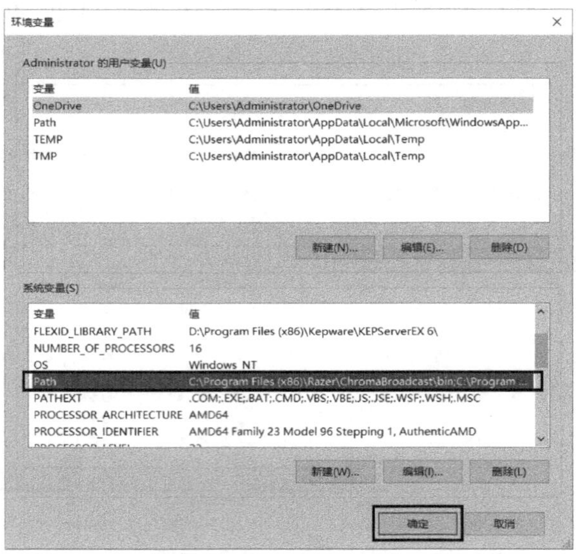

图 9.28　“环境变量”对话框

（4）选择“系统变量”列表框中的“Path”变量，单击“编辑”按钮，打开“编辑环境变量”对话框，如图 9.29 所示。

图 9.29　“编辑环境变量”对话框

（5）单击“新建”按钮，在列表中的最下方会出现一个空白行，将之前复制的 MySQL 执行文件的路径粘贴到该空白行中，单击“确定”按钮，然后依次在“环境变量”对话框和“系统属性”对话框中单击“确定”按钮，结束 MySQL 运行环境的配置。

（6）验证运行环境配置是否成功。右击“开始”菜单中的“Windows 系统”→“命令提示符”选项，在弹出的快捷菜单中选择“以管理员身份运行”选项，打开命令提示符窗口。在 MySQL 服务开启的前提下，在命令提示符窗口中输入命令“mysql -u root -p”，按 Enter 键后如果提示输入密码，则 MySQL 数据库运行环境配置成功，如图 9.30 所示。

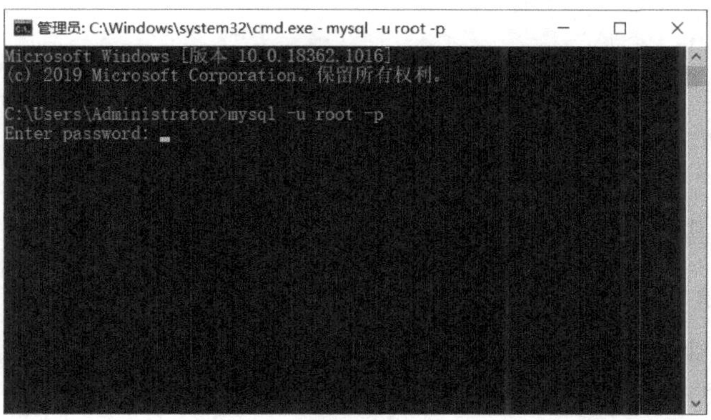

图 9.30　验证运行环境的配置效果

9.2.3　MySQL 主要工具的使用

1. mysql

该 mysql 不是指 MySQL 服务，而是指 MySQL 的客户端工具。

微课：MySQL 的主要工具介绍

其语法如下。

```
mysql [options] [database]
```

连接选项的参数说明如下。

-u, --user=name：指定用户名。

-p, --password[=name]：指定密码。

-h, --host=name：指定服务器 IP 或域名。

-P, --port=#：指定连接端口。

例如：

```
mysql -h 127.0.0.1 -P 3306 -u root -p
mysql -h127.0.0.1 -P3306 -uroot -pmysql123
```

执行选项的参数说明如下。

-e, --execute=name：执行 SQL 语句并退出。

此选项可以在 MySQL 客户端执行 SQL 语句，而不用连接到 MySQL 数据库再执行，对于一些批处理脚本，这种方式尤其方便。

例如：

```
mysql -uroot -pmysql123 studentinfo -e "select * from t_info";
```

2. mysqladmin

mysqladmin 是一个执行管理操作的客户端程序，可以用它来检查服务器的配置和当前状态、创建并删除数据库等。

可以通过“mysqladmin –help”指令查看帮助文档。

例如：

```
mysqladmin -uroot -pmysql123 create test01;
mysqladmin -uroot -pmysql123 drop test01;
mysqladmin -uroot -pmysql123 version
```

该指令对于一些批处理脚本也是非常方便的。

3. mysqlbinlog

由于服务器生成的二进制日志文件以二进制格式保存，所以如果想要检查这些文本的文本格式，就会使用到 mysqlbinlog 日志管理工具。其一般格式如下。

```
mysqlbinlog [options] log-files1 log-files2 ...
```

选项如下。

-d, --database=name：指定数据库名称，只列出指定的数据库相关操作。

-o, --offset=#：忽略掉日志中的前 n 行命令。

-r,--result-file=name：将输出的文本格式日志输出到指定文件中。

-s, --short-form：显示简单格式，省略掉一些信息。

--start-datatime=date1 --stop-datetime=date2：指定日期间隔内的所有日志。

--start-position=pos1 --stop-position=pos2：指定位置间隔内的所有日志。

4. mysqldump

mysqldump 客户端工具用来备份数据库或在不同数据库之间进行数据迁移，备份内容包含创建表及插入表的 SQL 语句。

其语法如下。

```
mysqldump [options] db_name [tables]
mysqldump [options] --database/-B db1 [db2 db3...]
mysqldump [options] --all-databases/-A
```

（1）连接选项的参数如下。

-u, --user=name：指定用户名。

-p, --password[=name]：指定密码。

-h, --host=name：指定服务器 IP 或域名。

-P, --port=#：指定连接端口。

（2）输出内容选项，参数如下。

--add-drop-database：在每个数据库创建语句前加上 drop database 语句。

--add-drop-table：在每个表创建语句前加上 drop table 语句，默认开启；不开启表示为--skip-add-drop-table。

-n,--no-create-db：不包含数据库的创建语句。

-t,--no-create-info：不包含数据表的创建语句。

-d,--no-data：不包含数据。

-T,--tab=name：自动生成两个文件。一个是.sql 文件，即创建表结构的语句；另一个是.txt 文件，即数据文件，相当于 select into outfile。

例如：

```
mysqldump -uroot -pmysql123 db01 tb_book --add-drop-database --add-drop-
table > a
mysqldump -uroot -pmysql123 -T /tmp test city
```

5. mysqlimport/source

mysqlimport 是客户端数据导入工具，用来导入 mysqldump 加-T 参数后导出的文本文件。

其语法如下。

```
mysqlimport [options] db_name textfile1 [textfile2...]
```

例如：

```
mysqlimport -uroot -pmysql123 test /tmp/city.txt
```

如果需要导入.sql 文件，则可以使用 mysql 中的 source 指令。

```
source /tmp/tb_book.sql
```

6. mysqlshow

mysqlshow 客户端对象查找工具，用来很快地查找存在哪些数据库、数据库中的表、表中的列或索引。简单来说，也就是通过该指令可以快速查看 mysql 的概要信息。

其语法如下。

```
mysqlshow [options] [db_name [table_name [col_name]]]
```

参数如下。

--count：显示数据库及表的统计信息（数据库，表均可以不指定）。

-i：显示指定数据库或指定表的状态信息。

例如：

```
#查询每个数据库的表的数量及表中记录的数量
mysqlshow -uroot -pmysql123 --count
#查询 test 库中每个表中的字段数及行数
mysqlshow -uroot -pmysql123 test --count
#查询 test 库中 book 表的详细情况
mysqlshow -uroot -pmysql123 test book --count
```

9.2.4 MySQL 图形化管理工具的使用

在安装好 MySQL 数据库后，除了可以在命令提示符窗口中进行数据库相关操作，还可以借助图形化管理工具连接 MySQL 对其进行操作。

MySQL 图形化管理工具有很多，除系统自带的命令行管理工具外，还有许多其他的图形化管理工具，如 phpMyAdmin、MySQL Dumper、Navicat、MySQL GUI Tools、MySQL ODBC Connector、MySQL Workbench、SQLyog 等，本书选用 Navicat 来操作 MySQL 数据库。

Navicat 是一个桌面版 MySQL 数据库管理和开发工具。这个功能齐备的前端软件为数据库管理、开发和维护提供了直观的图形界面，和微软的 SQL Server 的管理器很像，易学易用，给 MySQL 新手及专业人士提供了一组全面的工具。可以在官网下载 Navicat for MySQL 管理工具。

1. 使用 Navicat 连接 MySQL 服务器

操作步骤如下。

（1）双击 Navicat for MySQL 图标打开 Navicat for MySQL 软件，进入 Navicat 控制台，如图 9.31 所示。

（2）在菜单栏中选择“File”→“New Connection”→“MySQL”选项，打开“New Connection（MySQL）”对话框，如图 9.32 所示。

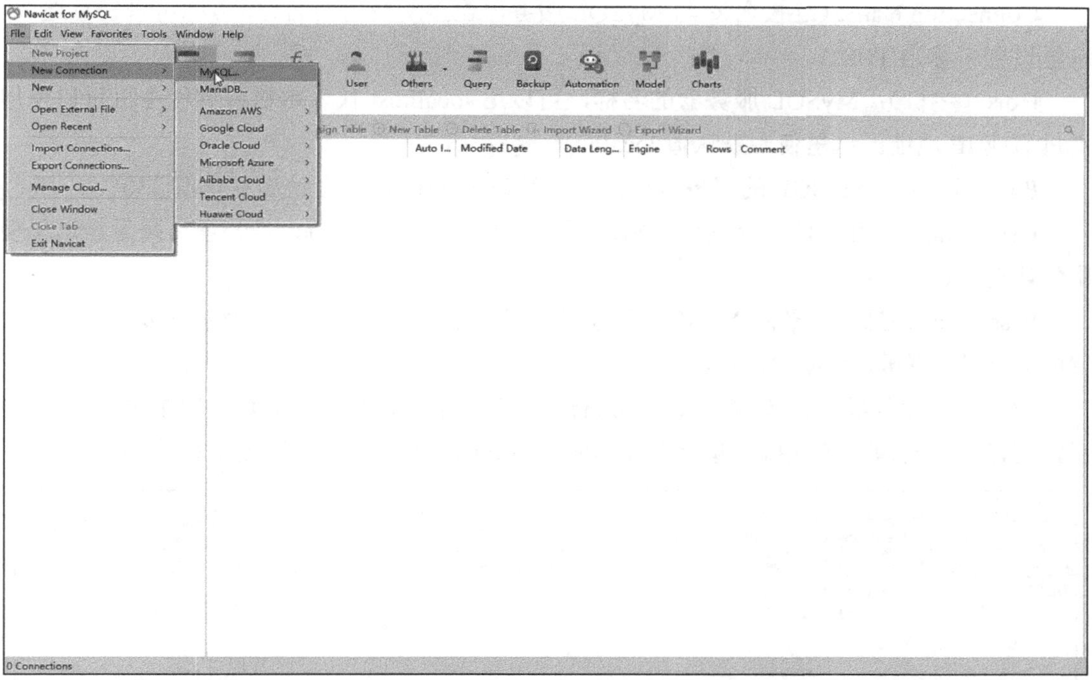

图 9.31　Navicat 控制台

图 9.32　“New Connection（MySQL）”对话框

Connection Name（连接名）：与 MySQL 服务器连接所使用的名称，名称可以任意选取。这里设置名称为 TEST。

Host（主机）：MySQL 服务器的名称，可以用 localhost 代表本机；远程主机可以使用主机名或 IP 地址。这里使用默认值 localhost。

Port（端口）：MySQL 的服务端口，默认端口为 3306。这里使用默认值 3306。

User Name（用户名）：登录 MySQL 服务器的用户账号，root 是管理员账号。这里使用默认值 root。

Password（密码）：登录 MySQL 服务器的用户账号的密码。在此输入安装配置时所设置的 root 账号密码“mysql123”。

（3）完成输入以后，单击“Test Connection”按钮，如果连接成功，则单击“OK”按钮，创建连接对象，该连接对象会自动显示在 Navicat 控制台中，如图 9.33 所示。

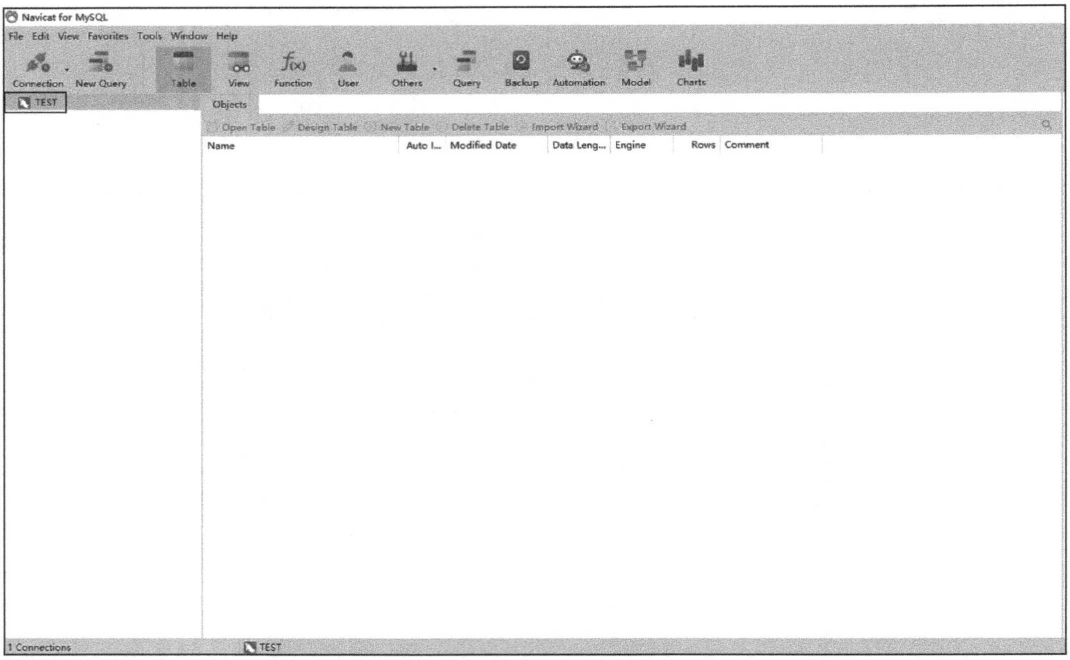

图 9.33　Navicat 控制台中的连接对象

（4）双击 TEST 服务器连接对象，连接 MySQL 数据库服务器，连接成功则显示服务器上部署的所有数据库，如图 9.34 所示。

2. 使用 Navicat 关闭 MySQL 服务器

操作步骤如下。

（1）在 Navicat 控制台中的 TEST 连接对象上右击，在弹出的快捷菜单中选择“Close Connection”选项，如图 9.35 所示，关闭服务器。

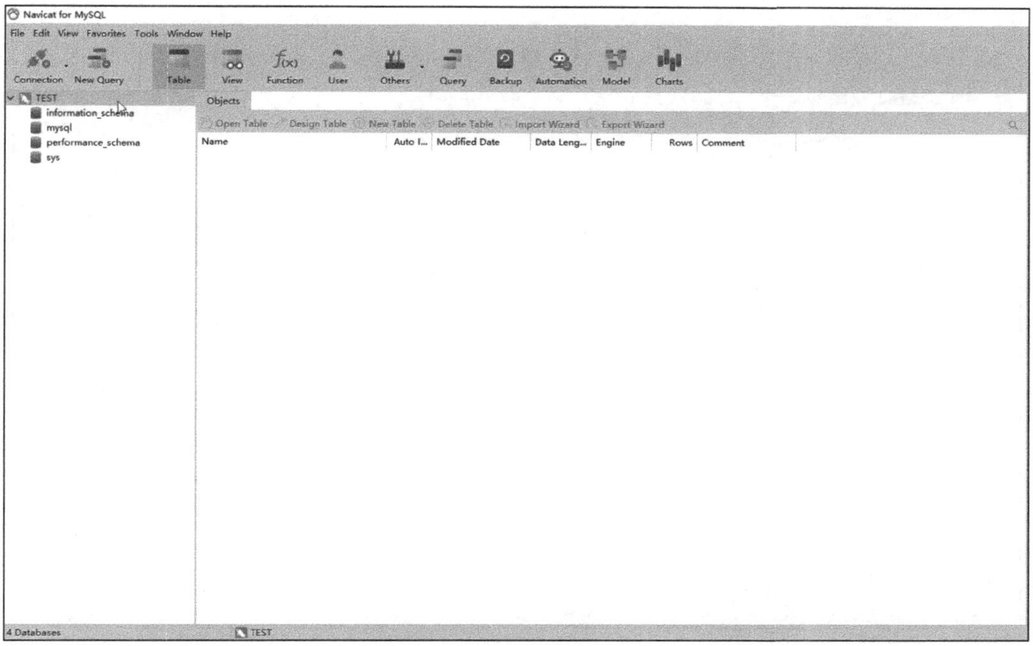

图 9.34　通过 Navicat 成功连接 MySQL 服务器

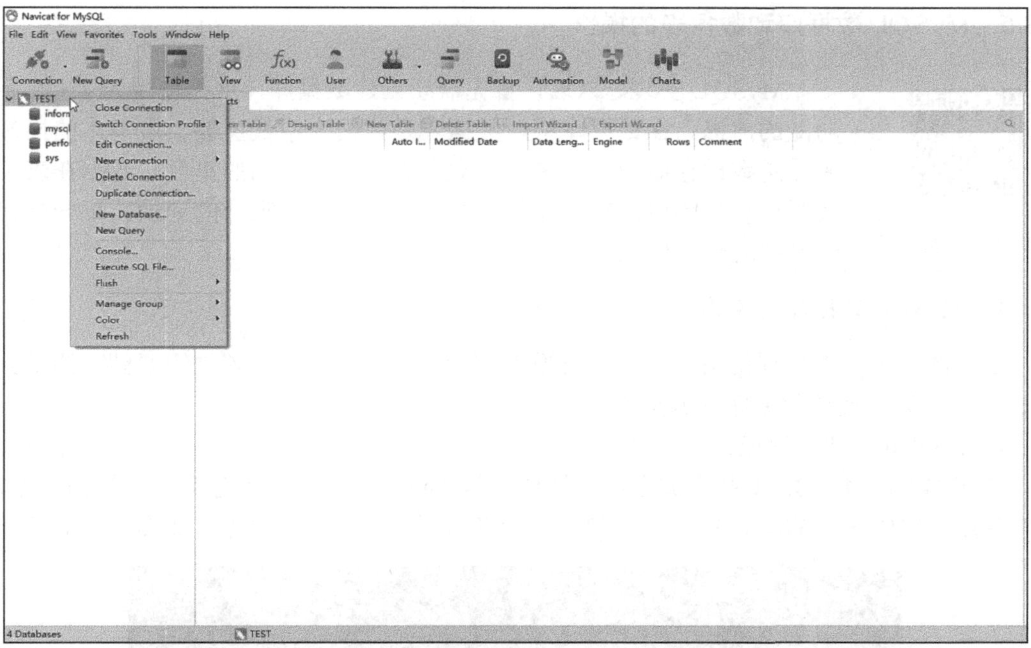

图 9.35　通过 Navicat 关闭 MySQL 服务器

（2）若关闭成功，则不再显示服务器上部署的数据库，如图 9.36 所示。

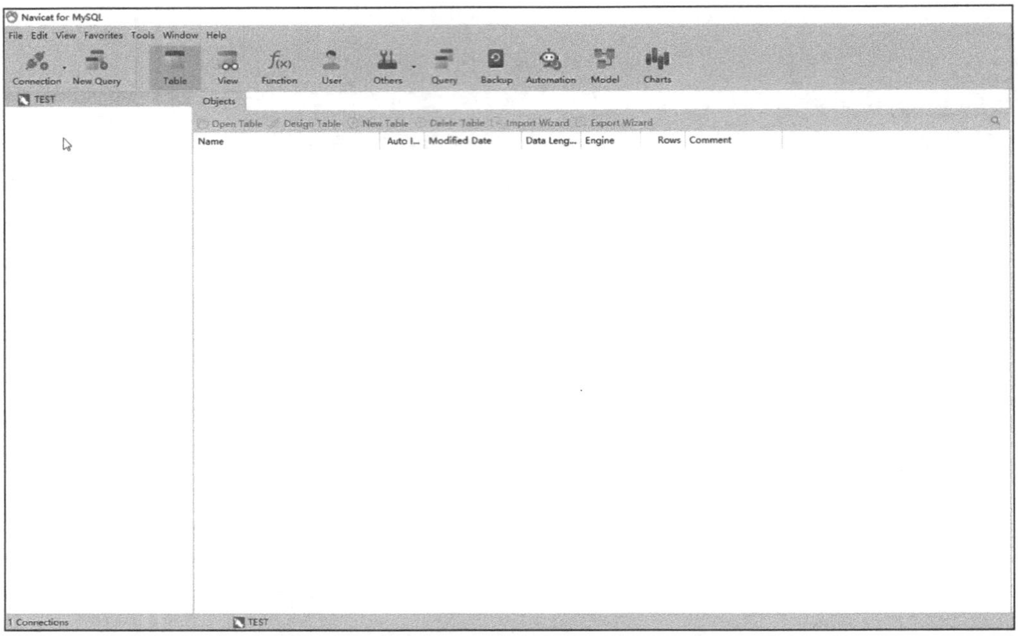

图 9.36　通过 Navicat 成功关闭 MySQL 服务器

9.2.5　MySQL 数据库和数据表的操作

微课：创建数据库

MySQL 安装好以后，首先需要创建数据库，这是使用 MySQL 各种功能的前提。在数据库中，数据表是数据库中最重要、最基本的操作对象，是数据存储的基本单位。数据表被定义为列的集合，数据在表中是按照行和列的格式来存储的。每一行代表一条唯一的记录，每一列代表记录中的一个域。

1. MySQL 数据库的操作

公司的员工小王计划使用 MySQL 开发数据库应用系统，现在首先需要创建测试数据库 test_db，并实现该数据库的删除操作。

1）MySQL 数据库的创建

操作如下：MySQL 安装完成之后，将会在其 data 目录下自动创建几个必需的数据库，可以使用“SHOW DATABASES;”语句来查看当前所有存在的数据库，如图 9.37 所示。

图 9.37　查看当前所有存在的数据库

可以看到，数据库列表中包含 6 个数据库，mysql 是必需的，它描述用户的访问权限。

创建数据库是指在系统磁盘上划分一块区域用于数据的存储和管理，如果管理员在设置权限的时候为用户创建了数据库，就可以直接使用，否则需要自己创建数据库。MySQL 中创建数据库的基本 SQL 语法如下。

```
CREATE DATABASE database_name;
```

database_name 为要创建的数据库的名称，该名称不能与已经存在的数据库重名。

（1）创建测试数据库 test_db，语句如下。

```
CREATE DATABASE test_db;
```

数据库创建好之后，可以使用“SHOW CREATE DATABASE”声明查看数据库的定义。

（2）查看创建好的数据库 test_db 的定义，如图 9.38 所示。

```
mysql> SHOW CREATE DATABASE test_db\G
*************************** 1. row ***************************
       Database: test_db
Create Database: CREATE DATABASE `test_db` /*!40100 DEFAULT CHARACTER SET utf8mb4 COLLATE utf8mb4_0900_ai_ci */
1 row in set (0.00 sec)
```

图 9.38　查看创建好的数据库

可以看到，数据库列表中包含刚刚创建的数据库 test_db 和其他已经存在的数据库的名称。

2）MySQL 数据库的删除

删除数据库是指将已经存在的数据库从磁盘空间上清除，清除之后，数据库中的所有数据一同被删除。删除数据库语句和创建数据库的命令相似，MySQL 中删除数据库的基本语法如下。

```
DROP DATABASE database_name;
```

database_name 为要删除的数据库的名称，如果指定的数据库不存在，则删除就会出错。

删除测试数据库 test_db，语句如下。

```
DROP DATABASE test_db;
```

语句执行完毕之后，数据库 test_db 将被删除，再次使用“SHOW CREATE DATABASE”声明查看数据库的定义，如图 9.39 所示。

```
mysql> SHOW CREATE DATABASE test_db\G
ERROR 1049 (42000): Unknown database 'test_db'
```

图 9.39　查看已删除的数据库

执行结果给出一条错误信息：“ERROR 1049（42000）：Unknown database 'test_db'”，即数据库 test_db 已不存在，删除成功。

2. MySQL 数据表的操作

公司的员工小王计划使用 MySQL 开发数据库应用系统，现在要求能够自行创建简单的数据表、查看数据表结构、修改数据表的内容，以及删除数据库。

1）创建数据表

在创建完数据库之后，接下来的工作就是创建数据表。创建数据表，是指在已经创建好的数据库中建立新表。创建数据表的过程是规定数据列的属性的过程，同时也是实施数据完整性（包括实体完整性、引用完整性和域完整性等）约束的过程。下面将介绍创建数据表的语法形式，以及如何添加主键约束、外键约束、非空约束等。

操作步骤如下。

① 创建表的语法格式。

数据表属于数据库，在创建数据表之前，应该使用语句“USE<数据库名>”指定操作是在哪个数据库中进行的，如果没有选择数据库，就会抛出“No database selected”的错误。

创建数据表的语句为CREATE TABLE，语法如下。

```
CREATE TABLE <表名>
(
字段名 1,数据类型[列级别约束条件] [默认值],
字段名 2,数据类型[列级别约束条件] [默认值],
......
[表级别约束条件]);
```

使用 CREATE TABLE 创建表时，必须指定以下信息：要创建的表的名称，不区分大小写，不能使用 SQL 语言中的关键字，如 DROP、ALTER、INSERT 等；数据表中每一个列（字段）的名称和数据类型，如果创建多个列，就要用逗号进行分隔。

② 创建员工表 tb_emp1，表结构如表 9.1 所示。

表 9.1　tb_emp1 表的表结构

字段名称	数据类型	备注
id	INT(1)	员工编号
name	VARCHAR(25)	员工名称
deptId	INT(11)	所在部门编号
salary	FLOAT	工资

首先创建数据库，SQL 语句如下。

```
CREATE DATABASE test_db;
```

选择创建表的数据库，SQL 语句如下。

```
USE test_db;
```

【例 9.1】创建 tb_emp1 表。

SQL 语句如图 9.40 所示。

执行语句后，即可创建一个名称为 tb_emp1 的数据表，使用“SHOW TABLES;”语句查看数据表是否创建成功，如图 9.41 所示。

```
mysql> CREATE TABLE tb_emp1
    -> (
    ->   id     INT(11),
    ->   name   VARCHAR(25),
    ->   deptID INT(11),
    ->   salary FLOAT
    -> );
Query OK, 0 rows affected (0.17 sec)
```

图 9.40　创建 tb_emp1 表

```
mysql> SHOW TABLES;
+-------------------+
| Tables_in_test_db |
+-------------------+
| tb_emp1           |
+-------------------+
1 row in set (0.02 sec)
```

图 9.41　查看 tb_emp1 数据表是否创建成功

可以看到，test_db 数据库中已经有了数据表 tb_emp1，数据表创建成功。

（1）使用主键约束。

主键又称主码，是表中一列或多列的组合。主键约束（primary key constraint）要求主键的数据唯一，并且不允许为空。主键能够唯一地标识表中的一条记录，可以结合外键来定义不同数据表之间的关系，并且可以加快数据库查询的速度。主键和记录之间的关系是一一对应的，主键分为两种类型：单字段主键和多字段联合主键。

① 单字段主键。

单字段主键是指主键由一个字段组成，SQL 语句格式分为以下两种情况。

a．在定义列的同时指定主键，语法如下。

```
字段名 数据类型 PRIMARY KEY(默认值)
```

【例 9.2】定义数据表 tb_emp2，其主键为 id。

其 SQL 语句如图 9.42 所示。

```
CREATE TABLE tb_emp2
(
id     INT(11) PRIMARY KEY,
name   VARCHAR(25),
deptId INT(11),
salary FLOAT
);
```

```
mysql> CREATE TABLE tb_emp2
    -> (
    -> id     INT(11) PRIMARY KEY,
    -> name   VARCHAR(25),
    -> deptId INT(11),
    -> salary FLOAT
    -> );
Query OK, 0 rows affected (0.11 sec)
```

图 9.42　定义数据表 tb_emp2

b．在定义完所有列之后指定主键，语法如下。

```
[CONSTRAINT<约束名>] PRIMARY KEY (字段名)
```

【例 9.3】定义数据表 tb_emp 3，其主键为 id。

其 SQL 语句如图 9.43 所示。

```
CREATE TABLE tb_emp3
(
id     INT(11),
name   VARCHAR(25),
deptId INT(11),
salary FLOAT,
PRIMARY KEY(id)
);
```

```
mysql> CREATE TABLE tb_emp3
    -> (
    -> id     INT(11),
    -> name   VARCHAR(25),
    -> deptId INT(11),
    -> salary FLOAT,
    -> PRIMARY KEY(id)
    -> );
Query OK, 0 rows affected (0.16 sec)
```

图 9.43　定义数据表 tb_emp3

上述两个例子执行后的结果是一样的，都会在 id 字段上设置主键约束。

② 多字段联合主键。

多字段联合主键是指主键由多个字段联合组成，语法如下。

```
PRIMARY KEY (字段 1,字段 2,...,字段 n)
```

【例 9.4】定义数据表 tb_emp4，假设表中间没有主键 id，为了唯一确定一个员工，可把 name、deptId 联合起来作为主键。

其 SQL 语句如图 9.44 所示。

```
CREATE TABLE tb_emp4
(
name   VARCHAR(25),
deptId INT(11),
salary FLOAT,
PRIMARY KEY(name,deptId)
);
```

```
mysql> CREATE TABLE tb_emp4
    -> (
    -> name   VARCHAR(25),
    -> deptId INT(11),
    -> salary FLOAT,
    -> PRIMARY KEY(name,deptId)
    -> );
Query OK, 0 rows affected (0.20 sec)
```

图 9.44　定义数据表 tb_emp4

执行语句后，即可创建一个名称为 tb_emp4 的数据表，name 字段和 deptId 字段组合在一起成为 tb_emp4 的多字段联合主键。

（2）使用外键约束。

外键用来在两个表的数据之间建立链接，可以是一列或多列。一个表可以有一个或多个外键。外键对应的是参照完整性，一个表的外键可以为空值，若不为空值，则每一个外键值必须等于另一个表中主键的某个值。

外键：首先它是表中的一个字段，可以不是本表的主键，但对应另一个表的主键。外键的主要作用是保证数据引用的完整性，定义外键后，不允许删除在另一个表中具有关联关系的行。外键的作用是保持数据的一致性、完整性。例如，部门表 tb_dept 的主键是 id，在员工表 tb_emp5 中有一个键 deptId 与这个 id 关联。

创建外键的语法如下。

```
[CONSTRAINT<外键名>]FOREIGN KEY 字段名 1[,字段名 2,...]
REFERENCES<主表名>主键列 1,[主键列 2,...]
```

“外键名”为定义的外键约束的名称，一个表中不能有相同名称的外键；“字段名”表示子表需要添加外键约束的字段列；“主表名”即被子表外键所依赖的表的名称；“主键列”表示主表中定义的主键列或列组合。

【例 9.5】定义数据表 tb_emp5，并在 tb_emp5 表上创建外键约束。

创建一个部门表 tb_dept1，表结构如表 9.2 所示，SQL 语句如图 9.45 所示。

```
CREATE TABLE tb_dept1
(
id       INT(11) PRIMARY KEY,
name     VARCHAR(22) NOT NULL,
location VARCHAR(50)
);
```

表 9.2　tb_dept1 表的表结构

字段名称	数据类型	备注
id	INT(11)	部门编号
name	VARCHAR(22)	部门名称
location	VARCHAR(50)	部门位置

图 9.45　定义数据表 tb_emp5

定义数据表 tb_emp5，让它的键 deptId 作为外键关联到 tb_dept1 的主键 id，SQL 语句如图 9.46 所示。

```
CREATE TABLE tb_emp5
(
id       INT(11) PRIMARY KEY,
name     VARCHAR(25),
deptId   INT(11),
salary   FLOAT,
CONSTRAINT fk_emp_dept1 FOREIGN KEY(deptId) REFERENCES tb_dept1(id)
);
```

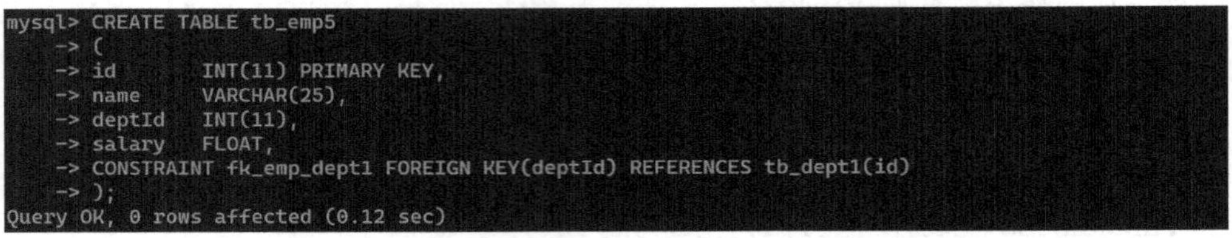

图 9.46　作为外键关联到 tb_dept1

上述语句执行成功之后，在表 tb_emp5 上添加了名称为 fk_emp_dept1 的外键约束，外键名称为 deptId，其依赖于表 tb_dept1 的主键 id。

（3）MySQL 使用非空约束。

非空约束（not null constraint）指字段的值不能为空。对于使用了非空约束的字段，如果用户在添加数据时没有指定值，那么数据库系统就会报错。

非空约束的语法如下。

```
字段名 数据类型 not null
```

【例 9.6】定义数据表 tb_emp6，指定员工的名称不能为空，SQL 语句如图 9.47 所示。

```
CREATE TABLE tb_emp6
(
id     INT(11) PRIMARY KEY,
name   VARCHAR(25) NOT NULL,
deptId INT(11),
salary FLOAT
);
```

图 9.47　定义数据表 tb_emp6

上述语句执行后，在 tb_emp6 中创建了一个 name 字段，其插入值不能为空（NOT NULL）。

（4）使用唯一性约束。

单一性约束（unique constraint）要求该列唯一，允许为空，但只能出现一个空值。唯一性约束可以确保一列或几列不出现重复值。

在定义完列之后直接指定唯一性约束，语法如下。

```
字段名 数据类型 UNIQUE
```

【例 9.7】 定义数据表 tb_dept2，指定部门的名称唯一，SQL 语句如图 9.48 所示。

```
CREATE TABLE tb_dept2
(
id      INT(11) PRIMARY KEY,
name    VARCHAR(22) UNIQUE,
location VARCHAR(50)
);
```

图 9.48　定义数据表 tb_dept2

在定义完所有列之后指定唯一性约束，语法如下。

```
[CONSTRAINT <约束名>] UNIQUE(<字段名>)
```

【例 9.8】 定义数据表 tb_dept3，指定部门的名称唯一，SQL 语句如图 9.49 所示。

```
CREATE TABLE tb_dept3
(
id      INT(11) PRIMARY KEY,
name    VARCHAR(22),
location VARCHAR(50),
CONSTRAINT STH UNIQUE(name)
);
```

图 9.49　定义数据表 tb_dept3

UNIQUE 和 PRIMARY KEY 的区别：一个表中可以有多个字段声明为 UNIQUE，但只能有一个 PRIMARY KEY 声明；声明为 PRIMARY KEY 的列不允许有空值，但是声明为

UNIQUE 的字段允许空值（NULL）的存在。

（5）使用默认约束。

默认约束（default constraint）指定某列的默认值。例如，男性同学较多，性别就可以默认为“男”，如果插入一条新的记录时没有为这个字段赋值，那么系统会自动为这个字段赋值为“男”。

默认约束的语法如下。

```
字段名 数据类型 DEFAULT 默认值
```

【例 9.9】定义数据表 tb_emp7，指定员工的部门编号默认为 1111，SQL 语句如图 9.50 所示。

```
CREATE TABLE tb_emp7
(
id      INT(11) PRIMARY KEY,
name    VARCHAR(25) NOT NULL,
deptId INT(11) DEFAULT 1111,
salary  FLOAT
);
```

图 9.50　定义数据表 tb_emp7

上述语句执行成功之后，表 tb_emp7 上的字段 deptId 拥有了一个默认的值 111，若新插入的记录没有指定部门编号，则默认都为 111。

（6）设置表的属性值自动增加。

在数据库应用中，经常希望在每次插入新记录时，系统自动生成字段的主键值。可以通过为表主键添加 AUTO INCREMENT 关键字来实现。默认情况下，MySQL 中的 AUTO_INCREMENT 的初始值是 1，每新增一条记录，字段值自动加 1。一个表只能有一个字段使用 AUTO_INCREMENT 约束，且该字段必须为主键的一部分。AUTO_INCREMENT 约束的字段可以是任何整数类型（TINYINT、SMALLINT、INT、BIGINT 等）。

设置表的属性值自动增加的语法如下。

```
字段名 数据类型 AUTO INCREMENT
```

【例 9.10】定义数据表 tb_emp8，指定员工的编号自动递增，SQL 语句如图 9.51 所示。

```
CREATE TABLE tb_emp8
(
id      INT(11) PRIMARY KEY AUTO_INCREMENT,
```

```
name    VARCHAR(25) NOT NULL,
deptId INT(11),
salary  FLOAT
);
```

```
mysql> CREATE TABLE tb_emp8
    -> (
    -> id      INT(11) PRIMARY KEY AUTO_INCREMENT,
    -> name    VARCHAR(25) NOT NULL,
    -> deptId INT(11),
    -> salary  FLOAT
    -> );
Query OK, 0 rows affected (0.06 sec)
```

图 9.51　定义数据表 tb_emp8

上述语句执行后，会创建名称为 tb_emp8 的数据表。表 tb_emp8 中的 id 字段的值在添加记录的时候会自动增加，在插入记录时，默认自增字段 id 的值从 1 开始，每次添加一条新记录，该值自动加 1。

例如，执行如图 9.52 所示的语句。

```
mysql> INSERT INTO tb_emp8 (name,salary)
    -> VALUES('Baba',1000),('Mama',1200),('Duoduo',1500);
Query OK, 3 rows affected (0.10 sec)
Records: 3  Duplicates: 0  Warnings: 0
```

图 9.52　创建数据表 tb_emp8

上述语句执行完后，tb_emp8 表中增加 3 条记录，在这里并没有输入 id 的值，但系统已经自动添加了该值，使用 SELECT 命令查看记录，结果如图 9.53 所示。

```
mysql> SELECT * FROM tb_emp8;
+----+--------+--------+--------+
| id | name   | deptId | salary |
+----+--------+--------+--------+
|  1 | Baba   |   NULL |   1000 |
|  2 | Mama   |   NULL |   1200 |
|  3 | Duoduo |   NULL |   1500 |
+----+--------+--------+--------+
3 rows in set (0.01 sec)
```

图 9.53　查看数据表 tb_emp8 中的记录

提示：这里使用 INSERT 声明向表中插入记录的方法，并不是 SQL 的标准语法，这种语法不一定被其他的数据库支持，只能在 MySQL 中使用。

2）查看数据表的结构

使用 SQL 语句创建好数据表之后，可以查看表结构的定义，以确认表的定义是否正确。在 MySQL 中，查看表结构时可以使用 DESCRIBE 和 SHOW CREATE TABLE 语句。本节将针对这两个语句分别进行详细的讲解。

（1）查看表基本结构语句 DESCRIBE。

DESCRIBE/DESC 语句可以查看表的字段信息，其中包括字段名、字段数据类型、是否为主键、是否有默认值等。其语法如下。

```
DESCRIBE 表名;
```

或者简写为

```
DESC 表名;
```

【例 9.11】分别使用 DESCRIBE 和 DESC 查看表 tb_dept1 和表 tb_emp1 的表结构。

查看表 tb_dept1 的表结构，SQL 语句如图 9.54 所示。

```
mysql> DESCRIBE tb_dept1;
+----------+-------------+------+-----+---------+-------+
| Field    | Type        | Null | Key | Default | Extra |
+----------+-------------+------+-----+---------+-------+
| id       | int(11)     | NO   | PRI | NULL    |       |
| name     | varchar(22) | NO   |     | NULL    |       |
| location | varchar(50) | YES  |     | NULL    |       |
+----------+-------------+------+-----+---------+-------+
3 rows in set (0.03 sec)
```

图 9.54　查看表 tb_dept1 的表结构

查看 tb_emp1 的表结构，SQL 语句如图 9.55 所示。

```
mysql> DESC tb_emp1;
+--------+-------------+------+-----+---------+-------+
| Field  | Type        | Null | Key | Default | Extra |
+--------+-------------+------+-----+---------+-------+
| id     | int(11)     | YES  |     | NULL    |       |
| name   | varchar(25) | YES  |     | NULL    |       |
| deptID | int(11)     | YES  |     | NULL    |       |
| salary | float       | YES  |     | NULL    |       |
+--------+-------------+------+-----+---------+-------+
4 rows in set (0.00 sec)
```

图 9.55　查看表 tb_emp1 的表结构

其中，各字段的含义分别解释如下。

- NULL：表示该列是否可以存储 NULL 值。
- Key：表示该列是否已编制索引。PRI 表示该列是表主键的一部分；UNI 表示该列是 UNIQUE 索引的一部分；MUL 表示在列中某个给定值允许出现多次。
- Default：表示该列是否有默认值，如果有，那么值是多少。
- Extra：表示可以获取的与给定列有关的附加信息，如 AUTO_INCREMENT 等。

（2）查看表详细结构语句 SHOW CREATE TABLE。

SHOW CREATE TABLE 语句可以用来显示创建表时的 CREATE TABLE 语句，语法格式如下。

```
SHOW CREATE TABLE <表名\G>;
```

如果不加“\G”参数，那么显示的结果可能非常混乱，加上参数“\G”之后，可使显示结果更加直观，易于查看。

【例 9.12】使用 SHOW CREATE TABLE 语句查看表 tb_emp1 的详细信息，SQL 语句如图 9.56 所示。

```
mysql> SHOW CREATE TABLE tb_emp1;
+---------+----------------------------------------------------------------------------------
---------------------------------------------------------------------+
| Table   | Create Table

                                            |
+---------+----------------------------------------------------------------------------------
---------------------------------------------------------------------+
| tb_emp1 | CREATE TABLE `tb_emp1` (
  `id` int(11) DEFAULT NULL,
  `name` varchar(25) DEFAULT NULL,
  `deptID` int(11) DEFAULT NULL,
  `salary` float DEFAULT NULL
) ENGINE=InnoDB DEFAULT CHARSET=utf8mb4 COLLATE=utf8mb4_0900_ai_ci |
+---------+----------------------------------------------------------------------------------
---------------------------------------------------------------------+
1 row in set (0.00 sec)
```

图 9.56　查看表 tb_emp1 的详细信息

使用参数“\G”之后的结果如图 9.57 所示。

```
mysql> SHOW CREATE TABLE tb_emp1\G
*************************** 1. row ***************************
       Table: tb_emp1
Create Table: CREATE TABLE `tb_emp1` (
  `id` int(11) DEFAULT NULL,
  `name` varchar(25) DEFAULT NULL,
  `deptID` int(11) DEFAULT NULL,
  `salary` float DEFAULT NULL
) ENGINE=InnoDB DEFAULT CHARSET=utf8mb4 COLLATE=utf8mb4_0900_ai_ci
1 row in set (0.00 sec)
```

图 9.57　加上参数“\G”查看表 tb_emp1 的详细信息

3）修改数据表

修改表指的是修改数据库中已经存在的数据表的结构。MySQL 使用 ALTER TABLE 语句修改表。常用的修改表的操作有修改表名、修改字段的数据类型、修改字段名、增加和删除字段、修改字段的排列位置、删除表的外键约束、更改表的存储引擎等。本节将对和修改表有关的操作进行介绍。

（1）修改表名。

MySQL 是通过 ALTER TABLE 语句来实现表名的修改的，具体的语法如下。

```
ALTER TABLE <旧表名> RENAME [TO] <新表名>;
```

其中，TO 为可选参数，使用与否均不影响结果。

【例 9.13】 将数据表 tb_dept3 的名称修改为 tb_deptment3。

执行修改表名操作之前，使用 SHOW TABLES 语句查看数据库中所有的表，如图 9.58 所示。

```
mysql> SHOW TABLES;
+-------------------+
| Tables_in_test_db |
+-------------------+
| tb_dept1          |
| tb_dept2          |
| tb_dept3          |
| tb_emp1           |
| tb_emp2           |
| tb_emp3           |
| tb_emp4           |
| tb_emp5           |
| tb_emp6           |
| tb_emp7           |
| tb_emp8           |
+-------------------+
11 rows in set (0.03 sec)
```

图 9.58　查看数据库中所有的表

使用 ALTER TABLE 语句将表 tb_dept3 的名称修改为 tb_deptment3，SQL 语句如下。

```
ALTER TABLE tb_dept3 RENAME tb_deptment3;
```

执行语句之后，检验表中的表 tb_dept3 是否改名成功。使用 SHOW TABLES 语句查看数据库中的表，结果如图 9.59 所示。

```
mysql> SHOW TABLES;
+------------------+
| Tables_in_test_db |
+------------------+
| tb_dept1         |
| tb_dept2         |
| tb_deptment3     |
| tb_emp1          |
| tb_emp2          |
| tb_emp3          |
| tb_emp4          |
| tb_emp5          |
| tb_emp6          |
| tb_emp7          |
| tb_emp8          |
+------------------+
11 rows in set (0.00 sec)
```

图 9.59　查看表 tb_deptment3

经过比较可以看到，数据表列表中已经有了名称为 tb_deptment3 的表。

注意：在修改表名称时使用 DESC 命令查看修改前后两个表的结构，修改表名并不修改表的结构，因此修改名称后的表和修改名称前的表的结构必然是相同的。

（2）修改字段的数据类型。

修改字段的数据类型就是把字段的数据类型转换成另一种数据类型。在 MySQL 中修改字段数据类型的语法如下。

```
ALTER TABLK <表名> MODIFY <字段名> <数据类型>
```

其中，“表名”指要修改数据类型的字段所在表的名称，“字段名”指需要修改的字段，“数据类型”指修改后字段的新数据类型。

【例 9.14】 将数据表 tb_dept1 中 name 字段的数据类型由 VARCHAR(22)修改成 VARCHAR(35)。

执行修改表名操作之前，使用 DESC 命令查看表 tb_dept1 的表结构，结果如图 9.60 所示。

```
mysql> DESC tb_dept1;
+----------+-------------+------+-----+---------+-------+
| Field    | Type        | Null | Key | Default | Extra |
+----------+-------------+------+-----+---------+-------+
| id       | int(11)     | NO   | PRI | NULL    |       |
| name     | varchar(22) | NO   |     | NULL    |       |
| location | varchar(50) | YES  |     | NULL    |       |
+----------+-------------+------+-----+---------+-------+
3 rows in set (0.00 sec)
```

图 9.60　查看表 tb_dept1 的表结构 1

可以看到现在 name 字段的数据类型为 VARCHAR(22)，下面修改其类型，输入如图 9.61 所示的 SQL 语句并执行。

```
ALTER TABLE tb_dept1  MODIFY name VARCHAR(35);
```

```
mysql> ALTER TABLE tb_dept1  MODIFY name VARCHAR(35);
Query OK, 0 rows affected (0.13 sec)
Records: 0  Duplicates: 0  Warnings: 0
```

图 9.61　修改表 tb_dept1 中字段的类型

再次使用 DESC 命令查看表，结果如图 9.62 所示。

```
mysql> DESC tb_dept1;
+----------+-------------+------+-----+---------+-------+
| Field    | Type        | Null | Key | Default | Extra |
+----------+-------------+------+-----+---------+-------+
| id       | int(11)     | NO   | PRI | NULL    |       |
| name     | varchar(35) | YES  |     | NULL    |       |
| location | varchar(50) | YES  |     | NULL    |       |
+----------+-------------+------+-----+---------+-------+
3 rows in set (0.01 sec)
```

图 9.62　查看表 tb_dept1 的表结构 2

上述语句执行之后，检验会发现表 tb_dept1 表中的 name 字段的数据类型已经修改成了 VARCHAR(35)，修改成功。

（3）修改字段名。

MySQL 中修改表字段名的语法如下。

```
ALTER TABLE <表名> CHANGE <旧字段名> <新字段名> <新数据类型>;
```

其中，“旧字段名”指修改前的字段名；“新字段名”指修改后的字段名；“新数据类型”指修改后的数据类型，如果不需要修改字段的数据类型，那么将新数据类型设置成与原来一样即可，但数据类型不能为空。

【例 9.15】将数据表 tb_dept1 中的 location 字段名称改为 message，数据类型保持不变，SQL 语句如下。

```
ALTER TABLE tb_dept1 CHANGE location message VARCHAR(50);
```

使用 DESC 命令查看表 tb_dept1，会发现字段的名称已经修改成功，结果如图 9.63 所示。

```
mysql> DESC tb_dept1;
+---------+-------------+------+-----+---------+-------+
| Field   | Type        | Null | Key | Default | Extra |
+---------+-------------+------+-----+---------+-------+
| id      | int(11)     | NO   | PRI | NULL    |       |
| name    | varchar(35) | YES  |     | NULL    |       |
| message | varchar(50) | YES  |     | NULL    |       |
+---------+-------------+------+-----+---------+-------+
3 rows in set (0.01 sec)
```

图 9.63　查看表 tb_dept1 的表结构 3

【例 9.16】将数据表 tb_dept1 中的 message 字段名称改为 location，同时将数据类型变为 VARCHAR(55)，SQL 语句如图 9.64 所示。

```
ALTER TABLE tb_dept1 CHANGE message location VARCHAR(55);
```

```
mysql> ALTER TABLE tb_dept1 CHANGE message location VARCHAR(55);
Query OK, 0 rows affected (0.07 sec)
Records: 0  Duplicates: 0  Warnings: 0
```

图 9.64　修改表 tb_dept1 中字段的名称

使用 DESC 命令查看表 tb_dept1，会发现字段的名称和数据类型均已经修改成功，结果如图 9.65 所示。

```
mysql> DESC tb_dept1;
+----------+-------------+------+-----+---------+-------+
| Field    | Type        | Null | Key | Default | Extra |
+----------+-------------+------+-----+---------+-------+
| id       | int(11)     | NO   | PRI | NULL    |       |
| name     | varchar(35) | YES  |     | NULL    |       |
| location | varchar(55) | YES  |     | NULL    |       |
+----------+-------------+------+-----+---------+-------+
3 rows in set (0.00 sec)
```

图 9.65　查看表 tb_dept1 的表字段

注意：CHANGE 也可以只修改数据类型，实现和 MODIFY 同样的效果，方法是将 SQL 语句中的“新字段名”和“旧字段名”设置为相同的名称，只改变“数据类型”。由于不同类型的数据在机器中存储的方式及长度并不相同，修改数据类型可能会影响据表中已有的数据记录，所以当数据库表中已经有数据时，不要轻易修改数据类型。

（4）添加字段。

随着业务需求的变化，可能需要在已经存在的表中添加新的字段。一个完整的字段包括字段名、数据类型、完整性约束。添加字段的语法如下。

```
ALTER TABLE <表名> ADD <新字段名> <数据类型>
[约束条件] [FIRST | AFTER 已存在字段名];
```

“新字段名”为需要添加的字段的名称；FIRST 为可选参数，其作用是将新添加的字段置为表的第一个字段；AFTER 为可选参数，其作用是将新添加的字段添加到指定的“已存字段名”的后面。

注意：FIRST 或“AFTER 已存在字段名”用于指定新增字段在表中的位置，若 SQL 语句中没有这两个参数，则默认将新添加的字段设置为数据表的最后列。

① 添加无完整性约束条件的字段。

【例 9.17】在数据表 tb_dept1 中添加一个没有完整性约束的 INT 类型的字段 managerId，SQL 语句如图 9.66 所示。

```
ALTER TABLE tb_dept1 ADD managerId INT(10);
```

```
mysql> ALTER TABLE tb_dept1 ADD managerId INT(10);
Query OK, 0 rows affected (0.09 sec)
Records: 0  Duplicates: 0  Warnings: 0
```

图 9.66　在表 tb_dept1 中添加字段

使用 DESC 命令查看表 tb_dept1，会发现在表的最后添加了一个名为 managerId 的 INT 类型字段，结果如图 9.67 所示。

```
mysql> DESC tb_dept1;
+-----------+-------------+------+-----+---------+-------+
| Field     | Type        | Null | Key | Default | Extra |
+-----------+-------------+------+-----+---------+-------+
| id        | int(11)     | NO   | PRI | NULL    |       |
| name      | varchar(35) | YES  |     | NULL    |       |
| location  | varchar(55) | YES  |     | NULL    |       |
| managerId | int(10)     | YES  |     | NULL    |       |
+-----------+-------------+------+-----+---------+-------+
4 rows in set (0.00 sec)
```

图 9.67　查看表 tb_dept1 中添加的字段 1

② 添加有完整性约束条件的字段。

【例 9.18】在数据表 tb_dept1 中添加一个不能为空的 VARCHAR(15)类型的字段

character1，SQL 语句如下。

```
ALTER TABLE tb_dept1 ADD character1 VARCHAR(15) not null;
```

使用 DESC 命令查看表 tb_dept1，会发现在表的最后添加了一个名为 character1 的 VARCHAR(15)类型且不为空的字段，结果如图 9.68 所示。

```
mysql>  DESC tb_dept1;
+------------+-------------+------+-----+---------+-------+
| Field      | Type        | Null | Key | Default | Extra |
+------------+-------------+------+-----+---------+-------+
| id         | int(11)     | NO   | PRI | NULL    |       |
| name       | varchar(35) | YES  |     | NULL    |       |
| location   | varchar(55) | YES  |     | NULL    |       |
| managerId  | int(10)     | YES  |     | NULL    |       |
| character1 | varchar(15) | NO   |     | NULL    |       |
+------------+-------------+------+-----+---------+-------+
5 rows in set (0.00 sec)
```

图 9.68　查看表 tb_dept1 中添加的字段 2

③ 在表的第一列添加一个字段。

【例 9.19】在数据表 tb_dept1 中添加一个 INT 类型的字段 column1，SQL 语句如下。

```
ALTER TABLE tb_dept1 ADD column1 INT(11) FIRST;
```

使用 DESC 命令查看表 tb_dept1，会发现在表的第一列添加了一个名为 column1 的 INT(11)类型的字段，结果如图 9.69 所示。

```
mysql> DESC tb_dept1;
+------------+-------------+------+-----+---------+-------+
| Field      | Type        | Null | Key | Default | Extra |
+------------+-------------+------+-----+---------+-------+
| column1    | int(11)     | YES  |     | NULL    |       |
| id         | int(11)     | NO   | PRI | NULL    |       |
| name       | varchar(35) | YES  |     | NULL    |       |
| location   | varchar(55) | YES  |     | NULL    |       |
| managerId  | int(10)     | YES  |     | NULL    |       |
| character1 | varchar(15) | NO   |     | NULL    |       |
+------------+-------------+------+-----+---------+-------+
6 rows in set (0.00 sec)
```

图 9.69　查看表 tb_dept1 中添加的字段 3

④ 在表的指定列之后添加一个字段。

【例 9.20】在数据表 tb_dept1 中的 location 列后添加一个 INT 类型的字段 character2，SQL 语句如下。

```
ALTER TABLE tb_dept1 ADD character2 INT(11) AFTER location;
```

使用 DESC 命令查看表 tb_dept1，结果如图 9.70 所示。

```
mysql> DESC tb_dept1;
+------------+-------------+------+-----+---------+-------+
| Field      | Type        | Null | Key | Default | Extra |
+------------+-------------+------+-----+---------+-------+
| column1    | int(11)     | YES  |     | NULL    |       |
| id         | int(11)     | NO   | PRI | NULL    |       |
| name       | varchar(35) | YES  |     | NULL    |       |
| location   | varchar(55) | YES  |     | NULL    |       |
| character2 | int(11)     | YES  |     | NULL    |       |
| managerId  | int(10)     | YES  |     | NULL    |       |
| character1 | varchar(15) | NO   |     | NULL    |       |
+------------+-------------+------+-----+---------+-------+
7 rows in set (0.00 sec)
```

图 9.70　查看表 tb_dept1 中添加的字段 4

可以看到，tb_dept1 表中增加了一个名称为 character2 的字段，其位置在指定的 location 字段后面，添加字段成功。

（5）删除字段。

删除字段是指将数据表中的某个字段从表中移除，语法如下。

```
ALTER TABLE <表名> DROP <字段名>;
```

“字段名”指需要从表中删除的字段的名称。

【例 9.21】 删除数据表 tb_dept1 中的 column1 字段。

首先，执行删除字段之前，使用 DESC 命令查看表 tb_dept1 的表结构，结果如图 9.71 所示。

```
mysql> DESC tb_dept1;
+-------------+-------------+------+-----+---------+-------+
| Field       | Type        | Null | Key | Default | Extra |
+-------------+-------------+------+-----+---------+-------+
| column1     | int(11)     | YES  |     | NULL    |       |
| id          | int(11)     | NO   | PRI | NULL    |       |
| name        | varchar(35) | YES  |     | NULL    |       |
| location    | varchar(55) | YES  |     | NULL    |       |
| character2  | int(11)     | YES  |     | NULL    |       |
| managerId   | int(10)     | YES  |     | NULL    |       |
| character1  | varchar(15) | NO   |     | NULL    |       |
+-------------+-------------+------+-----+---------+-------+
7 rows in set (0.00 sec)
```

图 9.71　查看表 tb_dept1 中删除的字段 1

删除 column1 字段，SQL 语句如下。

```
ALTER TABLE tb_dept1 DROP column1;
```

再次使用 DESC 命令查看表 tb_dept1 的表结构，结果如图 9.72 所示。

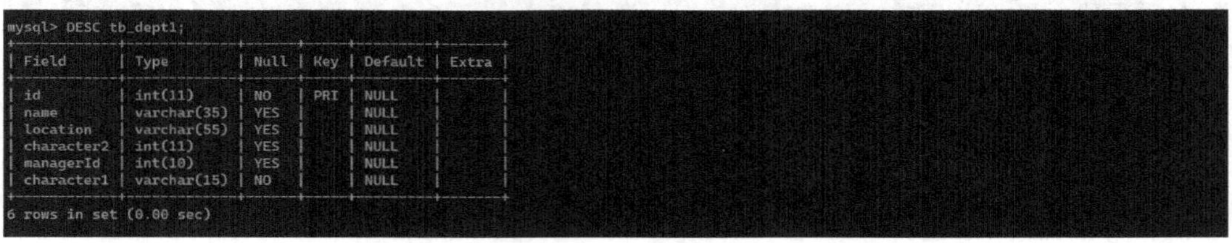

```
mysql> DESC tb_dept1;
+-------------+-------------+------+-----+---------+-------+
| Field       | Type        | Null | Key | Default | Extra |
+-------------+-------------+------+-----+---------+-------+
| id          | int(11)     | NO   | PRI | NULL    |       |
| name        | varchar(35) | YES  |     | NULL    |       |
| location    | varchar(55) | YES  |     | NULL    |       |
| character2  | int(11)     | YES  |     | NULL    |       |
| managerId   | int(10)     | YES  |     | NULL    |       |
| character1  | varchar(15) | NO   |     | NULL    |       |
+-------------+-------------+------+-----+---------+-------+
6 rows in set (0.00 sec)
```

图 9.72　查看表 tb_dept1 中删除的字段 2

可以看到，tb_dept1 表中已经不存在名称为 column1 的字段，删除字段成功。

（6）修改字段的排列位置。

对于一个数据表来说，在创建的时候，字段在表中的排列顺序就已经确定了。但表的结构并不是完全不可以改变的，可以通过 ALTER TABLE 来改变表中字段的相对位置。其语法如下。

```
ALEER TABLE <表名> MODIFY <字段 1> <数据类型> FIRSTIAFTER <字段 2>;
```

“字段 1”指要修改位置的字段；“数据类型”指“字段 1”的数据类型；FIRST 为可选参数，指将“字段 1”修改为表的第一个字段；“AFTER<字段 2>”指将“字段 1”插入“字段 2”后面。

① 修改字段为表的第一个字段。

【例 9.22】 将数据表 tb_dept1 中的 character1 字段修改为表的第一个字段，SQL 语句如下。

```
ALTER TABLE tb_dept1 MODIFY character1 VARCHAR(12) FIRST;
```

使用 DESC 命令查看表 tb_dept1，发现字段 character1 已经被移至表的第一列，结果如图 9.73 所示。

```
mysql> DESC tb_dept1;
+------------+-------------+------+-----+---------+-------+
| Field      | Type        | Null | Key | Default | Extra |
+------------+-------------+------+-----+---------+-------+
| character1 | varchar(12) | YES  |     | NULL    |       |
| id         | int(11)     | NO   | PRI | NULL    |       |
| name       | varchar(35) | YES  |     | NULL    |       |
| location   | varchar(55) | YES  |     | NULL    |       |
| character2 | int(11)     | YES  |     | NULL    |       |
| managerId  | int(10)     | YES  |     | NULL    |       |
+------------+-------------+------+-----+---------+-------+
6 rows in set (0.00 sec)
```

图 9.73 查看表 tb_dept1 中修改的字段 1

② 修改字段到表的指定列之后。

【例 9.23】 将数据表 tb dept1 中的 character2 字段插入 name 字段后面，SQL 语句如下。

```
ALTER TABLE tb_dept1 MODIFY character2 VARCHAR(15) AFTER name;
```

使用 DESC 命令查看表 tb_dept1 的表结构，结果如图 9.74 所示。

```
mysql> DESC tb_dept1;
+------------+-------------+------+-----+---------+-------+
| Field      | Type        | Null | Key | Default | Extra |
+------------+-------------+------+-----+---------+-------+
| character1 | varchar(12) | YES  |     | NULL    |       |
| id         | int(11)     | NO   | PRI | NULL    |       |
| name       | varchar(35) | YES  |     | NULL    |       |
| character2 | varchar(15) | YES  |     | NULL    |       |
| location   | varchar(55) | YES  |     | NULL    |       |
| managerId  | int(10)     | YES  |     | NULL    |       |
+------------+-------------+------+-----+---------+-------+
6 rows in set (0.00 sec)
```

图 9.74 查看表 tb_dept1 中修改的字段 2

（7）删除表的外键约束。

对于数据库中定义的外键，如果不再需要，那么可以将其删除。外键一旦被删除，就会解除主表和从表之间的关联关系，MySQL 中删除外键的语法如下。

```
ALTER TABLE <表名> DROP FOREIGN KEY <外键约束名>
```

“外键约束名”指在定义表时 CONSTRAINT 关键字后面的参数。

【例 9.24】 删除数据表 tb_emp9 中的外键约束。

首先创建表 tb_emp9，创建外键 deptId 关联 tb_dept1 表的主键 id，SQL 语句如下。

```
CREATE TABLE tb_emp9
(
id     INT(11) PRIMARY KEY,
name   VARCHAR(25),
deptId INT(11),
salary  FLOAT,
CONSTRAINT fk_emp_dept FOREIGN KEY (deptId) REFERENCES tb_dept1(id)
);
```

使用 SHOW CREATETABLE 语句查看表 tb_emp9 的表结构，结果如图 9.75 所示。

```
mysql> SHOW CREATE TABLE tb_emp9 \G
*************************** 1. row ***************************
       Table: tb_emp9
Create Table: CREATE TABLE `tb_emp9` (
  `id` int(11) NOT NULL,
  `name` varchar(25) DEFAULT NULL,
  `deptId` int(11) DEFAULT NULL,
  `salary` float DEFAULT NULL,
  PRIMARY KEY (`id`),
  KEY `fk_emp_dept` (`deptId`),
  CONSTRAINT `fk_emp_dept` FOREIGN KEY (`deptId`) REFERENCES `tb_dept1` (`id`)
) ENGINE=InnoDB DEFAULT CHARSET=utf8mb4 COLLATE=utf8mb4_0900_ai_ci
1 row in set (0.00 sec)
```

图 9.75　删除表 tb_dept1 中的字段

可以看到，已经成功添加了表的外键。下面删除外键约束，SQL 语句如下。

```
ALTER TABLE tb_emp9 DROP FOREIGN KEY fk_emp_dept;
```

上述语句执行完毕之后，将删除表 tb_emp9 的外键约束，使用 SHOW CREATE TABLE 语句再次查看表 tb_emp9 的表结构，结果如图 9.76 所示。

```
mysql> SHOW CREATE TABLE tb_emp9 \G
*************************** 1. row ***************************
       Table: tb_emp9
Create Table: CREATE TABLE `tb_emp9` (
  `id` int(11) NOT NULL,
  `name` varchar(25) DEFAULT NULL,
  `deptId` int(11) DEFAULT NULL,
  `salary` float DEFAULT NULL,
  PRIMARY KEY (`id`),
  KEY `fk_emp_dept` (`deptId`)
) ENGINE=InnoDB DEFAULT CHARSET=utf8mb4 COLLATE=utf8mb4_0900_ai_ci
1 row in set (0.00 sec)
```

图 9.76　查看删除的表 tb_dept1 中的字段

可以看到，表 tb_emp9 中已经不存在 FOREIGN KEY 了，原有的名称为 fk_emp_dept 的外键约束删除成功。

4）删除数据表

删除数据表就是将数据库中已经存在的表从数据库中删除。注意，在删除表的同时，表的定义和表中所有的数据均会被删除，因此，在进行删除操作之前，最好对表中的数据进行备份，以免造成无法挽回的后果，下面将详细介绍数据库表的删除方法。

（1）删除没有被关联的表。

在 MySQL 中，使用 DROP TABLE 语句可以一次删除一个或多个没有被其他表关联的数据表，语法如下。

```
DROP TABLE [IF EXISTS] 表 1,表 2,...,表 n;
```

其中，“表 n”指要删除的表的名称，后面可以同时删除多个表，只需将要删除的表名依次写在后面，相互之间用逗号隔开即可。若要删除的数据表不存在，则 MySQL 会提示一条错误信息“ERROR1051(42S02): Unknown uable '表名'”。参数 IF EXISTS 用于在删除前判断要删除的表是否存在，加上该参数后，再删除表时，如果表不存在，则 SQL 语句就可以顺利执行，但是会发出警告（Warning）。

在前面的例子中，已经创建了名为 tb_dept2 的数据表。下面使用删除语句将该表删除。

【例 9.25】删除数据表 tb_dept2，SQL 语句如下。

```
DROP TABLE IF EXISTS tb_dept2;
```

上述语句执行完毕之后，使用 SHOW TABLES 语句查看当前数据库中所有的表，SQL 语句和结果如图 9.77 所示。

图 9.77　查看删除的表 tb_dept2 中的字段

从执行结果可以看到，数据表列表中已经不存在名称为 tb_dept2 的表了，删除操作成功。

（2）删除被其他表关联的主表。

在数据表之间存在外键关联的情况下，如果直接删除父表，结果就会显示失败。原因是直接删除将破坏表的参照完整性。如果必须要删除，那么可以先删除与它关联的子表，再删除父表，不过这样会同时删除两个表中的数据。但有的情况下可能要保留子表，这时若要单独删除父表，则只需将关联的表的外键约束条件取消，然后就可以删除父表了。

在数据库中创建两个关联表。首先，创建表 tb_dept2，SQL 语句如下。

```
CREATE TABLE tb_dept2
(
id INT(11) PRIMARY KEY,
name VARCHAR(25),
location VARCHAR(50)
);
```

接下来，创建表 tb_emp，SQL 语句如下。

```
CREATE TABLE tb_emp
(
id INT(11) PRIMARY KEY,
name VARCHAR(25),
deptId INT(11),
salary FLOAT,
CONSTRAINT fk_emp_dept FOREIGN KEY (deptId) REFERENCES tb_dept2(id)
);
```

使用 SHOW CREATETABLE 语句查看表 tb_emp 的外键约束，结果如图 9.78 所示。

```
mysql> SHOW CREATE TABLE tb_emp\G
*************************** 1. row ***************************
       Table: tb_emp
Create Table: CREATE TABLE `tb_emp` (
  `id` int(11) NOT NULL,
  `name` varchar(25) DEFAULT NULL,
  `deptId` int(11) DEFAULT NULL,
  `salary` float DEFAULT NULL,
  PRIMARY KEY (`id`),
  KEY `fk_emp_dept` (`deptId`),
  CONSTRAINT `fk_emp_dept` FOREIGN KEY (`deptId`) REFERENCES `tb_dept2` (`id`)
) ENGINE=InnoDB DEFAULT CHARSET=utf8mb4 COLLATE=utf8mb4_0900_ai_ci
1 row in set (0.00 sec)
```

图 9.78　查看表 tb_emp 的外键约束

可以看到，上述执行结果创建了两个关联表 tb_dept2 和表 tb_emp，其中表 tb_emp 为子表，具有名称为 fk_emp_dept 的外键约束，表 tb_dept2 为父表，其主键 id 被子表 tb_emp 所关联。

【例 9.26】 删除被数据表 tb_emp 关联的数据表 tb_dept2。首先直接删除父表 tb_dept2，输入删除语句，如图 9.79 所示。

```
mysql> DROP TABLE tb_dept2;
ERROR 3730 (HY000): Cannot drop table 'tb_dept2' referenced by a foreign key constraint 'fk_emp_dept' on table 'tb_emp'.
```

图 9.79　删除父表 tb_dept2

可以看到，如前所述，在存在外键约束时，主表不能被直接删除。接下来，解除关联子表 tb_emp 的外键约束，SQL 语句如下。

```
ALTER TABLE tb_emp DROP FOREIGN KEY fk_emp_dept;
```

语句成功执行后，将取消表 tb_emp 和表 tb_dept2 之间的关联关系。此时，可以输入删除语句，将原来的父表 tb_dept2 删除，SQL 语句如下。

```
DROP TABLE tb_dept2;
```

最后通过 SHOW TABLES 语句，查看数据表列表，如图 9.80 所示。

```
mysql> SHOW tables;
+--------------------+
| Tables_in_test_db  |
+--------------------+
| tb_dept1           |
| tb_dept2           |
| tb_deptment3       |
| tb_emp             |
| tb_emp1            |
| tb_emp2            |
| tb_emp3            |
| tb_emp4            |
| tb_emp5            |
| tb_emp6            |
| tb_emp7            |
| tb_emp8            |
| tb_emp9            |
+--------------------+
13 rows in set (0.00 sec)
```

图 9.80　tb_dept2 表已被删除

可以看到，数据表列表中已经不存在名称为 tb_dept2 的表了。

9.2.6　数据库视图

数据库中的视图是一个虚拟表。同真实的表一样，视图包含一系列带有名称的行和列数据。行和列数据来自由定义视图查询所引用的表，并且在引用视图时动态生成。本节将通过一些实例来介绍视图的含义、视图的作用、创建视图、查看视图、修改视图、更新视图和删除视图等 MySQL 的数据库知识。

微课：MySQL 创建修改数据库视图

1. 数据库视图概述

视图是从一个或多个表中导出的，视图的行为与表非常相似，但视图是一个虚拟表。在视图中，用户可以使用 SELECT 语句查询数据，以及使用 INSERT、UPDATE 和 DELETE 语句修改记录。从 MySQL 5.0 开始可以使用视图，视图可以使用户操作方便，而且可以保障数据库系统的安全。通过本节的学习，请描述视图的含义和作用。

1）视图的含义

视图是一个虚拟表，是从数据库中一个或多个表中导出来的表。视图还可以在已经存在的视图的基础上定义。

视图一经定义便存储在数据库中，与其相对应的数据并没有像表那样在数据库中再存储一份，通过视图看到的数据只是存放在基本表中的数据。对视图的操作与对表的操作一样，可以对其进行查询、修改和删除操作。当对通过视图看到的数据进行修改时，相应的基本表的数据也在发生变化；同时，若基本表的数据发生变化，则这种变化可以自动地反映到视图中。

下面有 student 表和 student_information 表两个表，在 student 表中包含学生的 id 号和姓名，student_information 表中包含学生的 id 号、班级和家庭住址，而现在公布分班信息，只需要 id 号、姓名和班级，这该如何解决呢？通过学习后面的内容就可以找到完美的解决方案。

表设计如下。

```
CREATE TABLE student
(
s_id INT,
name VARCHAR(40)
);
CREATE TABLE student_information
(
s_id INT,
class VARCHAR(40),
addr VARCHAR(90)
);
```

通过 DESC 命令可以查看表的设计，可以获得字段、字段的定义、是否为主键、是否为空、默认值和扩展信息。

视图提供了一个很好的解决方法，创建一个视图，这些信息来自表的部分信息，其他的信息不取，这样既能满足要求，又不破坏表原来的结构。

2）视图的优点

与直接从数据表中读取相比，视图具有以下优点。

（1）简单化。

看到的就是需要的。视图不仅可以简化用户对数据的理解，也可以简化它们的操作。那些被经常使用的查询可以被定义为视图，从而使用户不必为以后的操作每次指定全部的条件。

（2）安全性。

通过视图，用户只能查询和修改他们所能见到的数据，数据库中的其他数据既看不见又取不到。数据库授权命令可以使每个用户对数据库的检索限制到特定的数据库对象上，但不能授权到数据库特定的行和特定的列上。通过视图，用户可以被限制在数据的不同子集上。

① 使用权限可被限制在基表的行的子集上。

② 使用权限可被限制在基表的列的子集上。

③ 使用权限可被限制在基表的行和列的子集上。

④ 使用权限可被限制在多个基表的连接所限定的行上。

⑤ 使用权限可被限制在基表中数据的统计汇总上。

⑥ 使用权限可被限制在另一视图的一个子集上，或者一些视图和基表合并后的子集上。

（3）逻辑数据独立性。

视图可以帮助用户屏蔽真实表结构变化带来的影响。

2. 视图的基本操作

1）创建视图

视图中包含 SELECT 查询的结果，因此视图的创建基于 SELECT 语句和已存在的数据表，视图可以建立在一个表上，也可以建立在多个表上。本节主要介绍创建视图的方法。

（1）创建视图的语法形式。

创建视图时使用 CREATE VIEW 语句，基本语法如下。

```
CREATE [OR REPLACE] [ALGORITHM= {UNDEFINED I MERGE I TEMPTABLE}]
VIEW view_name [(column_list)]
AS SELECT_statement
[WITH [CASCADED | LOCAL] CHECK OPTION]
```

其中，CREATE 表示创建新的视图；REPLACE 表示替换已经创建的视图；ALGORITHM 表示视图选择的算法；view_name 为视图的名称，column list 为属性列；SELECT_statement 表示 SELECT 语句；WITH [CASCADED|LOCAL] CHECK OPTION 参数表示视图在更新时保证在视图的权限范围之内。

ALGORITHM 的取值有 3 个，分别是 UNDEFINED、MERGE、TEMPTABLE。UNDEFINED 表示 MySQL 将自动选择算法；MERGE 表示将使用的视图语句与视图定义合并起来，使视图定义的某一部分取代语句对应的部分；TEMPTABLE 表示将视图的结果存入临时表，然后用临时表来执行语句。

CASCADED 与 LOCAL 为可选参数，CASCADED 为默认值，表示更新视图时要满足所有相关视图和表的条件；LOCAL 表示更新视图时满足该视图本身定义的条件即可。

该语句要求具有针对视图的 CREATE VIEW 权限，以及针对由 SELECT 语句选择的每一列上的某些权限。对于在 SELECT 语句中其他地方使用的列，必须具有 SELECT 权限。如果还有 OR REPLACE 子句，那么必须在视图上具有 DROP 权限。

视图属于数据库。在默认情况下，将在当前数据库创建新视图。要想在给定数据库中明确创建视图，创建时应将名称指定为 db_name.view_name。

（2）在单表上创建视图。

MySQL 可以在单个数据表上创建视图。

【例 9.27】在 ab 表上创建一个名为 view_ab 的视图。

首先创建基本表并插入数据，语句如下。

```
CREATE TABLE ab (quantity INT, price INT);
INSERT INTO ab VALUES(3, 50);
```

创建视图的语句如图 9.81 所示。

```
CREATE VIEW view_ab AS SELECT quantity, price, quantity *price FROM ab;
```

```
mysql> CREATE VIEW view_ab AS SELECT quantity, price, quantity *price FROM ab;
Query OK, 0 rows affected (0.02 sec)
```

图 9.81　创建 view_ab 视图

查询视图，如图 9.82 所示。

```
mysql> select * FROM view_ab;
+----------+-------+-----------------+
| quantity | price | quantity *price |
+----------+-------+-----------------+
|        3 |    50 |             150 |
+----------+-------+-----------------+
1 row in set (0.00 sec)
```

图 9.82　查询 view_ab 视图

默认情况下，创建的视图和基本表的字段是一样的，也可以通过指定视图字段的名称来建视图。

【例 9.28】在 ab 表上创建一个名为 view_ab2 的视图，如图 9.83 所示。

```
CREATE VIEW view_ab2(qty,price,total) AS SELECT quantity,price, quantity
*price FROM ab;
```

```
mysql> CREATE VIEW view_ab2(qty,price,total) AS SELECT quantity,price, quantity *price FROM ab;
Query OK, 0 rows affected (0.10 sec)
```

图 9.83　创建 view_ab2 视图

语句执行成功后，查看 view_ab2 视图中的数据，如图 9.84 所示。

```
mysql> SELECT * FROM view_ab2;
+-------+-------+-------+
| qty   | price | total |
+-------+-------+-------+
|     3 |    50 |   150 |
+-------+-------+-------+
1 row in set (0.00 sec)
```

图 9.84　查看 view_ab2 视图

可以看到，view_ab 和 view_ab2 两个视图中的字段名称不同，但数据是相同的。因此，在使用视图的时候，可能用户根本不需要了解基本表的结构，更接触不到实际表中的数据，从而保证了数据库的安全。

（3）在多表上创建视图。

MySQL 中也可以在两个或两个以上的表上创建视图，可以使用 CREATE VIEW 语句实现。

【例 9.29】在表 student 和表 student_information 上创建视图 stu_class。

首先向两个表中插入数据，语句如下。

```
INSERT INTO student VALUES(1,'Zhang1'),(2,'Zhang2'),(3,'Zhang3');
INSERT INTO student_information VALUES(1,'Class1','Chongqing'), (2,'Class2','Sichuan'),(3,'Class3','Beijing');
```

创建视图 stu_glass，语句如下。

```
CREATE VIEW stu_class (id,name,class) AS SELECT student.s_id, student.name, student_information.class
FROM student,student_information WHERE student.s_id=student_information.s_id;
```

结果如图 9.85 所示。

```
mysql> CREATE VIEW stu_class (id,name,class) AS SELECT student.s_id,student.name , student_information.class
    -> FROM student ,student_information WHERE student.s_id=student_information.s_id;
Query OK, 0 rows affected (0.03 sec)

mysql> SELECT * FROM stu_class;
+------+--------+--------+
| id   | name   | class  |
+------+--------+--------+
|    1 | Zhang1 | Class1 |
|    2 | Zhang2 | Class2 |
|    3 | Zhang3 | Class3 |
+------+--------+--------+
3 rows in set (0.00 sec)
```

图 9.85　在表 student 和表 student_information 上创建视图 stu_class

这个例子就解决了刚开始提出的那个问题，通过这个视图可以很好地保护基本表中的数据。这个视图中的信息很简单，只包含 id、姓名和班级，id 字段对应 student 表中的 s_id 字段，name 字段对应 student 表中的 name 字段，class 字段对应 student_information 表中的 class 字段。

2）查看视图

查看视图是查看数据库中已存在的视图的定义。查看视图时必须要有 SHOW VIEW 的权限，MySQL 数据库下的 user 表中保存着这个信息。查看视图的方法包括 DESCRIBE、

SHOW TABLE STATUS 和 SHOW CREATE VIEW，下面将介绍查看视图的各种方法。

（1）使用 DESCRIBE 语句查看视图的基本信息。

DESCRIBE 语句可以用来查看视图，具体的语法如下。

```
DESCRIBE 视图名;
```

【例 9.30】通过 DESCRIBE 语句查看视图 view_ab 的定义。

其语句如下。

```
DESCRIBE view_ab;
```

结果如图 9.86 所示。

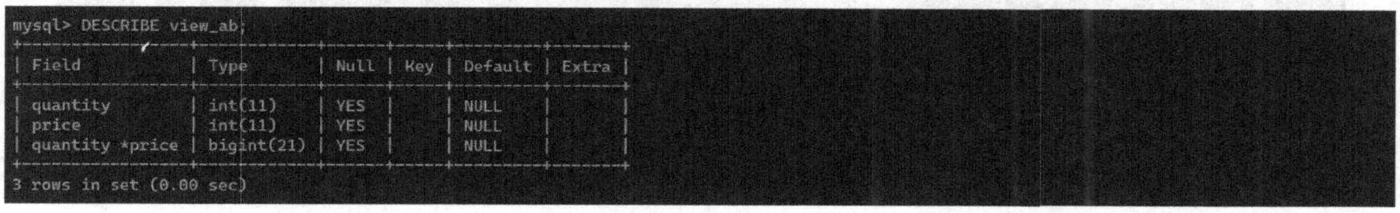

```
mysql> DESCRIBE view_ab;
+----------------+-------------+------+-----+---------+-------+
| Field          | Type        | Null | Key | Default | Extra |
+----------------+-------------+------+-----+---------+-------+
| quantity       | int(11)     | YES  |     | NULL    |       |
| price          | int(11)     | YES  |     | NULL    |       |
| quantity *price | bigint(21) | YES  |     | NULL    |       |
+----------------+-------------+------+-----+---------+-------+
3 rows in set (0.00 sec)
```

图 9.86　使用 DESCRIBE 语句查看视图

结果显示出了视图的字段定义、字段的数据类型、是否为空、是否为主/外键、默认值、额外信息。

DESCRIBE 一般情况下简写成 DESC，输入这个命令的执行结果和输入 DESCRIBE 的执行结果是一样的。

（2）使用 SHOW TABLE STATUS 语句查看视图的基本信息。

可以使用 SHOW TABLE STATUS 语句查看视图的信息，具体的语法如下。

```
SHOW TABLE STATUS LIKE '视图名';
```

【例 9.31】下面将通过一个例子来介绍使用 SHOW TABLE STATUS 语句查看视图信息。

其语句如下。

```
SHOW TABLE STATUS LIKE 'view_ab' \G
```

结果如图 9.87 所示。

```
mysql> SHOW TABLE STATUS LIKE 'view_ab' \G
*************************** 1. row ***************************
           Name: view_ab
         Engine: NULL
        Version: NULL
     Row_format: NULL
           Rows: 0
 Avg_row_length: 0
    Data_length: 0
Max_data_length: 0
   Index_length: 0
      Data_free: 0
 Auto_increment: NULL
    Create_time: 2023-02-24 21:46:15
    Update_time: NULL
     Check_time: NULL
      Collation: NULL
       Checksum: NULL
 Create_options: NULL
        Comment: VIEW
1 row in set (0.00 sec)
```

图 9.87　使用 SHOW TABLE STATUS 语句查看视图

执行结果显示，Comment 的值为 VIEW，说明该表为视图；其他的信息为 NULL，说明这是一个虚表。使用同样的语句来查看数据表 ab 视图的信息，结果如图 9.88 所示。

```
mysql> SHOW TABLE STATUS LIKE 'ab'\G
*************************** 1. row ***************************
           Name: ab
         Engine: InnoDB
        Version: 10
     Row_format: Dynamic
           Rows: 1
 Avg_row_length: 16384
    Data_length: 16384
Max_data_length: 0
   Index_length: 0
      Data_free: 0
 Auto_increment: NULL
    Create_time: 2023-02-24 21:45:06
    Update_time: 2023-02-24 21:45:12
     Check_time: NULL
      Collation: utf8mb4_0900_ai_ci
       Checksum: NULL
 Create_options:
        Comment:
1 row in set (0.01 sec)
```

图 9.88　查看数据表 ab 视图的信息

从查询的结果来看，这里的信息包含存储引擎、创建时间等，Comment 信息为空，这就是视图和表的区别。

（3）使用 SHOWCREATE VIEW 语句查看视图的详细信息。

可以使用 SHOW CREATEVIEW 语句查看视图的详细信息，语法如下。

```
SHOW CREATE VIEW 视图名;
```

【例 9.32】使用 SHOW CREATE VIEW 语句查看视图的详细信息。

其语句如下。

```
SHOW CREATE VIEW view_ab \G
```

结果如图 9.89 所示。

```
mysql> SHOW CREATE VIEW view_ab \G
*************************** 1. row ***************************
                View: view_ab
         Create View: CREATE ALGORITHM=UNDEFINED DEFINER=`root`@`localhost` SQL SECURITY DEFINER VIEW `view_ab` AS select `ab`.`quantity` AS `qu
antity`,`ab`.`price` AS `price`,(`ab`.`quantity` * `ab`.`price`) AS `quantity *price` from `ab`
character_set_client: gbk
collation_connection: gbk_chinese_ci
1 row in set (0.00 sec)
```

图 9.89　使用 SHOW CREATE VIEW 查看视图

执行结果显示视图的名称、创建视图的语句等信息。

3）修改视图

修改视图是指修改数据库中存在的视图，当基本表的某些字段发生变化时，可以通过修改视图来保持与基本表的一致性。MySQL 中通过 CREATE OR REPLACE VIEW 语句和 ALTER 语句来修改视图。

（1）使用 CREATE OR REPLACE VIEW 语句修改视图。

在 MySQL 中，使用 CREATE OR REPLACE VIEW 语句修改视图，语法如下。

```
CREATE [OR REPLACE] [ALGORITHM={UNDEFINED | MERGE | TBMPTABLE}]
VIEW view_name [(column_list)]
AS SELECT_statement
[WITH [CASCADED | LOCAL] CHECK OPTION]
```

可以看到，修改视图的语句和创建视图的语句是完全一样的。当视图已经存在时，修改语句对视图进行修改；当视图不存在时，创建视图。下面通过一个实例来说明。

【例 9.33】 修改视图 view_ab。

其语句如下。

```
CREATE OR REPLACE VIEW view_ab AS SELECT * FROM ab;
```

首先通过 DESC 命令查看更改之前的视图，以便与更改之后的视图进行对比，结果如图 9.90 所示。

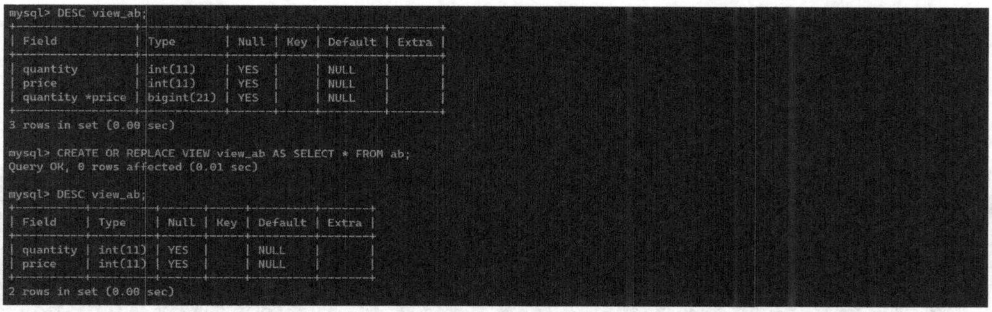

图 9.90　查看视图 view_ab

从执行的结果来看，相比原来的视图 view_ab，新的视图 view_ab 少了 1 个字段。

（2）使用 ALTER 语句修改视图。

ALTER 语句是 MySQL 提供的另一种修改视图的方法，语法如下。

```
ALTBR [ALGORITHM={UNDEFINED | MERGE | TEMPTABLE}]
VIEW view_name [(column_list)]AS SELECT_statement
[WITH [CASCADED | LOCAL] CHECK OPTION]
```

这个语法中的关键字和前面视图的关键字是一样的，这里就不再介绍了。

【例 9.34】 使用 ALTER 语句修改视图 view_ab。

其语句如下。

```
ALTER VIEW view_ab AS SELECT quantity FROM ab;
```

结果如图 9.91 所示。

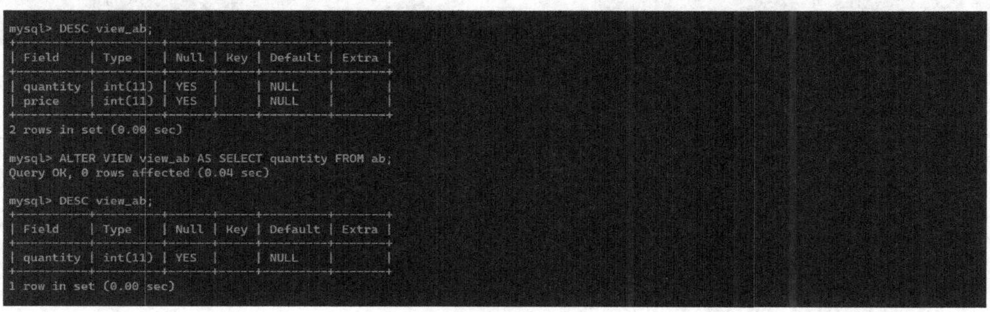

图 9.91　使用 ALTER 语句修改视图 view_ab

通过 ALTER 语句同样可以达到修改视图 view_ab 的目的，从上述执行过程来看，视图 view_ab 只剩下 1 个 quantity 字段，修改成功。

4）更新视图

更新视图是指通过视图来插入、更新、删除表中的数据，因为视图是一个虚拟表，所以其中没有数据。通过视图更新的时候都是转到基本表上进行更新的，对视图增加或删除记录，实际上是对其基本表增加或删除记录。本节将介绍视图的 3 种更新方法：INSERT、UPDATE 和 DELETE。

【例 9.35】使用 UPDATE 语句更新视图 view_ab。

语句如下。

```
UPDATE view_ab SET quantity=5;
```

执行视图更新之前，查看基本表和视图的信息，结果如图 9.92 所示。

```
mysql> SELECT * FROM view_ab;
+----------+
| quantity |
+----------+
|        3 |
+----------+
1 row in set (0.00 sec)

mysql> SELECT * FROM ab;
+----------+-------+
| quantity | price |
+----------+-------+
|        3 |    50 |
+----------+-------+
1 row in set (0.00 sec)
```

图 9.92　更新前的视图 view_ab

使用 UPDATE 语句更新视图 view_ab，如图 9.93 所示。

```
mysql> UPDATE view_ab SET quantity=5;
Query OK, 1 row affected (0.07 sec)
Rows matched: 1  Changed: 1  Warnings: 0
```

图 9.93　使用 UPDATE 语句更新视图 view_ab

查看视图更新之后，基本表的内容如图 9.94 所示。

```
mysql> SELECT * FROM ab;
+----------+-------+
| quantity | price |
+----------+-------+
|        5 |    50 |
+----------+-------+
1 row in set (0.00 sec)
```

图 9.94　查看基本表 ab 的内容

对视图 view_ab 更新后，基本表 ab 的内容也更新了。同样，当对基本表 ab 更新后，另一个视图 view_ab2 中的内容也会更新。

【例 9.36】使用 INSERT 语句在基本表 ab 中插入一条记录。

其语句如下。

```
INSERT INTO ab VALUES(3,5);
```

结果如图 9.95 所示。

```
mysql> INSERT INTO ab VALUES(3,5);
Query OK, 1 row affected (0.02 sec)

mysql> SELECT * FROM ab;
+----------+-------+
| quantity | price |
+----------+-------+
|        5 |    50 |
|        3 |     5 |
+----------+-------+
2 rows in set (0.00 sec)

mysql> SELECT * FROM view_ab2;
+------+-------+-------+
| qty  | price | total |
+------+-------+-------+
|    5 |    50 |   250 |
|    3 |     5 |    15 |
+------+-------+-------+
2 rows in set (0.00 sec)
```

图 9.95　在基本表 ab 插入一条记录

向表 ab 中插入一条记录，通过 SELECT 语句查看表 ab 和视图 view_ab2，可以看到其中的内容也跟着更新了，视图更新的不仅仅是数量和单价，总价也会更新。

【例 9.37】 使用 DELETE 语句删除视图 view_ab2 中的一条记录。

其语句如下。

```
DELETE FROM view_ab2 WHERE price=5;
```

结果如图 9.96 所示。

```
mysql> DELETE FROM view_ab2 WHERE price=5;
Query OK, 1 row affected (0.03 sec)

mysql> SELECT * FROM view_ab2;
+------+-------+-------+
| qty  | price | total |
+------+-------+-------+
|    5 |    50 |   250 |
+------+-------+-------+
1 row in set (0.00 sec)

mysql> SELECT * FROM ab;
+----------+-------+
| quantity | price |
+----------+-------+
|        5 |    50 |
+----------+-------+
1 row in set (0.00 sec)
```

图 9.96　删除视图 view_ab2 中的记录

在视图 view_ab2 中删除 price=5 的记录，视图中的删除操作最终是通过删除基本表中相关的记录实现的，查看删除操作之后的表 ab 和视图 view_ab2，可以看到通过视图删除其所依赖的基本表中的数据。

当视图中包含如下内容时，视图的更新操作将不能被执行。

（1）视图中不包含基表中被定义为非空的列。

（2）在定义视图的 SELECT 语句后的字段列表中使用了数学表达式。

（3）在定义视图的 SELECT 语句后的字段列表中使用了聚合函数。

（4）在定义视图的 SELECT 语句中使用了 DISTINCT、UNTON、TOP、GROUP BY 或 HAVING 子句。

5）删除视图

当视图不再需要时，可以将其删除，删除一个或多个视图时可以使用 DROP VIEW 语句，语法如下。

```
DROP VIEW [IF EXISTS]
view_name [, view_name] ...
 [RESTRICT I CASCADE]
```

其中，view_name 是要删除的视图名称，可以添加多个需要删除的视图名称，各名称之间使用逗号分隔开。删除视图时必须拥有 DROP 权限。

【例 9.38】 删除 stu_class 视图。

其语句如下。

```
DROP VIEW IF EXISTS stu_class;
```

如果名称为 stu_class 的视图存在，那么该视图将被删除。使用 SHOW CREATE VIEW 语句查看操作结果，如图 9.97 所示。

图 9.97　查看 stu_class 视图是否存在

可以看到，stu_class 视图已经不存在了，删除成功。

思考与练习

1．简述 MySQL 数据库的特点。
2．简述 MySQL 语句的分类语言，以及各类语言的主要作用。
3．在 Navicat 工具中创建数据库和表。
4．使用 MySQL 客户端工具进入 MySQL 数据库并创建新表。

拓展训练

1．熟悉 MySQL 客户端工具和 Navicat 图形化管理工具的使用方法。

2．试着创建一个员工信息窗口，窗体中要能链接员工的工作业绩，功能上要满足浏览信息方便的原则，窗体界面要求生动有趣，尽量美观。

3．理解以下疑问并解答，你有更好的回答方式吗？

疑问 1：为什么表删除操作需谨慎？

表删除操作将把表的定义和表中的数据一起删除，并且 MySQL 在执行删除操作时，不会有任何的确认信息提示，因此执行删除操作时应当慎重。在删除表前，最好对表中的数据进行备份，这样当操作失误时可以对数据进行恢复，以免造成无法挽回的后果。

同样地，在使用 ALTER TABLE 进行表的基本修改操作时，在执行操作过程之前，应该确保对数据进行完整的备份，因为数据库的改变是无法撤销的，如果添加了一个不需要的字段，那么可以将其删除；同样地，如果删除了一个需要的列，那么该列下面的所有数据都将会丢失。

疑问 2：每一个表中都要有一个主键吗？

并不是每一个表中都需要主键，一般地，如果是多个表之间进行连接操作，就需要用到主键。因此，并不需要为每个表建立主键，而且有些情况下最好不使用主键。

疑问 3：带 AUTO_INCREMENT 约束的字段值是从 1 开始的吗？

默认地，在 MySQL 中，AUTO_INCREMENT 的初始值是 1，每新增一条记录，字段值自动加 1。设置自增属性（AUTO_INCREMENT）时，还可以指定第一条插入记录的自增字段的值，这样新插入的记录的自增字段值从初始值开始递增。若在 tb_emp8 中插入第一条记录，同时指定 id 值为 5，则以后插入的记录的 id 值就会从 6 开始往上增加。添加唯一性的主键约束时，往往需要设置字段的自动增加属性。

4．MySQL 中的视图和表的区别和联系是什么？

两者的区别如下。

（1）视图是已经编译好的 SQL 语句，是基于 SQL 语句结果集的可视化的表，而表不是。

（2）视图没有实际的物理记录，而表有。

（3）表是内容，视图是窗口。

（4）表占用物理空间，而视图不占用物理空间，视图只是逻辑概念的存在，表可以及时对它进行修改，但视图只能用创建的语句来修改。

（5）视图是查看数据表的一种方法，可以查询数据表中某些字段构成的数据，只是一些 SQL 语句的集合。从安全的角度来说，视图可以防止用户接触数据表，因而用户不知道表结构。

（6）表属于全局模式中的表，是实表；视图属于局部模式的表，是虚表。

（7）视图的建立和删除只影响视图本身，不影响对应的基本表。

两者的联系如下。

视图是在基本表之上建立的表，它的结构（所定义的列）和内容（所有记录）都来自基本表，它依据基本表的存在而存在。一个视图可以对应一个基本表，也可以对应多个基本表，视图是基本表的抽象和在逻辑意义上建立的新关系。

参 考 文 献

陈刚，许丽娟，2018．数据库基础项目式教程：Access 2010[M]．北京：北京邮电大学出版社．

赖利君，2020．Access 2016 数据库基础与应用项目式教程（微课版）[M]．4 版．北京：人民邮电出版社．

迈克尔·亚历山大，迪克·库斯莱卡，2019．中文版 Access 2019 宝典[M]．张骏温，何保锋，译．9 版．北京：清华大学出版社．

尚品科技，2019．Access 数据库开发从入门到精通[M]．北京：电子工业出版社．

杨继萍，2019．Access 2016 数据库管理与应用（从新手到高手）[M]．北京：清华大学出版社．

杨竹青，2020．新一代信息技术导论（微课版）[M]．北京：人民邮电出版社．